高等院校应用技术型人才培养规划教材

计算机网络技术

袁 芳 主 编

刘丁慧 副主编

中国铁道出版社
CHINA RAILWAY PUBLISHING HOUSE

内容简介

本书全面、系统地介绍了计算机网络技术的基础知识和基本应用技能。全书分为 7 章，第 1 章～第 3 章是基本概念，包括计算机网络概述、数据通信基础知识和计算机体系结构与网络协议；第 4 章介绍 Internet 的 IP 编址；第 5 章是局域网技术；第 6 章是网络互联和广域网技术，介绍了 IP 网络的路由技术及其常用的路由协议（RIP、OSPF 等）和应用；第 7 章介绍了网络安全的隐患及常用网络安全技术，如防火墙、NAT、ACL 和 VPN 等。

本书在编写过程中力求由浅入深、循序渐进、重点突出、通俗易懂、从理论到应用，结合实例来帮助读者迅速透彻地理解计算机网络的基础知识，掌握计算机网络的基本应用技能，做到学以致用。

本书适合作为高职高专院校计算机网络技术专业、电子通信技术专业及其他同类工科专业的教材，也可作为从事计算机网络技术工程和管理人员的参考书。

图书在版编目（CIP）数据

计算机网络技术/袁芳主编. —北京：中国铁道出版社，
2018.8
高等院校应用技术型人才培养规划教材
ISBN 978-7-113-22611-4

Ⅰ.①计… Ⅱ.①袁… Ⅲ.①计算机网络-高等学校-
教材 Ⅳ.①TP393

中国版本图书馆 CIP 数据核字 (2018) 第 138682 号

书　　名：计算机网络技术		
作　　者：袁　芳　主编		

策　　划：王春霞		读者热线：（010）63550836
责任编辑：王春霞　李学敏		
封面设计：付　巍		
封面制作：刘　颖		
责任校对：张玉华		
责任印制：郭向伟		

出版发行：中国铁道出版社（100054，北京市西城区右安门西街 8 号）
网　　址：http://www.tdpress.com/51eds/
印　　刷：三河市宏盛印务有限公司
版　　次：2018 年 8 月第 1 版　　2018 年 8 月第 1 次印刷
开　　本：787 mm×1 092 mm　1/16　印张：13.25　字数：317 千
书　　号：ISBN 978-7-113-22611-4
定　　价：36.00 元

计算机网络技术是计算机、通信等相关学科的专业基础课程，是具有较强理论性和实践性的课程。本教材是以适应高职高专院校计算机网络技术专业、电子通信技术专业及其他同类工科专业的计算机网络技术课程的教学需求，以培养学生的应用能力为主要目标而编写的。

本书从最基本的计算机网络和通信的基础知识讲起，结合相关设备循序渐进地论述计算机网络体系结构和网络协议、局域网交换技术和互联网路由技术等，使学生掌握 IP 网络原理，能进行网络产品的基本配置和维护，掌握计算机网络技术的基本应用技能。

本书共分 7 章：

第 1 章是计算机网络概述，主要阐述了什么是计算机网络，网络的功能与分类，网络的基本组成及常见的拓扑结构等基本概念。通过本章的学习，了解网络的基础知识，让大家对网络有一个初步的认识，为后面章节的学习打下良好的理论基础。

第 2 章主要对数据通信的基本概念、常用主要传输介质的特性及应用、常用网络设备功能、数据交换技术、数据编码技术、差错控制技术等进行系统讲述。学好本章将对读者理解计算机网络中的数据通信知识有很大的帮助。

第 3 章从介绍计算机网络协议的概念、计算机网络分层结构和计算机网络体系结构的概念入手，详细讨论 OSI 参考模型和 TCP/IP 体系结构的层次结构、层次功能和数据传输模型。

第 4 章在学习 TCP/IP 的基础上，深入介绍 IP 编址、子网掩码以及子网划分等重要内容，这些内容是组建完整稳定可靠的网络的基础和关键。

第 5 章介绍计算机局域网的基本概念、局域网协议标准、以太网概念、以太网分类，以太网工作原理以及虚拟局域网、无线局域网等技术。

第 6 章介绍网络互联和广域网的概念和类型，路由器及 IP 路由原理，静态路由和动态路由，介绍了解决虚拟局域网之间通信的三层交换技术。

第 7 章对网络安全做简单的介绍，让同学们了解网络安全的概念，了解常见的网络安全技术，如 ACL、NAT、防火墙技术和 VPN 等。

本书以学生的学习特点为出发点，在编写上力求由浅入深、循序渐进、重点突出、通俗易懂、从理论到应用，结合实例来帮助读者能迅速透彻地理解计算机网络的基础知识，掌握计算机网络的基本应用技能，做到学以致用。

本书由袁芳主编，刘丁慧任副主编。在本书的编写过程中，得到了编者所在单位的领导、同事和朋友的帮助和支持，在此对他们的辛勤付出表示衷心的感谢！同时，编者借鉴和参考了同类教材和相关网站的素材，在此向这些文献的作者一并表示诚挚的感谢！

由于编者水平有限、时间仓促，书中难免存在疏漏与不当之处，恳请广大读者批评指正。

编 者

2018 年 4 月

目 录

目
录

第 7 章　网络安全 180

第 1 章

→ 计算机网络概述

计算机在 20 世纪 40 年代研制成功，到 80 年代初计算机网络依然是一项昂贵而奢侈的技术。近四十年来，计算机网络技术取得了长足的发展，计算机通信网络以及 Internet 已经渗透到人们的日常生活和商业活动中，成为社会结构的基本组成部分，对社会各个领域产生广泛而深刻的影响。计算机网络的普及与企业的 IT 化发展对计算机网络专业人才有大量而迫切的需求。

本章是计算机网络的基本理论概述，主要阐述了什么是计算机网络，网络的功能与分类，网络的基本组成及常见的拓扑结构等基本概念。通过本章的学习，了解网络的基础知识，让大家对网络有一个初步的认识，为后面章节的学习打下良好的理论基础。

 学习目标

- 了解计算机网络的定义与功能
- 了解计算机网络的分类
- 掌握计算机网络的基本组成和常见拓扑结构
- 了解计算机网络相关的标准化组织

1.1 计算机网络定义与功能

1.1.1 计算机网络定义

网络（Network）是一个复杂的人或计算机的互连系统。我们身边存在着各种网络，比如固定电话网、移动通信网、Internet 等。我们的课程主要是学习计算机网络。

在计算机网络出现之前，每台计算机都是独立自治的设备，互相之间没有连接和联系。后来人们将彼此独立发展的计算机技术与通信技术结合起来，完成了数据通信技术与计算机网络通信技术的研究，使计算机之间的互连成为可能，对计算机系统的组织方式产生了巨大而深远的影响。

在不同阶段，从不同角度，人们对计算机网络提出不同的定义，反映了不同时期网络技术的发展状况及人们对网络的认知程度。

按需求定义，计算机网络就是由大量独立的、但相互连接起来的计算机共同完成计算任务。这些系统称为计算机网络。

按连接定义，计算机网络就是通过线路互连起来的、自治的计算机集合，确切地说就是将分布在不同地理位置上的具有独立工作能力的计算机、终端及其附属设备用通信设备和通信线路连接起来，并配置网络软件，以实现计算机资源共享的系统。

从逻辑功能上看，计算机网络是以传输信息为基本目的，用通信线路将多个计算机连接起来的计算机系统的集合，一个计算机网络组成包括传输介质和通信设备。

从用户角度看，计算机网络是这样定义的：存在着一个能为用户自动管理的网络操作系统。由它调用完成用户所调用的资源，而整个网络像一个大的计算机系统一样，对用户是透明的。

从整体上来说计算机网络是指将地理位置不同的具有独立功能的多台计算机及其外围设备，通过通信线路连接起来，在网络操作系统、网络管理软件及网络通信协议的管理和协调下，实现资源共享和信息传递的计算机系统，如图 1-1 所示。

最简单的计算机网络就只有两台计算机和连接它们的一条链路，即两个结点和一条链路。

图 1-1　计算机网络

1.1.2　计算机网络功能

计算机网络可以提供以下主要功能。

1. 数据通信

数据通信是计算机网络的基本功能，可实现不同地理位置的计算机与终端、计算机与计算机之间的数据传输。计算机网络中的计算机之间或计算机与终端之间，可以快速可靠地相互传递数据、程序或文件。例如，用户可以在网上传送电子邮件、交换数据，可以实现在商业部门或公司之间进行订单、发票等商业文件安全准确地交换。

数据通信是计算机网络各种功能的基础，有了数据通信，才会有资源共享，才会有其他的各种功能。

2. 资源共享

实现计算机网络的主要目的是共享资源。共享资源包括计算机硬件资源、软件资源和数据资源。硬件为各种处理器、存储设备和输入/输出设备等，可以通过计算机网络实现这些硬件的共享，如打印机、硬盘空间等。软件包括操作系统、应用软件和驱动程序等，可以通过计算机网络实现这些软件的共享，如多用户的网络操作系统、应用程序服务器等。数据包括用户文件、配置文件和数据文件等，可以通过计算机网络实现这些数据的共享，如通过"网上邻居"复制文件、网络数据库等。

硬件资源的共享提高了计算机硬件资源的利用率，由于受经济和其他因素的制约，这些硬件资源不可能所有用户都有，所以使用计算机网络不仅可以使用自身的硬件资源，也可共享网络上的资源。软件资源和数据资源的共享可以充分利用已有的信息资源，减少软件开发过程中的劳动，避免大型数据库的重复建设。通过共享使资源发挥最大的作用，同时节省成本，提高效率。

3. 提高可靠性

在单机使用的情况下，任何一个系统都可能发生故障，这样就会为用户带来不便。而当计算机联网后，各计算机可以通过网络互为后备，一旦某台计算机发生故障，则可由别处的计算机代为处理，还可以在网络的一些结点上设置一定的备用设备。这样计算机网络就能起到提高系统可靠性的作用。更重要的是，由于数据和信息资源存放于不同的地点，因此可预防因故障而无法访问或由于灾害造成数据破坏。

4. 分布式处理与负载均衡

当某台计算机负担过重时，或该计算机正在处理某项工作时，网络可将新任务转交给空闲的计算机完成，这样处理能均衡各计算机的负载，提高处理问题的实时性；对大型综合性问题，可将问题各部分交给不同的计算机分头处理，充分利用网络资源，扩大计算机的处理能力，即增强实用性。对解决复杂问题来讲，多台计算机联合使用并构成高性能的计算机体系，这种协同工作、并行处理要比单独购置高性能的大型计算机便宜得多。

一个大型 ICP（Internet 内容提供商）为了支持更多的用户访问其网站，在全世界多个地方放置了相同内容的 WWW 服务器；通过一定技术使不同地域的用户看到放置在离他最近的服务器上的相同页面，这样来实现各服务器的负荷均衡，同时用户也节省了不少访问时间。

5. 综合信息处理

网络的一大发展趋势是多维化，即在一套系统上提供集成的信息服务，包括来自政治、经济等各方面资源，甚至同时还提供多媒体信息，如图像、语音、动画等。在多维化发展的趋势下，许多网络应用的新形式不断涌现，例如：

（1）电子邮件——这应该是大家都得心应手的网络交流方式之一。发邮件时收件人不一定要在网上，但他只要打开邮箱，就能查收自己的信件。

（2）网上交易——通过网络做生意。其中有一些是要通过网络直接结算，这就要求网络的安全性比较高。

（3）视频点播——这是一项新兴的娱乐或学习项目，在智能小区、酒店或学校应用较多。它的形式跟电视选台有些相似，不同的是节目内容通过网络传递。

（4）联机会议——也称视频会议，顾名思义就是通过网络开会。它与视频点播的不同在于所有参与者都需主动向外发送图像，为实现数据、图像、声音实时同传，它对网络的处理速度提出了最高要求。

1.2 计算机网络的演进

计算机网络是计算机技术和通信技术结合的产物，计算机技术和通信技术的发展共同促进计算机网络技术的迅猛发展。纵观计算机网络的进程与发展，大致可以分为以下四个阶段，如图 1-2 所示。

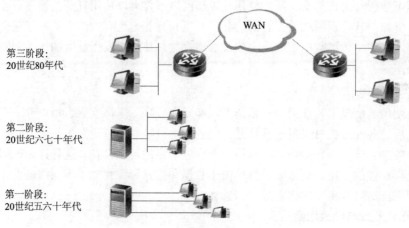

第四阶段：以互联网为基础和核心的新型网络

第三阶段：
20世纪80年代

WAN

第二阶段：
20世纪六七十年代

第一阶段：
20世纪五六十年代

图 1-2　计算机网络的演进

1.2.1　面向终端的计算机网络

计算机网络主要是计算机技术和信息技术相结合的产物，它从 20 世纪 50 年代起步至今已经有 60 多年的发展历程。在 20 世纪 50 年代以前，因为计算机主机相当昂贵，而通信线路和通信设备相对便宜，为了共享计算机主机资源和进行信息的综合处理，形成了以单主机为中心的联机终端系统。在这里终端本身没有处理能力，人们在终端上传输指令和数据，指令和数据通过通信线路传递给主机；主机执行指令进行数据处理，将处理结果传递给终端，在终端上显示结果或将结果打印出来。这类简单的"终端—通信线路—面向终端的计算机"系统，构成了计算机网络的雏形，严格来说，这个阶段的网络，还不是真正的计算机网络。为了区别以后发展的多个计算机互连的计算机网络，称它为面向终端的计算机网络，又称为第一代计算机网络。

在第一代计算机网络中，因为所有的终端共享主机资源，因此终端到主机都单独占一条线路，所以使得线路利用率低，而且因为主机既要负责通信又要负责数据处理，因此主机的效率低，而且这种网络组织形式是集中控制形式，所以可靠性较低，如果主机出问题，所有终端都被迫停止工作。面对这样的情况，当时人们提出这样的改进方法，就是在远程终端聚集的地方设置一个终端集中器，把所有的终端聚集到终端集中器，而且终端到集中器之间是低速线路，而集中器到主机是高速线路，这样使得主机只要负责数据处理而不要负责通信工作，大大提高了主机的利用率。

1.2.2　计算机-计算机网络

随着计算机网络技术的发展，到 20 世纪 60 年代中期，计算机网络不再局限于单计算机网络，许多面向终端的单计算机网络相互连接形成了由多个单主机系统相连接的计算机网络，即计算机-计算机网络，称为第二代计算机网络。这样连接起来的计算机网络体系有两个特点：

（1）多个终端联机系统互连，形成了多主机互联网络；

（2）网络结构体系由主机到终端变为主机到主机。

20 世纪 60 年代后期，ARPANET 是由美国国防部高级研究计划局（ARPA，目前称为

DARPA，Defense Advanced Research Projects Agency）提供经费，联合计算机公司和大学共同研制而发展起来的，主要目标是借助通信系统，使网内各计算机系统间能够相互共享资源，它最初投入使用的是一个有 4 个结点的实验性网络。ARPANET 是一个非常成功的网络，是计算机网络技术发展中的一个里程碑，它在概念、结构和网络设计方面为 Internet 的形成和发展奠定了基础。此后，计算机网络技术迅速发展。

在 20 世纪 70 年代后期，全世界各大计算机公司都发展和推出了自己的计算机网络，但是这些网络都有自己的网络体系结构和相应的软硬件产品，各个计算机网络之间互为封闭状态。虽然已有大量的计算机网络系统在运行和提供服务，但是各自研制和推出的网络没有使用统一的网络体系结构，网络之间不能实现互连。随之产生的就是网络体系结构和网络协议的国际化标准问题。

1.2.3　开放式标准化的互联网

国际标准化组织（ISO，International Standard Organization）在 1977 年开始着手研究网络互连问题，并在 1984 年正式颁布了一种能够使全球计算机互连的标准框架，也就是开放系统互连参考模型（Open System Interconnection Reference Model，OSI/RM）。OSI 参考模型开创了一个具有统一网络结构体系的、遵循国际标准化协议的计算机网络新时代，为计算机网络理论体系的形成与网络技术的发展起到了推动作用，但是也面临着 TCP/IP 的严峻挑战。标准化使得不同的计算机能方便地互连，厂家只有执行标准才能确保产品的销路，用户也能从不同厂家获得兼容开放的产品，促进企业之间的竞争，大大加速了计算机网络的发展。

当时的互联网已经成功地采用了 TCP/IP 协议，使各种网络在 TCP/IP 体系结构和协议规范的基础上进行互连。1983 年，伯克利加州大学开始推行 TCP/IP，并建立了最早的互联网。进入 20 世纪 90 年代，采用 TCP/IP 协议的 Internet 迅猛发展，已经成为世界上规模最大的计算机网络。它是有政府、企业、院校及社区等网络加入而发展壮大起来的超级网络，连接着数千万的计算机和服务器等。通过 Internet，人们可以发布和交换政府、企业、商业、学术的信息，以及新闻及娱乐内容和节目。Internet 极大地改变了人们的生活和工作方式。

网络的发展也是一个经济上的冲击。数据网络使个人化的远程通信成为可能，并改变了商业通信的模式。一个完整的用于发展网络技术、网络产品和网络服务的新兴工业已经形成，计算机网络的普及性和重要性已经导致在不同岗位上对具有更多网络知识的人才的大量需求。

1.2.4　以互联网为核心和基础的新型网络

1997 年，在美国拉斯维加斯的全球计算机技术博览会上，微软公司总裁比尔·盖茨先生发表了著名的演说。在演说中，"网络才是计算机"的精辟论点充分体现出信息社会中计算机网络的重要基础地位。未来的计算机网络就是以互联网为核心和基础的网络时代。

譬如新兴的物联网（IoT，Things of Internet），"物联网技术"的核心和基础仍然是"互联网技术"，是在互联网技术基础上延伸和扩展的一种网络技术；其用户端延伸和扩展到了任何物品和物品之间，进行信息交换和通信。如把感应器嵌入装备到油网、电网、路网、水网、建筑、大坝等物体中，然后将"物联网"与"互联网"整合起来，实现人类社会与物理系统的整合，超级计算机群对"整合网"的人员、机器设备、基础设施实施实时管理控制，以精细动态方式管理生产生活，提高资源利用率和生产力水平，改善人与自然关系。

第 1 章　计算机网络概述

物联网拥有业界最完整的专业物联产品系列，覆盖从传感器、控制器到云计算的各种应用。产品服务智能家居、交通物流、环境保护、公共安全、智能消防、工业监测、个人健康等各种领域。物联网产业是当今世界经济和科技发展的战略制高点之一。

物联网一方面可以提高经济效益，大大节约成本；另一方面可以为全球经济的复苏提供技术动力。美国、欧盟等都在投入巨资深入研究探索物联网。我国也高度关注、重视物联网的研究，工业和信息化部会同有关部门，在新一代信息技术方面正在开展研究，以形成支持新一代信息技术发展的政策措施。

以互联网为核心和基础的新型网络是未来网络发展的主要趋势。

1.3　计算机网络的组成与分类

1.3.1　计算机网络的组成

计算机网络是利用通信设备和网络软件，把地理位置分散而功能独立的多个计算机（及其智能设备）以相互共享资源和进行信息传递为目的连接起来的一个系统。通俗地讲，计算机网络就是由多台计算机通过传输介质和软件物理（或逻辑）连接在一起组成的。这里的传输介质指的是一些通信设备及线路。"连接"意味着计算机之间可以互相传输数据、交换信息，如图像、文件什么的。同时，这些计算机彼此之间也是平等的，任何一台计算机都不能干预其他计算机的工作，如启动、关闭。

从资源构成的角度讲，计算机网络是由硬件和软件组成的。这里硬件主要包含若干独立自治的计算机和物理连接这些计算机所共享的传输链路及结点交换机；软件主要包含一系列的网络通信协议，网络通信协议是为了确保在网络中的计算机相互之间能交换信息而建立和采用的，通信双方事先约定和必须遵循的规则和标准。例如，TCP/IP 是目前因特网使用的用于网络互联的通信协议。这里我们主要讨论硬件组成，协议将在后面章节系统学习。

为了便于分析，按照数据处理和数据通信的功能，一般从逻辑上将计算机网络分为通信子网和资源子网两个部分。典型的计算机网络组成如图 1-3 所示。

1. 资源子网

计算机网络要完成数据处理的任务，资源子网就是负责处理数据的主机和终端。资源子网由主计算机系统、终端、终端控制器、联网外设、各种软件资源与信息资源组成。资源子网负责全网的数据处理业务，向网络用户提供各种网络资源与网络服务。

2. 通信子网

计算机网络还要完成数据通信的任务，通信子网就是负责完成网络数据传输、转发等通信处理任务的。通信子网主要由通信控制处理器（CCP）、通信线路与其他通信设备组成。

通信控制处理机在网络拓扑结构中被称为网络结点。它一方面作为与资源子网的主机、终端连接的接口，将主机和终端连入网内；另一方面它又作为通信子网中的分组存储转发结点，完成分组的接收、校验、存储、转发等功能，实现将源主机报文准确发送到目的主机的作用。

通信线路为通信控制处理机与通信控制处理机、通信控制处理机与主机之间提供通信信道。计算机网络采用了多种通信线路，如电话线、双绞线、同轴电缆、光缆、无线通信信道、微波与卫星通信信道等。

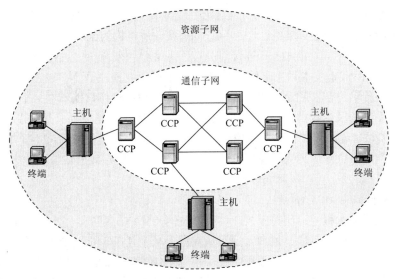

图 1-3 计算机网络组成

1.3.2 计算机网络的分类

计算机网络分类的方法很多。从不同的角度观察网络系统，学习并理解计算机网络的分类，有利于全面了解计算机网络的特性。

1. 按地理范围分类

虽然网络类型的划分标准各种各样，但是从地理范围划分是最通用的一种网络划分标准。按这种标准可以把各种网络类型划分为局域网、城域网、广域网。局域网一般来说只能是一个较小区域，城域网是不同地区的网络互联，网络划分其实并没有严格意义上地理范围的区分，只是一个定性的概念。

1）局域网（Local Area Network，LAN）

通常我们常见的"LAN"就是指局域网，这是我们最常见、应用最广的一种网络。局域网随着整个计算机网络技术的发展和提高得到充分的应用和普及，几乎每个单位都有自己的局域网，有的甚至家庭中都有自己的小型局域网。很明显，所谓局域网，那就是在局部地区范围内的网络，它所覆盖的地区范围较小。局域网在计算机数量配置上没有太多的限制，少的可以只有两台，多的可达几百台。一般来说在企业局域网中，工作站的数量多为几十到两百台次。在网络所涉及的地理距离上一般来说可以是几米至 10 km 以内。局域网一般位于一个建筑物或一个单位内，不存在路由问题，不包括网络层的应用。

这种网络的特点就是：连接范围窄、用户数少、配置容易、连接速率高。目前局域网最快的速率要算现今的 10Gbit/s 以太网了。IEEE 的 802 标准委员会定义了多种主要的 LAN 网：以太网（Ethernet）、令牌环网（Token Ring）、光纤分布式接口网络（FDDI）、异步传输模式网（ATM）以及最新的无线局域网（WLAN）。这些都将在后面详细介绍。

2）城域网（Metropolitan Area Network，MAN）

这种网络一般来说是在一个城市，但不在同一小区范围内的计算机互连。这种网络的连接距离可以为 10～100km，它采用的是 IEEE 802.6 标准。MAN 与 LAN 相比，扩展的距离更长，连接的计算机数量更多，在地理范围上可以说是 LAN 网络的延伸。在一个大型城市或都市地区，一个 MAN 网络通常连接着多个 LAN 网。如连接政府机构的 LAN、医院的 LAN、电信的 LAN、公司企业的 LAN 等。由于光纤连接的引入，使 MAN 中高速的 LAN 互连成为可能。

城域网多采用 ATM 技术做主干网。ATM 是一个用于数据、语音、视频以及多媒体应用程序的高速网络传输方法。ATM 包括一个接口和一个协议，该协议能够在一个常规的传输信道上，在比特率不变及变化的通信量之间进行切换。ATM 也包括硬件、软件以及与 ATM 协议标准一致的介质。ATM 提供一个可伸缩的主干基础设施，以便能够适应不同规模、速度以及寻址技术的网络。ATM 的最大缺点就是成本太高，所以一般在政府城域网中应用，如邮政、银行、医院等。

3）广域网（Wide Area Network，WAN）

这种网络也称为远程网，所覆盖的范围比城域网（MAN）更广，它一般是在不同城市之间的 LAN 或者 MAN 网络互联，地理范围可从几百千米到几千千米。因为距离较远，信息衰减比较严重，所以这种网络一般是租用专线，通过 IMP（接口信息处理）协议和线路连接起来，构成网状结构，解决路由问题。这种城域网因为所连接的用户多，总出口带宽有限，所以用户的终端连接速率一般较低，通常为 9.6kbit/s～45Mbit/s，如 CHINANET、CHINAPAC 和 CHINADDN 网。

上面讲了网络的几种分类，其实在现实生活中我们真正遇到最多的还是局域网，因为它可大可小，无论在单位还是在家庭，实现起来都比较容易，也是应用最广泛的一种网络。

2. 按拓扑结构分类

拓扑结构（Topology）是一个数学概念，一般是指点和线的几何排列或组成的几何图形。计算机网络的拓扑结构是指一个网络的通信链路和结点的几何排列或物理布局图形，反映出网络设备之间以及网络终端是如何连接的。链路是网络中相邻两个结点之间的物理通路，结点指计算机和有关的网络设备，甚至指一个网络。

按拓扑结构，计算机网络可分为以下常见的总线、环状、星状、树状和网状等类。

1）总线网

总线拓扑结构采用一个信道作为传输媒体，所有站点都通过相应的硬件接口直接连到这一公共传输介质上，该公共传输介质即称为总线，其物理连接如图 1-4（a）所示，其拓扑结构如图 1-4（b）所示。任何一个站发送的信号都沿着传输介质传播，而且能被所有其他站所接收。

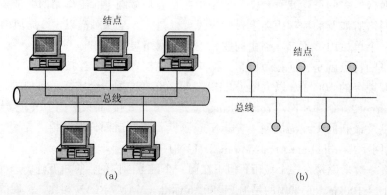

图 1-4　总线拓扑结构

因为所有站点共享一条公用的传输信道，所以一次只能有一个设备传输信号。通常采用分布式控制策略来确定哪个站点可以发送。发送时，发送站将报文分成分组，然后逐个依次发送这些分组，有时还要与其他站来的分组交替地在介质上传输。当分组经过各站时，其中的目的站会识别出分组所携带的目的地址，然后复制这些分组的内容。

总线拓扑结构的优点：

（1）总线结构所需要的电缆数量少，线缆长度短，易于布线和维护。

（2）总线结构简单，又是无源工作，有较高的可靠性。

（3）易于扩充，增加或减少用户比较方便。

（4）多个结点共用一条传输信道，信道利用率高。

总线拓扑的缺点：

（1）总线的传输距离有限，通信范围受到限制。

（2）故障诊断和隔离较困难。

（3）分布式协议不能保证信息的及时传送，不具有实时功能。站点必须是智能的，要有介质访问控制功能，从而增加了站点的硬件和软件开销。

总线拓扑结构适用于计算机数目相对较少的局域网络，通常这种局域网络的传输速率在100 Mbit/s，网络连接选用同轴电缆。总线拓扑结构曾流行了一段时间，典型的总线局域网有共享式以太网。

2）环状网

环状拓扑网络由站点和连接站点的链路组成一个闭合环。每个站点能够接收从一条链路传来的数据，并以同样的速率串行地把该数据沿环送到另一端链路上。这种链路可以是单向的，也可以是双向的，其物理连接如图 1-5（a）所示，其拓扑结构如图 1-5（b）所示。

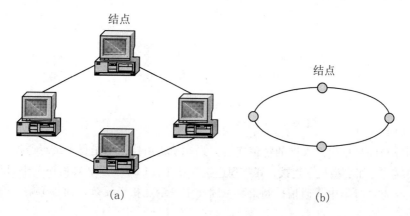

图 1-5　环状拓扑结构

环状拓扑的优点：

（1）电缆长度短。环状拓扑网络所需的电缆长度和总线拓扑网络相似，但比星状拓扑网络要短得多。

（2）增加或减少工作站时，仅需简单的连接操作。

（3）信息在网络中沿固定方向流动，两个结点间仅有唯一的通路，大大简化了路径选择的控制。

（4）当网络确定时，其延时固定，实时性强。

（5）可使用光纤。光纤的传输速率很高，十分适合环状拓扑的单方向传输。

环状拓扑的缺点：

（1）由于信息是串行穿过多个结点环路接口，当结点过多时，使网络响应时间变长。

（2）结点的故障会引起全网故障。这是因为环上的数据传输要通过接在环上的每一个结点，一旦环中某一结点发生故障就会引起全网的故障。

（3）故障检测困难。这与总线拓扑相似，因为不是集中控制，故障检测需在网上各个结点进行，因此就不是很容易。

（4）环状拓扑结构的介质访问控制协议都采用令牌传递的方式，在负载很轻时，信道利用率相对来说就比较低。

环状网也是计算机局域网常用的拓扑结构之一，如企业实施信息处理系统和工厂自动系统，以及某些校园网的主干网常采用环状网，图 1-6 是某大学学校网的主干网，其三个校区通过路由器以环状网的形式连接起来。

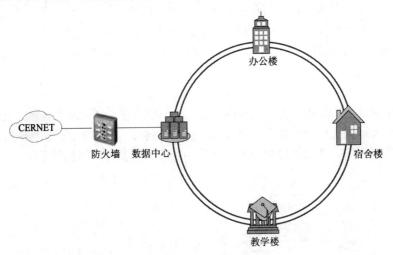

图 1-6　某大学主干网

3）星状网

星状拓扑结构是现代以太网的物理连接方式。星状拓扑结构是每个结点通过点到点通信线路与中央结点（如交换机）连接，其物理连接如图 1-7（a）所示，其拓扑结构如图 1-7（b）所示。中央结点执行集中式通信控制策略，因此中央结点相当复杂，而各个站点的通信处理负担都很小。

星状网采用的交换方式有电路交换和报文交换，尤以电路交换更为普遍。这种结构一旦建立了通道连接，就可以无延迟地在连通的两个站点之间传送数据。

星状拓扑结构的优点：

（1）结构简单，连接方便，现在常以交换机作为中央结点，便于维护和管理，而且扩展性强。

（2）网络延迟时间较小，传输误差低。

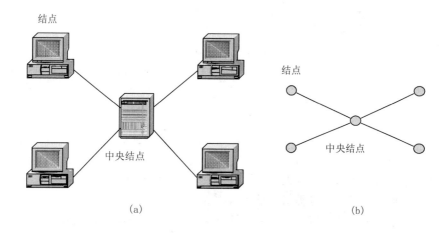

图 1-7 星状拓扑结构

（3）故障诊断和隔离容易。中央结点对连接线路可以逐一隔离进行故障检测和定位，单个连接点的故障只影响一个设备，不会影响全网。

（4）在同一网段内支持多种传输介质，除非中心结点故障，否则网络不会轻易瘫痪。因此，星状网络拓扑结构是目前应用最广泛的一种网络拓扑结构。

星状拓扑结构的缺点：

（1）安装和维护的费用较高。

（2）共享资源的能力较差。

（3）通信线路利用率不高。

（4）对中心结点要求相当高，中心结点是全网络的可靠性瓶颈，中心结点出现故障会导致网络瘫痪。

总的来说星状拓扑结构相对简单，便于管理，建网容易，是局域网普遍采用的一种拓扑结构。星状拓扑结构广泛应用于网络的智能集中于中央结点的场合。采用星状拓扑结构的局域网，一般使用双绞线或光纤作为传输介质，符合综合布线标准，能够满足多种宽带需求。目前流行的专用交换机 PBX（Private Branch exchange）就是星状拓扑结构的典型实例。

4）树状网

树状拓扑从总线拓扑演变而来，形状像一棵倒置的树，顶端是树根，树根以下带分支，每个分支还可再带子分支，如图 1-8 所示。它是总线结构的扩展，它是在总线网上加上分支形成的，其传输介质可有多条分支，但不形成闭合回路，树状网是一种分层网，其结构可以对称，联系固定，具有一定容错能力，一般一个分支和结点的故障不影响另一分支结点的工作，任何一个结点送出的信息都可以传遍整个传输介质，也是广播式网络。一般树状网上的链路相对具有一定的专用性，无须对原网做任何改动就可以扩充工作站。它是一种层次结构，结点按层次连接，信息交换主要在上下结点之间进行，相邻结点或同层结点之间一般不进行数据交换。把整个电缆连接成树型，树枝分层每个分支点都有一台计算机，数据依次往下传。优点是布局灵

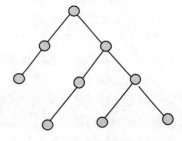

图 1-8 树状拓扑结构

活，PC 坏不会影响全局。

树状拓扑的优点：

（1）连接简单，维护方便，适用于汇集信息的应用要求。

（2）易于扩展。这种结构可以延伸出很多分支和子分支，这些新结点和新分支都能容易地加入网内。

（3）故障隔离较容易。如果某一分支的结点或线路发生故障，很容易将故障分支与整个系统隔离开来。

树状拓扑的缺点：

（1）各个结点对根的依赖性太大，如果根发生故障，则全网不能正常工作。从这一点来看，树状拓扑结构的可靠性有点类似于星状拓扑结构。

（2）资源共享能力较低，可靠性不高，任何一个工作站或链路的故障都会影响整个网络的运行。

树状拓扑具有较强的可折叠性，非常适用于构建网络主干，还能够有效地保护布线投资。这种拓扑结构的网络一般采用光纤作为网络主干，用于军事单位，政府单位等上、下界限相当严格和层次分明的部门。

5）网状网

网状网络是广域网中最常采用的一种网络形式，是典型的点到点结构。结点与通信线路互连成各种形状，每个结点至少要与其他两个结点连接，连接是任意的，无规律的，如图 1-9 所示。

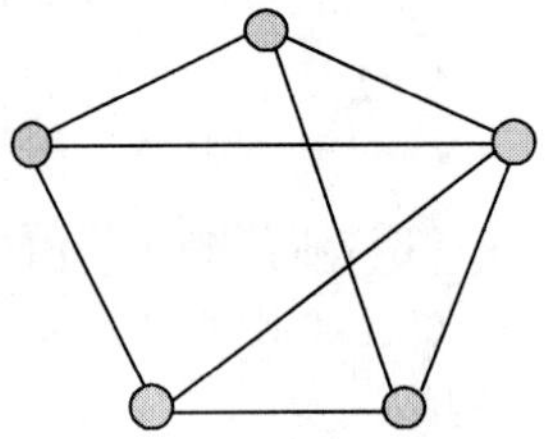

网状拓扑的优点：

（1）网络可靠性高，一般通信子网中任意两个结点交换机之间，存在着两条或两条以上的通信路径，这样，当一条路径发生故障时，还可以通过另一条路径把信息送至结点交换机。

图 1-9　网状拓扑结构

（2）可选择最佳路径，传输延迟小。

（3）网络可组建成各种形状，采用多种通信信道，多种传输速率。

（4）网内结点共享资源容易。

（5）可改善线路的信息流量分配。

（6）可扩充性好，该网络无论是增加新功能，还是要将另一台新的计算机入网形成更大或更新的网络时，都比较方便。

网状拓扑的优点：

（1）控制复杂，软件复杂。

（2）线路费用高，不易扩充。

网状拓扑结构具有较高的可靠性，但其结构复杂，实现起来费用较高，不易管理和维护，不常用于局域网。网状拓扑结构一般用于 Internet 主干网上，通过路由器与路由器相连，使用路由算法来计算发送数据的最佳路径。

6）复合型网

以上介绍了五种基本的网络拓扑结构，事实上以这几种基本拓扑为基础，还可构造一些复合型的网络拓扑结构。例如，中国教育科研计算机网络（CERNET）可认为是网状型网、树状网和星状网的复合。其主干网为网状形结构，连接每个城市的每一所大学大多是树状结构或环状结构。

网络拓扑结构对整个网络的设计、功能、可靠性和成本等方面具有重要的影响。拓扑结构的选择往往与介质的选择及介质访问控制方法的确定紧密相关。在选择网络拓扑结构时，应该考虑的主要因素有下列几点：

（1）可靠性。尽可能提高可靠性，以保证所有数据流能准确接收；还要考虑系统的可维护性，使故障检测和故障隔离较为方便。

（2）费用。建网时需考虑适合特定应用的信道费用和安装费用。

（3）灵活性。需要考虑系统在今后扩展或改动时，能容易地重新配置网络拓扑结构，能方便地处理原有站点的删除和新站点的加入。

（4）响应时间和吞吐量。要为用户提供尽可能短的响应时间和尽可能大的吞吐量。

3. 按通信方式分类

计算机网络按网络的通信方式分类可以分为点到点传输网络和广播式传输网络。

1）点到点传输网络

数据以点到点的方式在计算机或通信设备中传输。网络中的每两台主机、两台结点交换机之间或主机与结点交换机之间都存在一条物理信道，机器（包括主机和结点交换机）沿某信道发送的数据确定无疑的只有信道另一端的唯一一台机器能收到，如图 1-10 所示。在这种点到点的拓扑结构中，没有信道竞争，几乎不存在访问控制问题。绝大多数广域网都采用点到点的拓扑结构，网状网络是典型的点到点拓扑结构，尤其是广域环状网。此外，星状网、树状网也是点到点的拓扑结构。

2）广播式传输网络

在广播型拓扑结构中，数据在共用通信介质线路中传输，所有主机共享一条信道，某主机发出的数据，其他主机都能收到，如图 1-11 所示。在广播信道中，由于信道共享而引起信道访问冲突，因此信道访问控制是要解决的关键问题。广播型结构主要用于局域网，不同的局域网技术可以说是不同的信道访问控制技术。广播型网的典型代表是总线网、局域环网。微波、卫星通信网也是广播型网。局域网线路短，传输延迟小，信道访问控制相对容易，因此宁愿以额外的控制开销换取信道利用率，从而降低整个网络成本。

图 1-10　点到点传输网络

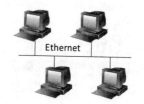

图 1-11　广播式传输网络

4. 其他分类方式

除了上述分类方式外，计算机网络还有很多其他分类方式。

按传输的信号分类，可分为数字网和模拟网。

按网络传输信息采用的传输介质来分类，可划分为有线网络和无线网络，而且两者还可细分。

按传输速率分类，可划分为低速网络（数据传输速率在 1.5 Mbit/s 以下网络系统）、中速网络（数据传输速率在 50 Mbit/s 以下的网络系统）、高速网络（数据传输速率在 50 Mbit/s 以上的网络系统）。

按数据交换方式分类，可分为线路交换网络、报文交换网络、分组交换网络。

按网络服务方式分类，可以分为对等网、客户机/服务器（C/S）模式和浏览器/服务器（B/S）模式。

按网络的使用目的来分类，可以分为共享资源网、数据处理网、数据传输网，目前网络使用目的都不是单一的，而是综合型的。

1.4 网络相关的国际标准化组织

在计算机网络的发展过程中有许多国际标准化组织做出了重大的贡献，他们统一了网络的标准，使各个网络产品厂家生产的产品可以相互连通。目前为网络的发展做出贡献的标准化组织主要有：

国际标准化组织（International Organization for Standardization，ISO），该组织负责制定大型网络的标准，包括与 Internet 相关的标准。ISO 提出了 OSI 参考模型。OSI 参考模型描述了网络的工作原理，为计算机网络构建了一个易于理解的、清晰的层次模型。

电子电器工程师协会（Institute of Electrical and Electronics Engineers，IEEE），提供了网络硬件标准，使各种不同网络硬件厂商生产的硬件设备相互连通。IEEE LAN 标准是当今居于主导地位的 LAN 标准。它主要定义了 802.X 协议族，其中 802.3 为以太网标准协议族、802.4 为令牌总线网（Toking Bus）标准、802.5 为令牌环网（Toking Ring）标准、802.11 为无线局域网（WLAN）标准。

美国国家标准局（American National Standards Institute，ANSI），ANSI 是由公司、政府和其他组织成员组成的自愿组织，主要定义了光纤分布式数据接口（FDDI）的标准。

电子工业协会（Electronic Industries Association/ Telecomm Industries Association，EIA/TIA），在电信方面主要定义了调制解调器与计算机之间的串行接口，物理层规范了连接器及相关电缆、电气方面特性。

国际电信联盟（International Telecomm Union，ITU），定义了作为广域连接的电信网络的标准，如 X.25、Frame Relay 等。

Internet 工程任务委员会（Internet Engineering Task Force，IETF），Internet 工程任务委员会成立于 1985 年底，其主要任务是负责互联网相关技术规范的研发和制定。已成为全球互联网界最具权威的大型技术研究组织。

IETF 产生两种文件，一个是 Internet Draft，即"互联网草案"，另一个是 RFC。

作为标准的 RFC 又分为三种：

第一种是提议性的，就是说建议采用这个作为一个方案而列出。

第二种就是完全被认可的标准，这种是大家都在用，而且是不应该改变的。

第三种就是现在的最佳实践法，它相当于一种介绍。

IETF 标准一般称之为 RFC，RFC 是 IETF 发布的一系列文件。RFC 过去常常代表"请求给予评论"（Request for Comments），RFC 现在只是一个名字，不再有特殊的含义。RFC 现在是比较正式的文件，而以前比较随便。现在大约有 5 000 个左右 RFC，第一个 RFC 是 1969 年 4 月 7 日提出的 RFC 1 Host Software 。

跟 Internet 相关的许多重要协议都是有 RFC 定义的。如 IP 协议、OSPF、BGP、MPLS 等。

阅读扩展：

可以登录 www.rfc-editor.org 找到所有类型的 RFC 信息。

思考与练习

1. 简答题

（1）什么是计算机网络？计算机的主要功能有哪些？

（2）计算机网络主要由哪些部分组成？

（3）计算机网络有哪些常见的拓扑结构？试述它们各自的优缺点。

（4）在选择计算机网络拓扑结构时，主要需要考虑哪些因素？

2. 选择题

（1）计算机网络将不同地理位置独立自治的计算机互连起来，通过（　　）来实现资源共享和信息交互。

A. 网络软件　　　　B. 网络硬件　　　　C. 通信设备　　　　D. 网络协议

（2）计算机网络给人们带来了极大的便利，其基本功能是（　　）。

A. 安全性好　　　　B. 运算速度快　　　　C. 内存容量大　　　　D. 数据传输和资源共享

（3）表示局域网的英文缩写是（　　）。

A. WAN　　　　　　B. LAN　　　　　　C. MAN　　　　　　D. USB

（4）计算机网络中广域网和局域网的分类是以（　　）来划分的。

A. 信息交换方式　　B. 传输控制方法　　C. 网络使用者　　　D. 网络覆盖范围

（5）在计算机网络中，所有的计算机均连接到一条公共的通信传输线路上，这种连接结构被称为（　　）。

A. 总线结构　　　　B. 环状结构　　　　C. 星状结构　　　　D. 网状结构

（6）下面（　　）描述与星状网络结构不符的？

A. 星状网络是广播式网络　　　　　　　B. 星状网络有中央结点

C. 星状网络以星状方式连接　　　　　　D. 星状网络的各结点都与中央结点直接相连

（7）计算机网络按网络的通信方式分类可以分为（　　）和广播式传输网络两种。

A. 星状网络　　　　B. 总线网络　　　　C. 树状网络　　　　D. 点到点传输网络

3. 填空题

（1）计算机网络技术是＿＿＿＿＿技术和＿＿＿＿＿技术相结合的产物。

（2）按照覆盖的地理范围，计算机网络可以分为＿＿＿＿＿、＿＿＿＿＿和＿＿＿＿＿。

（3）按照数据处理和数据通信的功能，一般从逻辑上将计算机网络分为＿＿＿＿＿子网和＿＿＿＿＿子网两个部分。

（4）在星状拓扑结构中，＿＿＿＿＿是全网可靠性的瓶颈。

（5）按网络传输信息采用的传输介质来分类，计算机网络可划分为＿＿＿＿＿网络和＿＿＿＿＿网络。

（6）国际标准化组织 ISO 提出了＿＿＿＿＿参考模型。

4. 实践题

（1）请上网查阅并了解 Internet 发展的历史。

（2）请上网查阅并了解中国计算机网络的发展进程。

第❷章

→ **数据通信基础知识**

计算机网络是计算机技术与通信技术相结合的产物，而通信技术本身的发展也和计算机技术的应用有着密切的关系，掌握数据通信的基础知识是学习计算机网络的必要基础。数据通信就是以信息处理技术和计算机技术为基础的通信方式，为计算机网络的应用和发展提供了技术支持和可靠的通信环境。

本章主要对数据通信的基本概念、常用的主要传输介质和网络设备、数据交换技术、数据编码技术、数据传输技术、差错控制技术等问题进行系统的讲述。学好本章的数据通信基础知识将对读者理解计算机网络中的数据通信技术有很大帮助。

 学习目标

- 理解数据通信的基本概念
- 掌握常用的数据传输介质及其各类介质的特性和应用
- 掌握常用网络设备的基本功能
- 了解常用数据编码技术的基本方法
- 了解各类数据交换技术的基本原理
- 了解差错控制技术的常用方法

2.1 数据通信的基本概念

2.1.1 常用术语

1. 信息

通信的目的是为了交换信息（Message）。任何事物的存在都伴随着相应信息的存在，信息是客观事物的属性和相互联系特性的表现，它反映了客观事物的存在形式或运动状态。信息指音讯、消息、通信系统传输和处理的对象，泛指人类社会传播的一切内容。人通过获得、识别自然界和社会的不同信息来区别不同事物，得以认识和改造世界。在一切通信和控制系统中，信息是一种普遍联系的形式。

信息的载体可以是数值、文字、图形、声音、图像以及视频等。比如某个班某门课程的考试成绩，可以通过平均分、最高分、最低分、各分数段人数等统计特征数据来描述这门课的教学情况，这种从考试分数中提取出来的有意义的数据，就是人们所关心的信息。信息可以是定性的描述，比如天气的"冷"和"热"，温度的"高"和"低"，也可以是定量的描述，比如身高多少"厘米"，气温多少"摄氏度"。很显然，定量的描述通常比定性的描述更为精确。

信号属于应用层概念，它讲究你要表达的意思。

2. 数据

数据（Data）是信息的载体，是信息的表现形式，一般可理解为"信息的数字化形式"或"数字化的信息形式"，通常是有意义的序列符号，这种信息的表示可用计算机处理或产生。数据是指把事件的某些属性规范化后的表现形式，可以被识别，也可以被描述。狭义的数据通常指具有一定数字特征的信息，比如气象数据、测量数据、统计数据及计算机中区别于程序的计算数据等。计算机网络中的数据通常指在网络中存储、处理和传输的二进制数字编码，是能够被计算机处理的数字、字母或符号等具有一定实际意义的实体。

根据数据随时间变化的特点，数据可以分为连续数据和离散数据。连续数据也称为模拟数据，随时间连续变化，可以在一定的时间范围内取得连续的值，是时间的连续函数，比如声音、温度等。离散数据也称为数字数据，随时间不连续变化，在一定时间范围内只能是一系列离散的值，是时间的离散函数。

数据是数据链路层的概念，它讲究在介质上传输的信息的准确性。

3. 信号

信号（Signal）是数据在传输过程的具体物理表示形式，具有确定的物理描述。为了使数据在通信线路上传输，常常要将表示信息的数据转化为电信号、电磁信号、光信号、脉冲信号等等，方便实现远程的传输与高速的处理。简单地说，信号就是携带信息的传输介质。

不同的数据必须转换为相应的信号才能进行传输：

连续数据一般采用连续信号，即模拟信号。例如，用一系列连续变化的电磁波（如无线电与电视广播中的电磁波），或电压信号（如电话传输中的音频电压信号）来表示。

离散数据则采用离散信号，也称数字信号。例如，用一系列断续变化的电压脉冲（可用恒定的正电压表示二进制数 1，用恒定的负电压表示二进制数 0），或光脉冲来表示。

当模拟信号采用连续变化的电磁波来表示时，电磁波本身既是信号载体，同时作为传输介质；而当模拟信号采用连续变化的信号电压来表示时，它一般通过传统的模拟信号传输线路（电话网、有线电视网）来传输。

当数字信号采用断续变化的电压或光脉冲来表示时，一般则需要用双绞线、电缆或光纤介质将通信双方连接起来，才能将信号从一个结点传到另一个结点。

模拟信号和数字信号如图 2-1 所示。虽然模拟信号与数字信号有着明显的差别，但二者之间并没有存在不可逾越的鸿沟，在一定条件下是可以相互转化的。模拟信号可以通过采样、量化、编码等步骤变成数字信号，而数字信号也可以通过解码、平滑等步骤恢复为模拟信号。

信号属于物理层概念，它讲究电平的高低、线路的通断等。

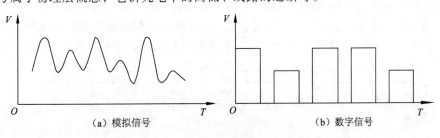

图 2-1　模拟信号与数字信号

4. 信道

信道是传输信号的通道，物理上一般由传输介质和通信设备组成。传输介质可以是有线传输介质，如双绞线电缆、同轴电缆、光纤等，可以是无线传输介质，如电磁波。

使用有线传输介质的信道称为有线信道，主要包括双绞线、同轴电缆和光缆等；以电磁波在空间传播的方式传送信息的信道称为无线信道，主要包括无线电、微波、红外线和卫星通信信道等。

由一条实际的物理链路及其中间的通信设备组成的信道称为物理信道；而在一条物理信道上可以同时传输多路信号，这种在物理信道上的多个传输信号的信道称为逻辑信道。

什么样的信道传输什么样的信号，根据传输信号的不同类别，信道又可以分为模拟信道和数字信道。数字信道用来传输数字信号；模拟信道用来传输模拟信号。当数字信号利用模拟信道传输时，需要经过数字信号到模拟信号的转换，这个过程称为调制，完成调制的电路装置称为调制器；通过信道传输到接收端的模拟信号需要还原成计算机等数字终端设备能够识别和处理的数字信号，这个过程称为解调，完成解调的电路装置称为解调器，数据、信号与信道的关系见图2-2。

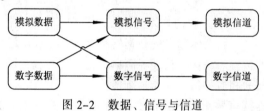

图 2-2　数据、信号与信道

5. 信源与信宿

信息传播过程简单地描述为：信源→信道→信宿。其中，"信源"是信息的发布者，即上载者；"信宿"是信息的接收者，即最终用户。信源和信宿在计算机网络里是指计算机或其他数字终端设备。

2.1.2　数据通信系统

通信就是信息的交换与传递。数据通信是把信息的处理和传输合为一体，实现信息的接收、存储、处理和传输，并对信息流加以控制、校验和管理的一种通信形式。

任何一个数据通信系统，都是通过线缆、传输设备等形式的数据电路将分布在各地的远程终端设备（如计算机）连接起来，实现从一个信源的时空点向另一个信宿的目的点传送信息。如图2-3所示，就是一个信源到一个信宿点的单向数据通信系统模型。在发送端，信源把要发送的信息编码成原始数据的电信号，然后通过变换器（如调制器）把原始数据的电信号调制成适合在信道上传输的信号；在接收端，反变换器（解调器）再把接收到的信号解调还原成原始数据的电信号，最后由接收者信宿按编码的规则把数据解码成有意义的各种信息。

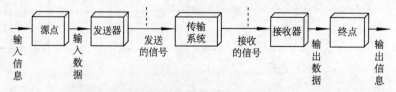

图 2-3　通信系统模型

下面我们通过一个最简单的例子来说明数据通信系统的模型。这个例子就是两个 PC 经过普通电话机的连线，再经过公用电话网进行通信。

如图 2-4 所示，一个数据通信系统可划分为三大部分：源系统（或发送端、发送方），传输系统（或传输网络）和目的系统（或接收端、接收方）。

源系统处理过程：这里的信源是 PC，输入汉字信息，PC 把汉字信息编码成数字比特流，信源生成的数字比特流要通过发送器编码后才能够在传输系统中进行传输。典型的发送器就是调制器。现在很多 PC 使用内置的调制解调器（包含调制器和解调器），用户在 PC 外面看不见调制解调器。

目的系统处理过程：接收器接收传输系统传送过来的信号，并把它转换为能够被目的设备处理的信息。典型的接收器就是解调器，它把来自传输线路上的模拟信号进行解调，还原出发送端产生的数字比特流。终点设备从接收器获取传送来的数字比特流，接收程序按照发送器的编码规则进行解码，解码出原始信息，然后把信息输出（如把汉字在 PC 上显示出来）。终点又称为目的站，即信宿。

在源系统和目的系统之间的传输系统可能是简单的传输线，也可以是连接在源系统和目的系统之间的复杂网络系统，提供信道传输信号。

这个数据通信系统，说它是计算机网络也可以。这里我们使用数据通信系统这个名词，主要是为了从通信的角度来介绍数据通信系统中的一些要素，而有些数据通信的要素在计算机网络中就不再讨论了。

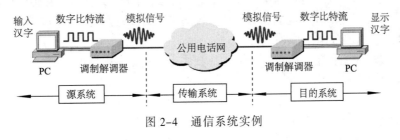

图 2-4　通信系统实例

2.1.3　数据通信系统的主要技术指标

这里介绍数据通信系统中常见的几个主要技术指标。

1. 数据传输速率

数据传输速率是指单位时间内传输信息单元的数量。它是衡量数据通信系统传输能力的重要指标。

在数字通信中，传送数据的最小单位是一个二进制"位"，及 1 比特（bit），那么数据传输速率就是指单位时间内传送的比特数，用于描述数字通道的传输能力，单位为比特/秒，记作 bit/s。

数据传输速率计算公式：

$$R=(1/T)\log_2 N \quad （bit/s）$$

其中：R 为数据传输率，单位为 bit/s；T 为一个数字脉冲信号的宽度（全宽码）或重复周期（归零码），单位为 s；一个数字脉冲也称为一个码元，N 为一个码元所取的有效离散值个数，也称调制电平数，N 一般取 2 的整数幂。若一个码元可取 0 和 1 两种离散值，则该码元只能携带一位二进制信息；若一个码元可取 00，01，10，11 四种离散值，则该码元就能携带两位二进制信息。数据传输速率也称为比特率。

2. 信号传输速率（调制速率）

信号调制过程中，单位时间内通过信道传输的码元数（一个数字脉冲为一个码元），单位为波特，记为 Baud。通常用于表示调制解调器之间传输信号的速率。

信号传输速率的计算公式：

$$B=1/T \quad （\text{Baud}）$$

式中：T 为信号码元的宽度，单位为 s。

信号传输速率也称为调制速率、码元速率或波特率。

比特与波特的区别：

应该注意的是，比特（bit）是二进制数字（binary digit）的缩写，一个比特即为一个二进制码"0"或"1"。比特又是信息量的单位，其定义为：在一个二进制序列中，"1"和"0"的出现概率相等，且前后码元独立，则称每个二进制码元的信息量为 1 比特。波特是与信号波形变化有关的度量单位。因此，数据传信速率与调制速率是两个不同的概念。仅在二进制情况下，1 波特等于 1 比特/秒，即数据传信速率与调制速率在数值上是相等的。

3. 误码率

误码的产生是由于在信号传输中，衰变改变了信号的电压，致使信号在传输中遭到破坏，产生误码。噪声、交流电或闪电造成的脉冲、传输设备故障及其他因素都会导致误码。比如传送的信号是 1，而接收到的是 0；反之亦然。

误码率是传输时出错比特数与总传输比特数之比，计算公式为：

$$P_e=N_e/N$$

其中：P_e 为比特出错率；N_e 为出错的比特位数；N 为传输的数据比特总数。

误码率是衡量数据通信系统在正常工作情况下的传输可靠性的指标。在计算机网络中，误码率一般要求低于 10^{-6}，若误码率达不到指标，则可通过差错控制方法检查和纠错。

4. 信道容量

信道容量是信道的一个参数，反映了单位时间信道所能传输的最大信息量，通常用信道的最大数据传输速率来表示。

信道的最大数据传输速率主要受信道的物理特性，即信道带宽的限制，也与外界电磁干扰的强弱有关。香农研究了受噪声干扰的信道情况，指出信道容量与信道比的关系。公式为：

$$C=B \log_2(1+S/N)$$

式中：C 为信道容量，即信道最大数据传输速率，单位为 bit/s；B 为信道带宽，单位为 Hz；S 为信道中信号功率，单位为 W，N 为信道中电磁噪声功率，单位为 W。

显然，信道容量与信道带宽成正比，同时还取决于系统信噪比以及编码技术种类。香农定理指出，如果信息源的信息速率 R 小于或者等于信道容量 C，那么，在理论上存在一种方法可使信息源的输出能够以任意小的差错概率通过信道传输。该定理还指出：如果 $R>C$，则没有任何办法传递这样的信息，或者说传递这样的二进制信息的差错率为 1/2。

从香农公式中还可以推论出：在信道带宽 C 不变的情况下，带宽 B 和信噪比 S/N 是可以互换的，也就是说，从理论上完全有可能在恶劣环境（噪声和干扰导致极低的信噪比）时，采用提高信号带宽（B）的方法来维持或提高通信的性能，甚至可以使信号的功率低于噪声基底。简言之，就是可以用扩频方法以宽带传输信息来换取信噪比上的好处，这就是扩频通信的基本思想和理论依据。

2.1.4 通信方式

1. 串行与并行通信

在通信系统中，按每次传送的数据位数，通信方式可分为：并行通信和串行通信。

1）并行通信

如果一组数据的各数据位在多条线上同时被传输，数据的各位同时进行传输，这种传输方式称为并行通信。

2）串行通信

串行通信是指数据传输的各位是按顺序依次一位接一位进行传送。通常数据在一根数据线或一对差分线上传输。并行通信和串行通信如图 2-5 所示。

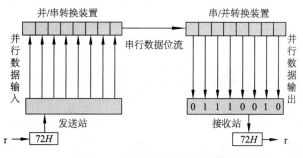

图 2-5　并行通信和串行通信

二者比较：串行通信通常传输速度慢，但使用的传输设备成本低，可利用现有的通信手段和通信设备，适合于计算机的远程通信，对于覆盖面极其广阔的公用电话系统来说具有更大的现实意义；并行通信是把一个字符的各数据位用几条线同时进行传输，传输速度快，信息率高，但使用的传输设备成本高，适合于近距离的数据传送。需要注意的是，对于一些差分串行通信总线，如 RS-485、RS-422、USB 等，它们的传输距离远，且抗干扰能力强，速度也比较快。

2. 单工、半双工及全双工通信

在串行通信中，数据通信根据数据流的方向可以分为单工、半双工和全双工。如图 2-6 所示。

1）单工

在单工模式（Simplex Mode）下，通信是单方向的。两台设备只有一台能够发送，另一台则只能接收。

例如，计算机与打印机之间的通信是单工模式，因为只有计算机向打印机传输数据，而没有相反方向的数据传输。键盘和显示器也都是单工通信设备，

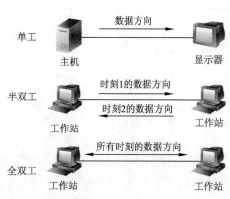

图 2-6　单工、半双工和全双工通信

键盘只能用来输入，显示器通常只能接收输出。

2）半双工

在半双工模式（Half-Duplex Mode）下，每台设备都能发送和接收，但不能同时进行，当一台设备发送时，另一台只能接收，反之亦然。

对讲机是半双工系统的典型例子。它实际上是一种切换方向的单工通信，半双工通信中每端需有一个收发切换电子开关，通过切换来决定数据向哪个方向传输。因为有切换，所以会产生时间延迟。信息传输效率低些。

3）全双工

在全双工模式（Full-Duplex Mode）下，通信双方都能同时接收和发送数据。因此，全双工通信是两个单工通信方式的结合，它要求发送设备和接收设备都有独立的接收和发送能力，就和电话一样。在全双工模式中，每一端都有发送器和接收器，有两条传输线，可在交互式应用和远程监控系统中使用，信息传输效率高。

三种方式的比较如表 2-1 所示。

表 2-1　单工、半双工和全双工的比较

通信方式	传输方向	信道个数	收发方的限制	优缺点	应用
单工	固定单向	1	一方只能发送，一方只能接收	结构简单、效率低、只能单向传输信息	广播、电视
半双工	限时双向	2	通信双方在不同时刻可分别发送或接收信息	效率较低	对讲机等
全双工	双向	2	通信双方在同一时刻既可发送信息又可接收信息	结构复杂、成本高、性能最好	计算机之间

2.2　传输介质和网络设备

2.2.1　常用传输介质

网络是通过传输介质将计算机连接起来，使之能够通信，完成数据传输。网络上数据的传输需要有"传输介质"，好比是车辆必须在公路上行驶一样，道路质量的好坏会影响行车的安全舒适。同样，网络传输介质的质量好坏也会影响数据传输的质量。

常用的传输介质主要可以分为两类：有线传输介质和无线传输介质。有线传输介质主要有双绞线（Twisted Pair，TP）、同轴电缆（Coaxial Cable）和光纤（Fiber Optics）等；无线传输介质主要有无线电波、微波和红外线等。

1. 双绞线

双绞线是一种综合布线工程中最常用的传输介质，是由两根具有绝缘保护层的铜导线组成。双绞线一般由两根 22～26 号绝缘铜导线相互缠绕而成，"双绞线"的名字也是由此而来。实际使用时，双绞线是由多对双绞线一起包在一个绝缘电缆套管里的。如果把一对或多对双绞线放在一个绝缘套管中便成了双绞线电缆。

局域网使用的双绞线，根据双绞线和外层绝缘封套之间是否加上了金属屏蔽层，可分为非屏蔽双绞线（Unshielded Twisted Pair，UTP）和屏蔽双绞线（Shielded Twisted Pair，STP）。

非屏蔽双绞线由绝缘塑料包裹的 8 根铜线两两互相绞扭在一起，形成 4 对线，如图 2-7

所示。线缆绞扭在一起的目的是相互抵消彼此之间的电磁干扰。扭绞的密度沿着电缆循环变化，可以有效地消除线对之间的串扰。每米绞扭的次数需要精确地遵循规范设计，也就是说双绞线的生产加工需要非常精密。非屏蔽双绞线每对线的绞距与所能抵抗的电磁辐射干扰成正比，采用了滤波与对称性技术。非屏蔽双绞线具有以下优点：①无屏蔽外套，直径小，节省所占用的空间，成本低；②重量轻，易弯曲，易安装；③将串扰减至最小或加以消除；④具有阻燃性；⑤具有独立性和灵活性，适用于结构化综合布线。

因此，在综合布线系统中，非屏蔽双绞线得到了广泛应用。

屏蔽双绞线在双绞线与外层绝缘封套之间有一个金属屏蔽层，通常是一层箔屏蔽层，如图 2-8 所示。屏蔽双绞线的箔屏蔽层用来提高双绞线的抗电磁干扰能力，但其价格是非屏蔽双绞线的两倍以上，主要用于安全性要求较高的网络环境中，如军事网络、股票网络等，而且使用 STP 的网络为了达到屏蔽的效果，要求所有的插口和配套设施均使用屏蔽的设备，否则就达不到真正的屏蔽效果，所以整个网络的造价会比使用 UTP 的网络高出很多，因此至今一直未被广泛使用。

图 2-7　非屏蔽双绞线

图 2-8　屏蔽双绞线

2. 同轴电缆

同轴电缆在 20 世纪 90 年代初期扮演着局域网传输介质的主要角色，但是在我国，从 20 世纪 90 年代中期开始被双绞线电缆所淘汰，已很少使用，这里就不作详细介绍。近些年，随着 Cable Modem 技术的引入，大量使用 75Ω 电视同轴电缆实现互联网接入，同轴电缆又回到了计算机网络传输介质的行列，同轴电缆结构如图 2-9 所示。

3. 光纤

光纤是光导纤维的简写，是一种由石英玻璃或塑料制成的纤维，可作为光传导工具，是网络传输介质中性能最好、应用前途广泛的一种。以金属导体为核心的传输介质，所能传输的数字信号或模拟信号，都是电信号，而光纤则只能用光脉冲形成的数字信号进行通信。有光脉冲相当于 1，没有光脉冲相当于 0。由于可见光的频率极高，约为 10^8MHz 的量级，因此光纤通信系统的传输带宽远大于目前其他各种传输媒体的带宽。

光纤的传输原理是"光的全反射"。采用的光波波长在微米级。光纤通常由极透明的石英玻璃拉成细丝作为纤芯，外面分别有包层、吸收外壳和防护层等构成，光纤外层的保护层和绝缘层可防止周围环境对光纤的伤害。图 2-10 所示是一根光纤的剖面示意图。

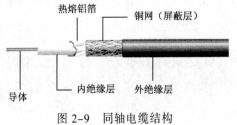

图 2-9　同轴电缆结构

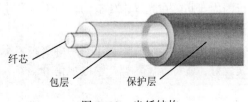

图 2-10　光纤结构

微细的纤芯封装在塑料护套中，使得它能够弯曲而不至于断裂。通常，光纤的一端的发射装置使用发光二极管（Light Emitting Diode, LED）或一束激光将光脉冲传送至光纤，光纤另一端的接收装置使用光敏元件检测脉冲。包层较纤芯有较低的折射率。当光线从高折射率的介质射向低折射率的介质时，其折射角将大于入射角，如图 2-11（a）所示。因此，如果入射角足够大，就会出现全反射，即光线碰到包层时就会折射回纤芯。这个过程不断重复，光也就沿着光纤向前传输。图 2-11（b）所示为光波在纤芯中传输的示意图。

（a）折射角大于入射角　　　　　　（b）光波在纤芯中传播

图 2-11　光线射入到光缆和包层界面时的情况

在日常生活中，由于光在光导纤维的传导损耗比电在电线传导的损耗低得多，光纤被用作长距离的信息传递。通常光纤与光缆两个名词会被混淆。多数光纤在使用前必须由几层保护结构包覆，包覆后的缆线即被称为光缆。

光纤通信从 20 世纪六七十年代开始，就进入飞速发展阶段。相对双绞线和同轴电缆，光纤通信有以下优势：

1）频带宽

频带的宽窄代表传输容量的大小。载波的频率越高，可以传输信号的频带宽度就越大。在 VHF 频段，载波频率为 48.5 ~ 300 MHz。带宽约 250 MHz，只能传输 27 套电视和几十套调频广播。可见光的频率达 100 000 GHz，比 VHF 频段高出一百多万倍。

2）损耗小，传输距离远

在同轴电缆组成的系统中，最好的电缆在传输 800 MHz 信号时，每千米的损耗都在 40 dB 以上。相比之下，光导纤维的损耗则要小得多，传输 1.31 μm 的光，每千米损耗在 0.35 dB 以下。若传输 1.55 μm 的光，每千米损耗更小，在 0.2 dB 以下，是同轴电缆的功率损耗的一亿分之一，故其能传输的距离要远得多。此外，光纤传输损耗还有两个特点，一是在全部有线电视频道内具有相同的损耗，不需要像电缆干线那样必须引入均衡器进行均衡；二是其损耗几乎不随温度而变，不用担心因环境温度变化而造成干线电平的波动。

3）速度快

光纤通过光信号来传播信号，信号的损失少，速度快。

4）抗干扰能力强，保密性强

因为光纤的基本成分是石英，只传光，不导电，是绝缘体，不受电磁场的作用，在其中传输的光信号不受电磁场的影响，故光纤传输对电磁干扰、工业干扰有很强的抵御能力。也正因为如此，在光纤中传输的信号不易被窃听，因而利于保密。

5）信号质量高

因为光纤传输一般不需要中继放大，不会因为放大引入新的非线性失真。只要激光器的线性好，就可高保真地传输电视信号。

6）重量轻

因为光纤非常细，单模光纤芯线直径一般为 $4\sim10\mu m$，外径也只有 $125\mu m$，加上防水层、加强筋、护套等，用 $4\sim48$ 根光纤组成的光缆直径还不到 $13~mm$，比标准同轴电缆的直径 $47~mm$ 要小得多，加上光纤是玻璃纤维，密度小，使它具有直径小、重量轻的特点，安装十分方便。

4. 无线电波

无线电波是指在自由空间（包括空气和真空）传播的射频频段的电磁波。无线电技术是通过无线电波传播声音或其他信号的技术。

无线电技术的原理在于，导体中电流强弱的改变会产生无线电波。利用这一现象，通过调制可将信息加载于无线电波之上。当电波通过空间传播到达接收端，电波引起的电磁场变化又会在导体中产生电流。通过解调将信息从电流变化中提取出来，就达到了信息传递的目的。

5. 微波

微波是指频率为 $300~MHz\sim300~GHz$ 的电磁波，是无线电波中一个有限频带的简称，即波长为 $1~mm\sim1~m$（不含 $1~m$）的电磁波，是分米波、厘米波、毫米波的统称。微波频率比一般的无线电波频率高，通常也称为"超高频电磁波"。

6. 红外线

红外线是太阳光线中众多不可见光线的一种，由德国科学家霍胥尔于 1800 年发现，又称为红外热辐射，他将太阳光用三棱镜分解开，在各种不同颜色的色带位置上放置了温度计，试图测量各种颜色的光的加热效应。结果发现，位于红光外侧的那支温度计升温最快。因此得到结论：太阳光谱中，红光的外侧必定存在看不见的光线，这就是红外线。也可以当作传输之媒介。太阳光谱上红外线的波长大于可见光线，波长为 $0.75\sim1~000\mu m$。红外线可分为三部分，即近红外线，波长为 $0.75\sim1.50\mu m$ 之间；中红外线，波长为 $1.50\sim6.0\mu m$ 之间；远红外线，波长为 $6.0\sim1~000\mu m$ 之间。

红外线通信有两个最突出的优点：

（1）不易被人发现和截获，保密性强。

（2）几乎不会受到电气、天电、人为干扰，抗干扰性强。

此外，红外线通信机体积小，重量轻，结构简单，价格低廉。但是它必须在直视距离内通信，且传播受天气的影响。在不能架设有线线路，而使用无线电又暴露自己的情况下，使用红外线通信是比较好的。

2.2.2 常用网络设备

计算机网络中常用网络设备有网卡、集线器、交换机和路由器等。

1. 网卡

计算机与外界局域网的连接是通过主机箱内插入一块网络接口板，现在一般都集成到主板上了。网络接口板又称为通信适配器或网络适配器（Network Adapter）或网络接口卡（Network Interface Card，NIC），但是更多的人愿意使用更为简单的名称"网卡"，普通 PCI 网卡如图 2-12 所示。

网卡安装在计算机中，多台计算机通过传输介质（如双绞线）连接网卡和集中设备（如交换机），这就是目前最常见的局域网组建方式。

图 2-12　PCI 网卡

网卡是工作在数据链路层的网络设备，是局域网中连接计算机和传输介质的接口。通过网卡不仅能实现与局域网传输介质之间的物理连接和电信号匹配，还可进行帧的发送与接收、帧的封装与拆封、介质访问控制、数据的编码与解码以及数据缓存等。

网卡的主要功能具体如下所述。

（1）唯一物理地址标识。网卡有一个唯一的标识作为物理地址。在网络中传输数据，必须确定数据从哪台计算机来，去往哪台计算机，都是靠网卡的物理地址来标识这些计算机的。计算机的物理地址也称为 MAC 地址，所有厂商生产的网卡，MAC 地址绝不会重复。在后面章节会对 MAC 地址做详细的介绍和描述。

（2）进行数据的串行/并行转换。网卡和局域网之间的通信是通过电缆或双绞线以串行的比特流传输方式进行的。而网卡和计算机之间的通信则是通过计算机主板上的 I/O 总线以并行传输方式进行。因此，网卡的一个重要功能就是要承担串行数据和并行数据间的转换。

2. 集线器

集线器（Hub）是一种共享介质的网络设备，它的作用可以简单地理解为将一些机器连接起来组成一个局域网，集线器本身不能识别目的地址。图 2-13 是一个 16 口集线器，高端集线器从外观上看与现代路由器或交换式路由器没有多大区别，但可以通过背板接口类型来判别。

图 2-13　16 口集线器

集线器的工作原理非常简单。集线器采用广播的形式传输数据信号，当集线器从一个端口收到数据信号时，不管是单播还是广播,集线器对数据信号做整形放大处理(因信号在电缆传输中有衰减),便将放大的信号广播转发给其他所有端口，即当一台计算机准备向另外一台计算机发送数据帧时，实际上集线器把这个数据帧转发给了所有计算机，如图 2-14 所示。集线器连接起来的共享式以太网中任一结点都可以看到在网络中发送的所有信息，因此，我们说以太网是一种广播网络。

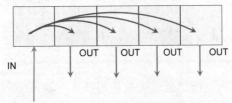

图 2-14　集线器工作原理

集线器对接收到的信号既不用进行解封也不用进行封装，工作在物理层，也叫层一设备。

3. 交换机

因为集线器是一个总线共享型的网络设备，在集线器连接组成的网段中，当两台计算机通信时，其他计算机的通信就必须等待，这样的通信效率是很低的。而交换机区别于集线器的是能够同时提供点对点的多个链路，从而大大提高了网络的带宽。交换机（Switch）是按照通信两端传输信息的需要，用人工或设备自动完成的方法把要传输的信息送到符合要求的相应路由上的技术统称。广义的交换机就是一种在通信系统中完成信息交换功能的设备，它是集线器的升级换代产品，外观上与集线器非常相似，其作用与集线器大体相同。图 2-15 是一个 24 口交换机。

图 2-15　24 口交换机

交换机能够实现一对一的数据转发，核心是因为交换机内部保存了一张交换表。交换表是所有结点计算机的 MAC 地址与其连接端口的映射关系表。一帧数据到达交换机后，交换机把数据解封到数据链路层，从其帧报头中取出目标 MAC 地址，通过查表，得知应该向哪个端口转发，进而将数据帧重新封装成物理层信号，从正确的端口转发出去。如图 2-16 所示，主机 A 向主机 B 通过二层交换机发送消息时，先查找交换机中的 MAC 地址表，找到主机 B 连接在 2 端口，就会把数据从 2 端口转发出去，送达主机 B。

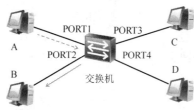

MAC地址	所在端口
MAC A	1
MAC B	2
MAC C	3
MAC D	4

图 2-16　交换机数据转发

交换机能够识别数据链路层的数据帧，工作在 OSI 参考模型第二层数据链路层，也叫层二设备，它实现同一网络内部的数据转发。

4. 路由器

路由器用于连接多个逻辑上分开的网络，所谓逻辑网络是代表一个单独的网络或者一个子网。当数据从一个子网传输到另一个子网时，可通过路由器的路由功能来完成。图 2-17 是一个 4 口路由器，它的每个端口连接的都是逻辑上分来的不同的网络，它的作用就是把这些不同网络互联起来。

图 2-17　4 口路由器

交换机工作在 OSI 参考模型第二层数据链路层,根据物理地址即 MAC 地址来实现数据帧的转发,完成网内的数据帧的发送;而路由器或者三层交换机工作在 OSI 参考模型第三层网络层,根据 IP 地址进行目的网络的寻址和路由,找到合适的转发路径,实现网络间的数据包交换。如图 2-18 所示,路由器根据 IP 地址进行路由和转发来实现不同网络之间的远程通信。

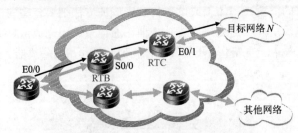

图 2-18　路由器路由和转发过程

目前路由器已经广泛应用于各行各业,各种不同档次的产品已成为实现各种主干网内部连接、主干网间互连和主干网与互连网互联互通业务的主力军。

2.3　数据编码技术

2.3.1　数据编码分类

由于模拟数据和数字数据都可以用模拟信号和数字信号来表示,因此也可以使用两种信号形式进行传输。而根据数据通信类型的不同,通信信道可分为模拟信道和数字信道两类。数据通信可以通过数字信道传输,也可以通过模拟信道传输。相应地,数据编码的方法也分为模拟数据编码和数字数据编码两类。图 2-19 中列出了常见的模拟编码方法和数字编码方法。

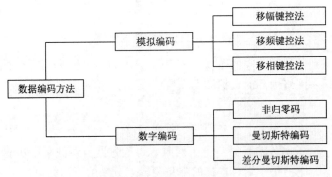

图 2-19　数据编码方法

数据编码是将数据表示成适当的信号形式,以便数据的传输和处理。在数据传输系统中,主要采用三种数据编码技术:数字数据的数字信号编码、数字数据的模拟信号编码和模拟数据的数字信号编码。

2.3.2　数字数据的数字信号编码

在数字信道中传输计算机数据时,要对计算机中的数字信号重新编码进行基带传输,基带传输就是数字信号直接传输,使用数字信号的原始频带,不进行调制解调转换。在基带传输中，数字信号的编码方式主要有不归零编码、曼彻斯特编码、差分曼彻斯特编码三种方法。

1. 不归零编码

不归零编码（NRZ）是一种简单和原始的编码方式，用低电平表示二进制 0，用高电平表示二进制 1，NRZ 码的缺点是无法判断每一位的开始与结束，收发不能保持同步。比如连续发送 1 或 0 时，就是连续的高电平和低电平，难以确定每一位的起点和终点，发送端和接收端难以保持同步，必须在发送 NRZ 码的同时，用另一个信道同时传送同步信号。

2. 曼彻斯特编码

曼彻斯特编码是能克服不归零编码难以同步缺点的一种编码方案，常用于局域网传输。曼彻斯特编码是一种自同步编码，每一位的中间有一跳变，位中间的跳变既作时钟信号，又作数据信号；从低到高跳变表示 0，从高到低跳变表示 1，其波形见图 2-20（c）。这样，每一位编码可以分为前后相反的两个半位，前半位用来表示数据信号的实际取值，接收端通过检测每一位中间的跳变来保持与发送端的同步，这样就克服了不归零编码不能同步的问题。

3. 差分曼彻斯特编码

差分曼彻斯特编码是曼彻斯特编码的一种改进变种，和曼彻斯特一样，它的编码每一位的中间也有一次跳变，每位中间的跳变仅提供时钟定时，而用每位开始时有无跳变表示 0 或 1，有跳变为 0，无跳变为 1。无论码元为 1 还是 0，在每个码元的正中间时刻，必须有一次电平转换。差分曼彻斯特编码可进一步减少信号中的直流分量的积累，提高了信号抗干扰能力，其波形见图 2-20 的(d)。差分曼彻斯特编码比曼彻斯特编码的变化要少，因此更适合于传输高速的信息，被广泛用于宽带高速网中。

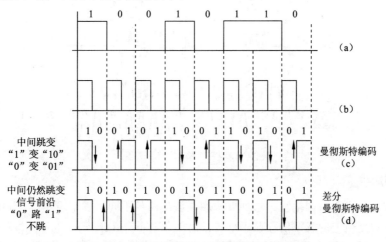

图 2-20　曼彻斯特编码与差分曼彻斯特编码

两种曼彻斯特编码是将时钟和数据包含在数据流中，在传输代码信息的同时，也将时钟同步信号一起传输到对方，每位编码中有一跳变，不存在直流分量，因此具有自同步能力和良好的抗干扰性能。但每一个码元都被调成两个电平，所以数据传输速率只有调制速率的 1/2。

2.3.3 数字数据的模拟信号编码

一般来说，数字数据最好采用数字信道传输。但是在实际中，使用模拟信号的电话网在数据通信网络中被广泛应用，即使是目前也不能彻底放弃现有的电话网络。典型的例子是计算机利用电话交换网进行数据交换。如果不采用适当措施，在模拟信道中直接传输数字信号，抗干扰能力会非常低，误码率会很高，导致传输距离不远。因为电话公共交换网是一种频带模拟信道，它的频带范围仅为 300 Hz~3400 Hz，而数字信号包含的极其丰富的高频成分，如不加任何措施利用模拟信道来传输数字信号，必定出现极大的失真和差错。为了利用廉价的公共电话交换网实现计算机之间的远程通信，必须首先将发送端的数字信号（基带信号）变换成能够在公共电话网上传输的模拟信号（频带信号），经模拟信道传输后，再在接收端将音频信号逆变换成对应的数字信号，这种传输技术又称频带传输。

数字信号变换成音频信号的过程称为调制（Modulate），音频信号逆变换成对应数字信号的过程称解调（Demodulate）。包含调制和解调过程的数据传输称为数字信号的频带传输。一般，每个工作站既要发送数据又要接收数据，所以总把调制和解调功能合做成一个设备，称作调制解调器（Modulater Demodulater，Modem）。

模拟信号传输的基础是载波，调制的方法主要是通过改变正弦波的幅度、相位和频率来传送信息。其基本原理是把数据信号寄生在载波的某个参数上：幅度、频率和相位，即用数据信号进行幅度调制、频率调制和相位调制。数字信号只有几个离散值，这就像用数字信号去控制开关选择具有不同参量的振荡一样，为此把数字信号的调制方式称为键控。最基本的数字数据转化为模拟数据的调制方法有三种：①移幅键控法（Amplitude-shift keying，ASK），也称调幅法；②移频键控法（Frequency-shift keying，FSK），也称调频法；③移相键控法（Phase-shift keying，PSK），也称调相法，如图 2–21 所示。

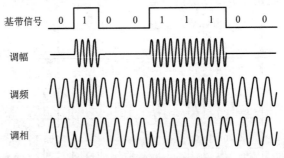

图 2–21　三种调制方法波形

1. 移幅键控法

移幅键控法，也称为调幅法，这种方法用载波的两种不同幅度来表示二进制值的两种状态。例如，用幅度恒定的载波的存在表示 1，而用载波不存在来表示 0。ASK 方式容易受增益变化的影响，是一种效率相当低的调制技术，抗干扰能力差，较少使用。在电话线路上，通常只能达到 1 200 bit/s 的速率。

2. 移频键控法

移频键控法，也称为调频法，这种方法用载波频率附近的两种不同频率表示二进制的 0 和 1。在电话线路上使用 FSK 可以实现全双工操作，全双工指的是可以同时在两个方向传输数据。为了达到这个目的，可以将电话频带分为 300~1 700 Hz 和 1 700~3 000 Hz 两个子频带，其中一个用于发送，另一个用于接收。在一个方向上，调制解调器可以用 1 070 Hz 和 1 270 Hz 两种频率表示 0 和 1；对于另一个方向，则可以用 2 025 Hz 和 2 225 Hz 两种频率表示 0 和 1。由于两套频率相互之间不存在重叠，因此几乎没有什么干扰，但所占频带较宽，是较常用的一种调制方法。在电话线路上，FSK 通常也可达 1 200 bit/s 速率。

3. 移相键控法

移相键控法，也称为调相法，即载波的初始相位随着基带数字信号而变化。调相又可分为绝对调相和相对（差分）调相。所谓绝对调相，是用固定的不同相位分别来表示数字信号 0 和 1，例如，数字信号 1 对应相位 180°，数字信号 0 对应相位 0°。所谓相对调相，就是用相对最近前一种相位的变化来代表数字信号，最简单的相对调相方法就是：与前一个相位相同表示 0，与前一个相位偏移 180° 表示 0。由于检测相位的变化比检测相位的值更容易，因此相对调相比绝对调相更容易实现。调相法的特点是抗干扰能力强，但信号实现的技术相对比较复杂。

调相和调频有密切的关系。调相时，同时有调频伴随发生；调频时，也同时有调相伴随发生，不过两者的变化规律不同。实际使用时很少采用调相制，它主要是用来作为得到调频的一种方法。

2.3.4 模拟数据的数字信号编码

模拟信道传输的主要缺点是效率低、通信质量差，因此在现代通信中，许多模拟信号通常转化成数字信号，采用效率高、通信质量高、保密性好的数字通信网络进行数字信道传输。在发送端将模拟信号转化为数字信号，在接收端将收到的数字信号进行解码，还原成模拟信号。完成编码的电路装置是编码器，完成解码的电路装置是解码器，既具编码功能又具解码功能的装置称为编码解码器。

对模拟数据进行数字信号编码的最常用方法是脉冲编码调制（Pulse Code Moduation，PCM），如图 2-22 所示，它常用于对声音信号进行编码。PCM 过程主要由采样、量化、编码三个步骤组成。

图 2-22　模拟信号数字传输

1. 采样

把时间上连续的模拟信号转换成时间上离散的信号，即在每隔固定长度的时间点上抽取模拟数据的瞬时值。采样频率以采样定理为依据，即当以高过两倍有效信号频率对模拟信号进行采样时，所得到的采样值就包含了原始信号的所有信息。采样过程如图 2-23（a）。

2. 量化

经过量化后的样本幅度为离散值，而不是连续值。量化是将采样样本幅度按量化级决定取值的过程。量化之前，要规定将信号分为若干量化等级，比如可分为 8 级、16 级以及更多的量化级，这要根据精度来决定。所取的量化级越高，表示离散信号的精度越高。为便于用数字电路实现，其量化电平数一般为 2 的整数次幂，这样有利于采用二进制编码表示。量化过程如图 2-23（b）所示。

3. 编码

编码过程是把时间离散且幅度离散的量化信号用一个二进制码组表示。量化级为 N 时，对应的二进制位数为 $\log_2 N$。如量化级是 64，则需要 8 位编码。经过编码后，每个样本就由相应的编码脉冲表示。编码过程如图 2-23（c）所示。

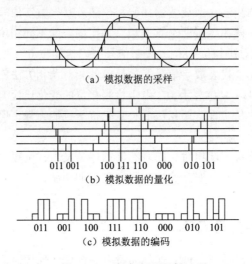

（a）模拟数据的采样

011 001　　100 111 110　　000　　010 101
（b）模拟数据的量化

011　001　100　111　110　000　010　101
（c）模拟数据的编码

图 2-23　脉冲编码调制过程

2.4　数据交换技术

数据被编码后可以在通信线路上进行传输，最简单的通信方式是有一条通信线路将两个设备直接互连。但是，在网络中所有设备都直接相连是不现实的，它们是通过通信子网建立联系。通信子网是由若干网络结点和链路按照一定的拓扑结构互连起来的网络，当信源和信宿之间没有线路直接连接时，信源发出的数据会先到达传输线路中的中间结点，中间结点不关心所传达数据的内容，而只是提供一种交换功能，使数据从一个结点传到另一个结点，直至到达信宿。在一种任意拓扑的数据通信网络中，通过网络结点的某种转接方式来实现从任一端系统到另一端系统之间接通数据通路的技术，就称为数据交换技术。

常用的交换技术有电路交换、报文交换和分组交换 3 种。

2.4.1　电路交换

电路交换是通信网中最早出现的一种交换方式，也是曾经应用最普遍的一种交换方式，主要应用于电话通信网中，完成电话交换，已有 100 多年的历史。

两台计算机通过通信子网交换数据之前，首先要在通信子网中通过交换设备间的线路连接，建立一条实际的专用物理通道。用此方式的交换网能为任意一个入网数据提供一条临时的专用物理通道，由通路上各结点在空间上或时间上完成信道转接而构成，为源主机（输出端）和宿主机（接收端）之间建立起一条直通的、独占的物理线路。这条电路一直保持到通信结束才拆除。在通信过程中，不论进行什么样的数据传输，交换机完全不干预地提供透明传输，但通信双方必须采用相同速率和相同的字符代码，不能实现不兼容计算机之间的通信。整个电路交换的过程包括建立线路、占用线路并进行数据传输和释放线路三个阶段。

1. 线路建立

如同打电话先要通过拨号在通话双方间建立起一条通路一样，数据通信的电路交换方式在传输数据之前也要先经过呼叫过程建立一条端到端的电路。它的具体过程如下。

（1）发起方向某个终端站点（响应方站点）发送一个请求，该请求通过中间结点传输至终点。

（2）如果中间结点有空闲的物理线路可以使用，接收请求，分配线路，并将请求传输给下一中间结点；整个过程持续进行，直至终点。如果中间结点没有空闲的物理线路可以使用，整个线路的连接将无法实现。仅当通信的两个站点之间建立起物理线路之后，才允许进入数据传输阶段。

（3）线路一旦被分配，在未释放之前，其他站点将无法使用，即使某一时刻，线路上并没有数据传输。

2. 数据传输

电路交换连接建立以后，数据就可以从源结点发送到中间结点，再由中间结点交换到终端结点。当然终端结点也可以经中间结点向源结点发送数据。这种数据传输有最短的传播延迟，并且没有阻塞的问题，除非有意外的线路或结点故障而使电路中断。但要求在整个数据传输过程中，建立的电路必须始终保持连接状态，通信双方的信息传输延迟仅取决于电磁信号沿媒体传输的延迟。

3. 线路释放

当站点之间的数据传输完毕，执行释放电路的动作。该动作可以由任一站点发起，释放线路请求通过途经的中间结点送往对方，释放线路资源。被拆除的信道空闲后，就可被其他通信使用。

由于电路交换在通信之前要在通信双方之间建立一条被双方独占的物理线路（由通信双方之间的交换设备和链路逐段连接而成的物理通路），这条线路建立后用户始终占用从发送端到接收端的固定传输带宽。因而有以下优缺点。

优点：

（1）由于通信线路为通信双方用户专用，数据直达，所以传输数据的时延非常小。

（2）通信双方之间的物理通路一旦建立，双方可以随时通信，实时性强。

（3）双方通信时按发送顺序传送数据，不存在失序问题。

（4）电路交换既适用于传输模拟信号，也适用于传输数字信号。

（5）电路交换的交换设备（交换机等）及控制均较简单。

缺点：

（1）电路交换的平均连接建立时间对计算机通信来说较长。

（2）电路交换连接建立后，物理通路被通信双方独占，即使通信线路空闲，也不能供其他用户使用，因而信道利用率低。

（3）电路交换时，数据直达，不同类型、不同规格、不同速率的终端很难相互进行通信，也难以在通信过程中进行差错控制。

电话交换是一种典型的电路交换，在使用电路交换打电话之前，先拨号建立连接：当拨号的信令通过许多交换机到达被叫用户所连接的交换机时，该交换机就向用户的电话机振铃；在被叫用户摘机且摘机信号传送回到主叫用户所连接的交换机后，呼叫即完成，这时从主叫端到被叫端就建立了一条连接。通话结束挂机后，挂机信令告诉这些交换机，使交换机释放刚才这条物理通路。这种必须经过"建立连接—通信—释放连接"三个步骤的连网方式称为面向连接的，电路交换必定是面向连接的，电路交换示意图如图 2-24 所示。

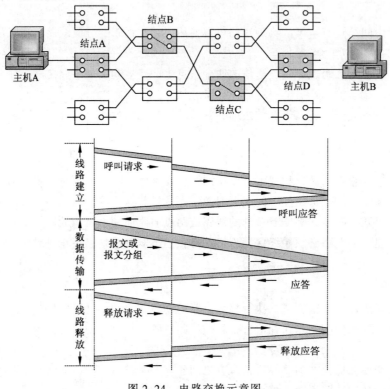

图 2-24　电路交换示意图

2.4.2　报文交换

电路交换的缺点是电路利用率低，即使双方在通信过程中有很多空闲时间，其他用户也不能利用。针对电路交换的缺点，产生了另一种利用计算机进行存储—转发的报文交换。它的基本原理是当发送点信息到达作为报文交换用的计算机时，先存放在外存储器中，然后中央处理器分析报头，确定转发路由，并选到与此路由相应的输出中继电路上进行排队，等待输出。一旦中继电路空闲，立即将报文从外存储器取出后发往下一交换机。由于输出中继电路上传送不同用户发来的报文，不是专门传送某一用户的报文，提高了这条中继电路的利用率，报文交换示意图如图 2-25 所示。

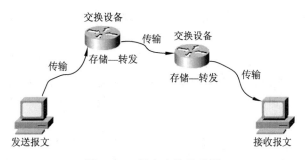

图 2-25 报文交换示意图

报文交换是以报文为数据交换的单位，报文携带有目标地址、源地址等信息，在交换结点采用存储转发的传输方式，因而有以下优缺点。

优点：

（1）报文交换不需要为通信双方预先建立一条专用的通信线路，不存在连接建立时延，用户可随时发送报文。

（2）由于采用存储转发的传输方式，使之具有下列优点：a.在报文交换中便于设置代码检验和数据重发设施，加之交换结点还具有路径选择，就可以做到某条传输路径发生故障时，重新选择另一条路径传输数据，提高了传输的可靠性；b.在存储转发中容易实现代码转换和速率匹配，甚至收发双方可以不同时处于可用状态。这样就便于类型、规格和速度不同的计算机之间进行通信；c.提供多目标服务，即一个报文可以同时发送到多个目的地址，这在电路交换中是很难实现的；d.允许建立数据传输的优先级，使优先级高的报文优先转换。

（3）通信双方不是固定占有一条通信线路，而是在不同的时间一段一段地部分占有这条物理通路，因而大大提高了通信线路的利用率。

缺点：

（1）由于数据进入交换结点后要经历存储、转发这一过程，从而引起转发时延（包括接收报文、检验正确性、排队、发送时间等），而且网络的通信量愈大，造成的时延就愈大，因此报文交换的实时性差，不适合传送实时或交互式业务的数据。

（2）报文交换只适用于数字信号。

（3）由于报文长度没有限制，而每个中间结点都要完整地接收传来的整个报文，当输出线路不空闲时，还可能要存储几个完整报文等待转发，要求网络中每个结点有较大的缓冲区。为了降低成本，减少结点的缓冲存储器的容量，有时要把等待转发的报文存在磁盘上，进一步增加了传送时延。

2.4.3 分组交换

报文交换虽然提高了电路利用率，但报文经存储转发后会产生较大的时延。报文愈长、转接的次数愈多，时延就愈大。为了减少数据传输的时延，提高数据传输的实时性，产生了分组交换。分组交换也是一种存储转发交换方式，但它是将报文划分为一定长度的分组，以分组为单位进行存储转发，这样既继承了报文交换方式电路利用率高的优点，又克服了其时延较大的缺点。

在分组交换中，根据网络中传输控制协议和传输路径的不同，可分为两种方式：虚电路

（Virtual Circuit）分组交换和数据报（Datagram）分组交换。

1. 虚电路

虚电路是分组交换提供的一种业务类型，它属于连接型业务，即通信双方在开始通信前必须首先建立起逻辑上的连接。分组交换利用统计时分复用原理，将一条数据链路复用成多个逻辑信道，在建立呼叫时，通过逐段选择逻辑信道，最终构成一条主叫、被叫用户之间的信息传送通路，即虚电路，虚电路分组交换如图 2-26 所示。

采用虚电路方式传输数据，也包括三个过程：虚电路的建立、数据传输和虚电路释放，这一点与电路交换方式类似。由于用户各个分组是沿着同一条传输路径到达接收端的，故分组到达后的先后次序保持不变，不会发生混乱。

虚电路具有如下几个特点：

（1）在每次分组发送之前，必须要建立发送方和接收方之间的一条逻辑连接。

（2）在一次通信中的所有分组都是通过这条虚电路顺序传输的，所以分组不必带有源地址和目的地址等辅助信息，不会出现乱序现象。

（3）分组通过每个结点时，结点只需要做差错检测，而不需要做路由选择。

（4）通信子网中的每个结点都可以和任何其他结点建立多条虚电路连接。

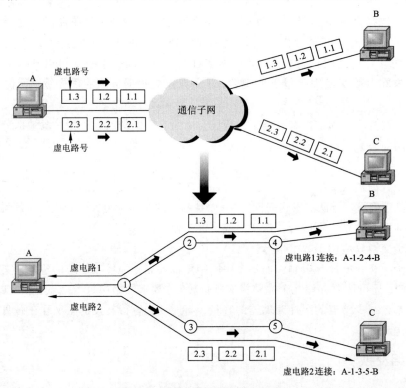

图 2-26 虚电路分组交换示意图

2. 数据报

另一种业务类型数据报分组交换属于无连接型业务，在这类业务中将每一分组作为一个独立的报文进行传送，在数据报传输方式中，被传输的每个独立分组被称为数据报。每个数据报都有完整的发送端地址和接收端地址，网络中的各个中间结点，根据各数据报的发送地址和一定的路由规则，选择一条合适的线路将分组转发出去，直至最终结点。数据报的传输，不需要链路的建立，每个分组可能会通过不同的路径传送到目的地，并具有不同的时间延迟。所以，分组到达接收端可能会有乱序现象，接收端必须对分组进行重新排序。虚电路分组交换的数据交换过程如图 2-27 所示。

数据报方式具有如下特点：

（1）不同分组可以通过不同路径到达接收方。

（2）不同分组到达目的结点时可能出现乱序现象。

（3）每个分组在传输过程中都必须带有目的地址和源地址。

一般说来，数据报业务对结点交换机要求的处理开销小，传送时延短，但对终端的要求较高；而虚电路业务则相反。

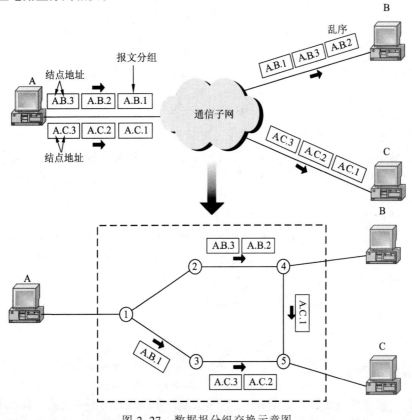

图 2-27　数据报分组交换示意图

总的来说，分组交换仍采用存储转发传输方式，但将一个长报文先分割为若干个较短的分组，然后把这些分组（携带源、目的地址和编号信息）逐个地发送出去，因此分组交换除了具有报文的优点外，与报文交换相比有以下优缺点。

优点：

（1）加速了数据在网络中的传输。因为分组是逐个传输，可以使后一个分组的存储操作与前一个分组的转发操作并行，这种流水线式传输方式减少了报文的传输时间。此外，传输一个分组所需的缓冲区比传输一份报文所需的缓冲区小得多，这样因缓冲区不足而等待发送的机率及等待的时间也必然少得多。

（2）简化了存储管理。因为分组的长度固定，相应的缓冲区的大小也固定，在交换结点中存储器的管理通常被简化为对缓冲区的管理，相对比较容易。

（3）减少了出错几率和重发数据量。因为分组较短，其出错几率必然减少，每次重发的数据量也就大大减少，这样不仅提高了可靠性，也减少了传输时延。

（4）由于分组短小，更适用于采用优先级策略，便于及时传送一些紧急数据，因此对于计算机之间的突发式的数据通信，分组交换显然更为合适些。

缺点：

（1）尽管分组交换比报文交换的传输时延少，但仍存在存储转发时延，而且其结点交换机必须具有更强的处理能力。

（2）分组交换与报文交换一样，每个分组都要加上源、目的地址和分组编号等信息，使传送的信息量增大 5%～10%，一定程度上降低了通信效率，增加了处理的时间，使控制复杂，时延增加。

（3）当分组交换采用数据报服务时，可能出现失序、丢失或重复分组，分组到达目的结点时，要对分组按编号进行排序等工作，增加了麻烦。若采用虚电路服务，虽无失序问题，但有呼叫建立、数据传输和虚电路释放三个过程。

这三种交换方式各有优缺点，因而各有适用场合，并且可以互相补充。与电路交换相比，分组交换电路利用率高，可实现变速、变码、差错控制和流量控制等功能。与报文交换相比，分组交换时延小，具备实时通信特点。分组交换还具有多逻辑信道通信的能力。但分组交换获得的优点是有代价的。把报文划分成若干个分组，每个分组前要加一个有关控制与监督信息的分组头，增加了网络开销。所以，分组交换适用于报文不是很长的数据通信，电路交换适用于报文长且通信量大的数据通信。

总之，若要传送的数据量很大，且其传送时间远大于呼叫时间，则采用电路交换较为合适；当端到端的通路有很多段的链路组成时，采用分组交换传送数据较为合适。从提高整个网络的信道利用率上看，报文交换和分组交换优于电路交换，其中分组交换比报文交换的时延小，尤其适合于计算机之间突发式的数据通信。

2.5　差错控制

2.5.1　差错的产生

数字信号数据在物理信道上传输时，因为实际传输线路总是不完美的，数据在传输过程中可能会因为受到外界的干扰变得紊乱或丢失。比如雷电、高压电器启动或关闭、电火花、传输介质内部杂质或缺陷等，都会使数字信号数据出现差错："1"变成"0"，或"0"变成"1"。由于通信系统中数据传输存在传输差错，因此就要提高传输可靠性、降低误码率，减少数据传输的差错发生，主要有两种途径：①改善传输信道的物理特性，即提高通信线路和通信设备的质量，如电特性；②采取检、纠错技术，即使用差错控制技术。

为了捕捉这些错误，发送端对即将发送的数据执行一次数学运算，并将运算结果作为校验码，连同数据一起发送出去，接收端对它接收到的数据执行同样的运算，并将结果与送过来的校验码进行比较，从而得知收到的数据是否出现差错。如果数据在传输过程中被破坏，则两个结果就不一致，接收数据的调制解调器就申请发送端重新发送数据。差错控制就是指在数据通信过程中能发现或纠正差错,把差错限制在尽可能小的允许范围内的技术和方法。

最常用的差错控制方法有奇偶校验法、循环冗余校验法等。这些方法用于识别数据是否发生传输错误,并且可以启动校正措施,或者舍弃传输发生错误的数据,要求重新传输有错误的数据块。

2.5.2 差错控制技术

差错控制方法是使构成传输数据的编码或编码组具有一定的逻辑性,接收端根据接收编码所发生的逻辑性错误来识别和纠正差错。

1. 前向差错控制(FEC)

基本原理是:发送端将信息编成具有检错和纠错能力的码字并发送出去,接收端通过所接收到的码字(数据中的差错编码)进行检测,判断数据是否出错;若有错则确定差错所在具体位置,并加以自动纠正。

缺点:需要较多的冗余码元,传输效率有所下降。

2. 自动反馈重发(ARQ)

ARQ 的工作原理是:发送端对所发送的序列进行差错编码,接收端根据检验序列的编码规则检测接收信息是否有错,若有错则通过反馈信道要求发送端重发有错的信息,直到接收端认可为止,从而达到纠正错误的目的。

缺点:需要双向信道,且实时性较差。

3. 混合纠错方式(HEC)

混合纠错方式是上述两种纠错方式的综合,其基本思想是发送端发送具有一定纠错能力的码字,接收端对所收到的数据进行检测。若发现错误,就对少量的能纠正的错误进行纠正,而对于超过纠错能力的差错通过反馈重发方式予以纠正。

由此可见,不论采用什么方式的差错控制技术都是以牺牲传输效率为代价的。

2.5.3 冗余编码校验

差错控制常采用冗余编码方案来检测和纠正信息传输中产生的错误。冗余编码思想就是:把要发送的有效数据在发送时按照所使用的某种差错编码规则加上控制码(冗余码),当信息到达接收端后,再按照相应的校验规则检验收到的信息是否正确。

差错检测编码有等重码、奇偶校验码、水平垂直奇偶检验码(方阵校验码)、CRC 循环冗余检验码等。

1. 等重码(恒比码)

即码集中每个码组的"1"和"0"的个数保持恒定比例。如电报码。

2. 奇偶校验码

采用奇偶校验码时,在每个字符的数据位(字符代码)传输之前,先检测并计算出数据位中"1"的个数(奇数或偶数),并根据使用的是奇校验还是偶校验来确定校验位,然后将其附加在数据位之后进行传输。当接收端接收到数据后,重新计算数据位中包含"1"的个数,再通过奇偶校验位就可以判断出数据是否出错。

特点:只能检测奇数个比特出错的情况。

3. 水平垂直奇偶检验码（方阵检验码）

即行列监督码，其码字中的每个码元受到行和列的两次监督。也就是把若干要发送的码组排列方阵，在每行和列按奇或偶的方式检验，然后一行一行地发出去，接收端同样按行和列排列方阵，若不符合发送端的要求，即有错。这样就可以在一定条件下纠正某一交叉位的错误。

4. CRC 循环冗余码

先将要发送的信息数据与一个通信双方共同约定的数据进行除法运算，并根据余数得出一个校验码，然后将这个校验码附加在信息数据帧之后发送出去。接收端在接收数据后，将包括校验码在内的数据帧再与约定的数据进行除法运算，若余数为"0"则表示接收数据正确；否则认为传输出错。

CRC 是一种重要而又典型的线性分组码，其特点是：码集中任一码组（全 0 除外）循环一位（左移是下一编码或右移是上一编码）后仍为该码集中另一码组。

例：（7,3）的 CRC 循环冗余码为：

码组	信息位	监督位
1	000	0000
2	001	1101
3	011	1010
4	111	0100
5	110	1001
6	101	0011
7	010	0111
8	100	1110

该(7,3)CRC 的检验方程是：$C_3=C_6 \oplus C_4$，$C_2=C_5 \oplus C_3$，$C_1=C_4 \oplus C_2$，$C_0=C_3 \oplus C_1$，如第 3 组码组右移一位为第 2 组码组，而左移一位则为第 4 组码组。

由于循环码是线性分组码，因此可以用代数方法来研究，如第 4 码组可以是：$1 \cdot X_6+1 \cdot X_5+1 \cdot X_4+0 \cdot X_3+1 \cdot X_2+0 \cdot X_1+0 \cdot X_0$。

若 CRC 为(n,k)，则发送端的信息码 $m(x)$就是一个 $k-1$ 次幂多项式，监督码 $g(x)$就是一个 $n-k$ 次幂多项式，现在要产生 CRC 循环冗余检验码 $f(x)$，就要将信息码 $m(x)$左移 $n-k$ 位就可得到 $n-1$ 次幂多项式 $f(x)$，$f(x)$应该能够整除 $g(x)$（称为生成多项式），但是 $m(x)$左移后在右边留下 $n-k$ 位空白，这样 $f(x)$除以 $g(x)$的余数多项式 $r(x)$就应当是空白处的内容。

例：设 CRC 位(15,10)，信息码为 $m(x)$ = 1010001101，生成多项式 $g(x)$ = 110101，求 CRC 循环冗余码

解：由于 $g(x)$为 5 次，则在 $m(x)$后补 5 个 0，成为 $f(x)$ = 1010001101100000，用 $f(x)$去模二整除 $g(x)$得到余数 $r(x)$ = 01110，因此最后的 CRC 循环冗余码为 1010001101101110。

接收端用接收的 CRC 循环冗余码 $f(x)$去模二整除 $g(x)$，若余数多项式 $r(x)$为 0 则传输无误，否则就是传输出错。

例：若接收端用接收的 CRC 循环冗余码 $f(x)$ = 101110110101101011，生成多项式 $g(x)$ = 1110011，问传输数据帧是否正确？

解：因为 $f(x)$除以 $g(x)$的余数 $r(x)$ = 001000，不等于 0 则传输出错。

思考与练习

1. 简答题

（1）解释下列术语：信息、数据、信号、信源、信宿、信道。理解数据、信息和信号的概念，举例说明它们之间的区别与联系。

（2）模拟传输和数字传输各有何优缺点？为什么数字化是今后通信的发展方向？

（3）串行通信和并行通信各有哪些特点？各用在什么场合？

（4）计算机网络中常用的网络设备有哪些？

（5）试比较双绞线、同轴电缆、光纤三种传输介质的特性。

（6）请分别用曼彻斯特编码和差分曼彻斯特编码画出 01101001 的波形图。

（7）试比较电路交换、报文交换、虚电路分组交换、数据报分组交换的交换原理，分析这几种交换方式分别适用于什么样的通信？

（8）简述信道速率、信道带宽、信道容量等概念。

（9）简述分组交换中数据报方式和虚电路方式的区别。

2. 选择题

（1）带宽是对下列（　　）媒体容量的度量？

A. 快速信息通信　　　　　　　　　　B. 传送数据

C. 在高频范围内传送的信号　　　　　D. 上述所有的

（2）采用全双工通信方式,数据传输的方向性结构为（　　）。

A. 可以在两个方向上同时传输　　　　B. 出只能在一个方向上传输

C. 可以在两个方向上传输,但不能同时进位　　D. 以上均不对

（3）在下列传输介质中,（　　）传输介质的抗电磁干扰性最好？

A. 双绞线　　　　B. 同轴电缆　　　　C. 光纤　　　　D. 无线介质

（4）以下数据交换方式中,（　　）种方式不属于存储转发方式。

A. 电路交换　　　　　　　　　　　　B. 报文交换

C. 虚电路分组交换　　　　　　　　　D. 数据报分组交换

（5）报文交换方式适用于下列（　　）负载情况？

A. 间歇式轻负载　　　　　　　　　　B. 持续的实时要求高的负荷

C. 中等或大量随时要传送的负荷　　　D. 传输数据率需固定的负荷

3. 填空题

（1）从双方信息交互的方式来看，串行通信有以下三个基本方式：_____通信、_____通信和_____通信。

（2）数据通信按照字节使用的信道数，可分为串行通信和_____通信，这是两种最基本的通信方式。

（3）数字信号实现模拟传输时，数字信号变换成音频信号的过程称为_____；音频信号变换成数字信号的过程称为_____。

（4）最基本的数字数据转化为模拟数据的调制方法有_____、_____和_____三种。

（5）模拟信号数字化的脉冲编码调制转换过程包括：_____、_____和_____三个步骤。

（6）电路交换有_____、_____和_____三个阶段。

（7）网络拓扑结构是反映和描述网络物理的连接形式，局域网的拓扑结构可分为：总线、_____、_____、树状、网状等。

（8）传输介质是网络数据信号传输的载体，其特性将影响网络数据通信的质量。局域网常用的传输介质有同轴电缆、_____、_____，其次还有红外线、激光、无线电等介质。

第❸章

➡ 计算机网络体系结构与网络协议

为了使分布在不同地理位置且功能相对独立的计算机之间能够通过计算机网络实现资源共享和信息交互，计算机之间必须物理上互连，还必须遵循相同的网络协议。计算机网络协议是有关计算机网络通信的一整套规则，是为了进行数据交换而制订的规则、约定和标准。组织复杂的计算机网络协议的最好方式就是层次模型，而将计算机网络层次模型和各层协议的集合定义为计算机网络体系结构。

本章从介绍计算机网络协议的概念、计算机网络分层结构和计算机网络体系结构的概念入手，然后详细讨论 OSI 参考模型和 TCP/IP 体系结构的层次结构、层次功能和数据传输模型。

 学习目标

- 掌握计算机网络协议的概念
- 掌握计算机网络体系结构的概念
- 掌握 OSI 参考模型的层次结构和各层次功能
- 掌握 TCP/IP 体系结构的层次结构和各层次功能

3.1 计算机网络协议

3.1.1 网络协议

在计算机网络发展的 20 世纪 70 年代，只有同一设备制造商生产的同一类型计算机才可以互相通信。而现实网络中的计算机可能是不同的类型，来自不同的厂家，具有不同的体系结构，使用的是不同的操作系统。这些计算机之间是不能够直接进行信息交互的，而且不同类型的网络之间也是不能互相通信的，这就限制了网络通信的范围。"协议"就应运而生。

计算机通信网是由许多具有信息交换和处理能力的结点互连而成的。要使整个网络有条不紊地工作，就要求每个结点必须遵守一些事先约定好的有关数据格式及时序等的规则。这些为实现计算机与计算机之间进行信息交互而事先建立的规则、约定或标准就称为网络协议。简单地说，协议是通信双方为了实现通信而设计的约定或通信规则。

我们可以通过人类使用语言进行沟通的实例来理解协议在网络中的意义。比如，有甲和乙两个人，甲说汉语，乙说英语，那么他们之间因为语言不通是无法进行有效对话的；如果甲还会说英语，那么甲乙双方在对话之前约定好用英语交流，那么他们就可以互相听懂对方的意思，进行有效沟通。这里，甲和乙就相当于两台主机，语言就是他们的协议，当协议一致时，他们之间就可以进行有效通信。

同样，在计算机网络通信中，计算机就像人，协议就像语言，每个计算机都有自己的协议，常见的协议有：TCP/IP 协议、IPX/SPX 协议、NetBEUI 协议等。当计算结点采用相同的协议时，它们之间才能交互信息。

协议约定了控制数据传输的规则，这些规则规定了数据传输的格式和时序。有了协议，通过遵循协议制定的规则，那些来自不同厂家、使用不同操作系统的不同类型的计算机之间也可以实现信息的交互，进行通信。网络协议主要包含三大要素：

（1）语义。语义是解释控制信息每个部分的意义。它规定了需要发出何种控制信息，以及完成的动作与做出什么样的响应。例如：报文有哪几部分组成，哪些部分属于控制数据信息，哪些部分是真正传输的通信数据信息。

（2）语法。语法是用户数据与控制信息的结构与格式，以及数据出现的顺序。例如：报文中各种内容如何组织，顺序和形式如何安排。

（3）时序。时序是对事件发生顺序的详细说明。时序也可称为"同步"，是对事件何时发生以及发生次序的详细说明。例如：在两机交互时，如果发送方发出的报文接收方正确收到，那么接收方就要给发送方回复已经正确接收；如果发送方发出的报文接收方没有正确收到，那么接收方就要请求发送方重新发送。

人们形象地把这三个要素描述为：语义表示要做什么，语法表示要怎么做，时序表示做的顺序。

以两个通话人为例来理解网络协议三要素的概念：

甲要打电话给乙，首先甲拨通乙的电话号码，对方电话振铃，乙拿起电话，然后甲乙开始通话，通话完毕后，双方挂断电话。在这个过程中，甲乙双方都遵守了打电话的协议。其中，电话号码是"语法"的一个例子，一般电话号码由 8 位阿拉伯数字组成，如果是长途就要加区号，国际长途还有国家代码等；甲拨通乙的电话后，乙的电话会振铃，振铃是一个信号，表示有电话打进，乙选择接电话，这一系列的动作包括了控制信号、相应动作等，就是"语义"的例子；"时序"的概念更好理解，因为甲拨通了电话，乙的电话才会响，乙听到铃声后才会考虑要不要接，这一系列事件的因果关系十分明确，不可能没有人拨乙的电话而乙的电话会响，也不可能在电话铃没响的情况下，乙拿起电话却从话筒里传出甲的声音。

协议还有其他的特点：

（1）协议中的每个结点都必须了解协议，并且预先知道所要完成的所有的步骤。

（2）协议中的每个结点都必须同意并遵循它。

（3）协议必须是清晰明确的，每一步必须明确定义，并且不会引起歧义。

3.1.2　协议分层

计算机网络是一个非常复杂的系统，网络通信过程也是一个非常复杂的过程。计算机网络的通信涉及面广，不仅涉及各种网络硬件设备（如计算机、传输介质、通信设备等），还涉及各种各样的软件，其中用于网络的通信协议当然也是很多。要在网络中的两个计算机结点之间互相传送数据，要做很多方面的工作，比如完成数据的封装、数据和信号之间的转换，并要保证信号在物理信道上正确地发送和接收等。实践证明，结构化设计方法是解决复杂问题的一种有效手段，其核心思想就是将系统模块化，并按层次组织各模块。因此，为了减少网络通信协议的复杂性，在研究计算机网络的结构时，网络设计者并不会把通信设计成一个巨大的单一的协议，而是按照模块化，采用分层的方法来设计网络协议。

所谓分层设计方法，就是按照信息的流动过程将网络的整体功能分解为一个个的功能层，不同机器上的同等功能层之间采用相同的协议，同一机器上的相邻功能层之间通过接口进行信息传递。

为了便于理解接口和分层协议的概念，首先以实际生活中邮件邮寄的过程为实例，来具体说明协议的分层过程和方法。对邮政系统中邮件的发送和接收过程进行考察，可以对邮寄的过程进行细分，根据不同的任务，把整个邮件邮寄的通信过程划分为以下几个层次，如图3-1所示。

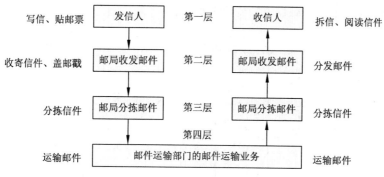

图 3-1　邮件邮寄过程

比如写信人为通信者甲，是一个中国人，而收信人为通信者乙，是一个德国人，甲会中文和英文，乙会德文和英文，那么他们在写信之前，需要有个约定，就是信件的格式和采用的语言。首先，写信必须采用双方都能读懂的语言，也就是英文，文体的开头是接收者的称呼，结尾是发送者的署名，当然，还可以有其他一些特殊的约定，比如编号、密码等。这样，接收者在接收到来信，才能读懂信中表达的内容和信息。

通信者甲把信的内容写好之后，放入信封封好，贴上足额邮票，按照统一的格式写上收信人通信者乙的邮政编码、地址、姓名，以及自己的地址和邮政编码。写完信封后就可以投到信箱里或者送到邮局，这样写信人的任务就已经完成，后面的传送细节就与他无关，也不需要了解。

邮递员收集邮件，到达邮局。邮局的工作人员会根据信件接收人的目的地址和传输的路线进行分拣和分类，将邮件交付到邮件运输部门进行运输。运输部门会根据约定的时间、地点和形式把邮件运送到目的地。

邮件到达目的地后，进行相反的过程，邮递员会把邮件送到收件人通信者乙的邮箱。通信者乙接到信件后，确认是自己的邮件，然后拆信、按约定的英文的语法去解读信件。这样，一个邮件的发送和接收就完成了。

实际的邮件收发过程和计算机网络通信有很多相似之处。认真分析邮件的收发流程对理解计算机网络协议的分层结构很有启发。

3.1.3　计算机网络体系结构

计算机网络体系结构是网络协议层次结构模型和各层次协议的集合，简称体系结构。

在计算机网络环境中，两台计算机中两个进程之间进行通信的过程与邮政通信的过程十分相似。用户进程对应于用户，计算机中进行通信的进程（也可以是专门的通信处理机）对应于邮局，通信设施对应于运输部门。为了减少计算机网络设计的复杂性，人们往往按功能

第3章　计算机网络体系结构与网络协议

将计算机网络划分为多个不同的功能层。网络中同等层之间的通信规则就是该层使用的协议，如有关第 N 层的通信规则的集合，就是第 N 层的协议。而同一计算机的不同功能层之间的通信规则称为接口（Interface），在第 N 层和第（N+1）层之间的接口称为 N /（N+1）层接口。总的来说，协议是不同机器同等层之间的通信约定，而接口是同一机器相邻层之间的通信约定。不同的网络，分层数量、各层的名称和功能以及协议都各不相同。然而，在所有的网络中，每一层的目的都是向它的上一层提供一定的服务。如图 3-2 所示。协议层次化不同于程序设计中模块化的概念。在程序设计中，各模块可以相互独立，任意拼装或者并行，而层次则一定有上下之分，它是依数据流的流动而产生的。

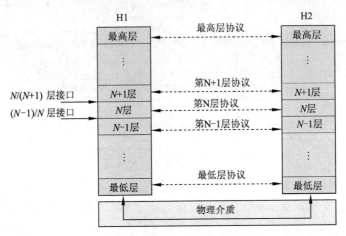

图 3-2　计算机网络体系结构分层模型

计算机网络中采用分层体系结构，主要有以下好处。

（1）各层之间可相互独立。高层并不需要知道低层是采用何种技术来实现的，而只需要知道低层通过接口能提供哪些服务。每一层都有一个清晰、明确的任务，实现相对独立的功能，因而可以将复杂的系统性问题分解为一层一层的小问题。当属于每一层的小问题都解决了，那么整个系统的问题也就接近于完全解决了。

（2）灵活性好，易于实现和维护。如果把网络协议作为一个整体来处理，那么任何方面的改进必然都要对整体进行修改，这与网络的迅速发展是极不协调的。若采用分层体系结构，由于整个系统已被分解成了若干个易于处理的部分，那么这样一个庞大而又复杂的系统的实现与维护也就变得容易控制。当任何一层发生变化时（如技术的变化），只要层间接口保持不变，则其他各层都不会受到影响。另外，当某层提供的服务不再被其他层需要时，可以将该层直接取消。

（3）有利于促进标准化。这主要是因为每一层的协议已经对该层的功能与所提供的服务做了明确的说明。

1974 年，IBM 公司提出了世界上第一个网络体系结构（SNA）。随后，许多公司纷纷提出了自己的网络体系结构。这些体系结构的共同之处都是采用了分层技术，但层次的划分和功能的分配各有不同。随着信息技术的发展，一个互联网统一的计算机网络体系结构成为迫切的需求。OSI 参考模型就是在这样的背景下应运而生。

3.2.1 OSI 参考模型的基本概念

OSI 模型的设计目的是成为一个所有销售商都能实现的开放网络模型，来克服使用众多私有网络模型所带来的困难和低效性。在 OSI 出现之前，计算机网络中存在众多的体系结构，其中以 IBM 公司的 SNA（System Network Architecture，系统网络体系结构）和 DEC 公司的 DNA（Digital Network Architecture，数字网络体系结构）最为著名。为了解决不同体系结构网络的互连问题，国际标准化组织 ISO 于 1981 年制定了 OSI/RM（Open System Interconnection Reference Model，开放式系统互连参考模型），即著名的 OSI 参考模型。

OSI 参考模型是对网络中的两结点之间通信过程的理论化描述。它采用了分层技术，通过三级抽象，提出了对系统的体系结构、服务定义和协议规格说明的定义描述。OSI 参考模型并没有提供具体的协议，也没有给出任何具体的实现方法。它也不规定每一层使用的硬件和软件，但网络任意结点之间通信的每件事都可以对应于模型中的某一层。

OSI 参考模型定义了不同计算机互连的标准，是设计和描述计算机网络通信的基本框架。系统只要遵守了这个标准，不需要改变自己内部的数据表述和处理过程，就可以和其他任何遵循这个标准的网络进行通信。

这个参考模型相当完美，但是实现这样一个模型的协议也是非常庞杂的。目前还没有任何一个组织真正实现了这个参考模型。但是这个参考模型给人们研究相关协议提供了很好的参考，对计算机网络技术的标准化和规范化起到了指导意义。

3.2.2 OSI 参考模型的层次结构

OSI 参考模型定义了开放系统的层次结构、层次之间的关系以及每个层次所提供的功能和服务。它采用分层结构化技术把整个计算机网络体系结构分为七层，由低层到高层分别是：物理层、数据链路层、网络层、传输层、会话层、表示层、应用层，简称为 OSI 七层模型，如图 3-3 所示。

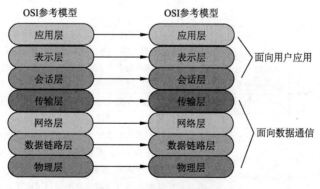

图 3-3 OSI 参考模型

OSI 参考模型的每一层都实现一个明确的、特定的功能，每层都可以调用下一层的服务，且直接为其上层提供服务，并且所有层次都互相支持，而网络通信则可以自上而下（在发送端）或者自下而上（在接收端）双向进行。当然并不是每一通信都需要经过 OSI 的全部七层，有的甚至只需要双方对应的某一层即可。物理接口之间的转接，例如中继器与中继器之间的连接就只需在物理层中进行即可；交换机与交换机之间的连接就只需在数据链路层中进行即可；而路由器与路由器之间的连接则只需经过网络层以下的三层即可。总的来说，双方的通信是在对等层次上进行的，不能在不对称层次上进行通信，也称之为对等通信。

OSI 参考模型具体的分层原则如下：

（1）网络中各结点都具有相同的层次。

（2）不同结点的同等层次具有相同的功能。

（3）同一结点内相邻层次之间通过接口通信。

（4）每个层使用下层提供的服务，并向其上层提供服务。

（5）不同结点之间的同等层通过协议实现对等层之间的通信。

OSI 参考模型中不同层完成不同的功能，各层相互配合通过标准的接口进行通信。分层的好处是利用层次结构可以把开放系统的信息交换问题分解到一系列容易控制的软硬件模块层中，而各层可以根据需要独立进行修改或扩充功能，同时，有利于各不同制造厂家的设备互连，也有利于大家学习、理解数据通信网络。

3.2.3 OSI 参考模型各层的功能

在 OSI 参考模型的七层结构中，上面三层是面向用户、面向应用的，即是面向用户的应用程序，主要通过操作系统和应用程序来完成这三层的功能。下面四层则是面向数据通信的，定义了数据如何正确无误地在网络传输介质中传送，以及数据如何通过网络传输介质和网络通信设备准确有效地传输到目标结点，这四层的功能主要由软硬件结合共同实现的。

OSI 参考模型的每一层实现一个明确的功能，各层的功能如表 3-1 所示。

表 3-1　OSI 参考模型的层次功能

层次	层次名称	数据单元	功能规定
7	应用层 （Application Layer）	报文 （Message）	为操作系统或网络应用程序提供访问网络服务的接口。常见：HTTP、FTP、Telnet、DNS、SMTP 等
6	表示层 （Presentation Layer）	报文 （Message）	提供数据格式转换服务，使数据以可以理解的格式发送和读取。如编码和解码，加密和解密，压缩和解压缩。常见：URL 加密，口令加密，图片编解码等
5	会话层 （Session Layer）	报文 （Message）	提供访问验证和会话的管理。例如使用校验点可使通信会话在通信失效时从校验点继续恢复通信。常见：服务器验证用户登录、断点续传
4	传输层 （Transport Layer）	数据段 （Segment）	提供端到端的服务。如数据分段，按端口寻址，端到端连接管理，流量控制，出错重发等。常见：TCP、UDP 等
3	网络层 （Network Layer）	分组（数据包） （Packet）	为数据通信在结点之间建立逻辑链路，提供 IP 寻址、路由转达、拥塞控制等功能。网络层的设备有路由器、三层交换机、防火墙等
2	数据链路层 （Data Link Layer）	帧 （Frame）	在通信的实体间建立数据链路连接，提供数据成帧、物理地址寻址、介质访问控制、流量控制、差错控制等功能。数据链路层的设备有网桥、交换机、网卡等
1	物理层 （Physical Layer）	比特 （Bit）	提供建立计算机和网络之间通信所必需的硬件电路和传输介质，定义物理链路的电气和器械特性。物理层的设备有中继器、集线器、网线等

1. 物理层

在 OSI 参考模型中，物理层（Physical Layer）是参考模型的最底层，也是 OSI 模型的第一层。

物理层的主要功能是：利用传输介质为数据链路层提供物理连接，实现比特流的透明传输。物理层的数据单位为比特（bit）。

物理层的作用是实现相邻计算机结点之间比特流的透明传送，尽可能屏蔽具体传输介质和物理设备的差异。使其上面的数据链路层不必考虑网络的具体传输介质是什么。"透明传送比特流"表示经实际电路传送后的比特流没有发生变化，对传送的比特流来说，这个电路好像是看不见的。

2. 数据链路层

数据链路层（Data Link Layer）是 OSI 模型的第二层，负责建立和管理结点间的链路。该层的主要功能是：通过各种控制协议，将有差错的物理信道变为无差错的、能可靠传输数据帧的数据链路。

在计算机网络中由于各种干扰的存在，物理链路是不可靠的。因此，这一层的主要功能是在物理层提供的比特流的基础上，通过差错控制、流量控制方法，使有差错的物理线路变为无差错的数据链路，即提供可靠的通过物理介质传输数据的方法。

该层通常又被分为介质访问控制（MAC）和逻辑链路控制（LLC）两个子层。MAC 子层的主要任务是解决共享型网络中多用户对信道竞争的问题，完成网络介质的访问控制；LLC 子层的主要任务是建立和维护网络连接，执行差错校验、流量控制和链路控制。

在这一层，数据的单位称为帧（Frame）。数据链路层的具体工作是接收来自物理层的位流形式的数据，并封装成帧，传送到上一层；同样，也将来自上层的数据帧，拆装为位流形式的数据转发到物理层；并且，还负责处理接收端发回的确认帧的信息，以便提供可靠的数据传输。

数据链路层协议的代表包括：SDLC、HDLC、PPP、STP、帧中继等。

3. 网络层

网络层（Network Layer）是 OSI 模型的第三层，它是 OSI 参考模型中最复杂的一层，也是通信子网的最高一层。它在下两层的基础上向资源子网提供服务。其主要任务是：通过路由选择算法，为报文或分组通过通信子网选择最适当的路径。该层控制数据链路层与传输层之间的信息转发，建立、维持和终止网络的连接。具体地说，数据链路层的数据在这一层被转换为数据包，然后通过路径选择、分段组合、顺序、进/出路由等控制，将信息从一个网络设备传送到另一个网络设备。

一般地，数据链路层是解决同一网络内结点之间的通信，而网络层主要解决不同子网间的通信。例如，在广域网之间通信时，必然会遇到路由（即两结点间可能有多条路径）选择问题。

在实现网络层功能时，需要解决的主要问题如下：

寻址：数据链路层中使用的物理地址（如 MAC 地址）仅解决网络内部的寻址问题。在不同子网之间通信时，为了识别和找到网络中的设备，每一子网中的设备都会被分配一个唯一的地址。由于各子网使用的物理技术可能不同，因此这个地址应当是逻辑地址（如 IP 地址）。

交换：规定不同的信息交换方式。常见的交换技术有：线路交换技术和存储转发技术，后者又包括报文交换技术和分组交换技术。

路由算法：当源结点和目的结点之间存在多条路径时，本层可以根据路由算法，通过网络为数据分组选择最佳路径，并将信息从最合适的路径由发送端传送到接收端。

连接服务：与数据链路层流量控制不同的是，前者控制的是网络相邻结点间的流量，后者控制的是从源结点到目的结点间的流量。其目的在于防止阻塞，并进行差错检测。在这一层，数据的单位称为包（Packet）。

4. 传输层

OSI 下三层的主要任务是数据通信，上三层的任务是数据处理。而传输层（Transport Layer）是 OSI 模型的第四层，是介于低三层通信子网系统和高三层之间的一层，但是很重要的一层，因为它是源端到目的端对数据传送进行控制从低到高的最后一层。因此该层是通信子网和资源子网的接口和桥梁，起到承上启下的作用。

该层的主要任务是：向用户提供可靠的端到端的差错和流量控制，保证报文的正确传输。传输层的作用是向高层屏蔽下层数据通信的细节，即向用户透明地传送报文。该层常见的协议：TCP/IP 中的 TCP 协议、Novell 网络中的 SPX 协议和微软的 NetBIOS/NetBEUI 协议。

传输层提供会话层和网络层之间的传输服务，这种服务从会话层获得数据，并在必要时，对数据进行分割。然后，传输层将数据传递到网络层，并确保数据能正确无误地传送到网络层。因此，传输层负责提供两结点之间数据的可靠传送，当两结点的联系确定之后，传输层则负责监督工作。综上所述，传输层的主要功能如下：

传输连接管理：提供建立、维护和拆除传输连接的功能。传输层在网络层的基础上为高层提供"面向连接"和"面向无接连"的两种服务。

处理传输差错：提供可靠的"面向连接"和不太可靠的"面向无连接"的数据传输服务、差错控制和流量控制。在提供"面向连接"服务时，通过这一层传输的数据将由目标设备确认，如果在指定的时间内未收到确认信息，数据将被重发。

5. 会话层

会话层（Session Layer）是 OSI 参考模型中自下往上的第五层，这一层不参与具体的数据传输，它的主要功能是管理和协调不同主机上各种应用进程之间的会话通信，即负责建立、管理和终止应用程序之间的对话；会话层还提供包括访问验证，如服务器验证用户登录便是由会话层完成的。会话层的具体功能如下：

会话管理：允许用户在两个实体设备之间建立、维持和终止会话，并支持它们之间的数据交换。例如提供单方向会话或双向同时会话，并管理会话中的发送顺序，以及会话所占用时间的长短。

会话流量控制：提供会话流量控制和交叉会话功能。

寻址：使用远程地址建立会话连接。

出错控制：从逻辑上讲会话层主要负责数据交换的建立、保持和终止，但实际的工作却是接收来自传输层的数据，并负责纠正错误。会话控制和远程过程调用均属于这一层的功能。但应注意，此层检查的错误不是通信介质的错误，而是磁盘空间、打印机缺纸等类型的高级错误。

用户之间的数据通信可以理解为用户之间的对话，在传输层建立的端到端连接的基础上，对话的用户之间需要建立会话连接，确保会话过程中的连续性，实现数据交换的管理，会话结束时还要释放会话连接。会话的服务过程包含会话建立、数据传送和会话释放三个阶段。例如：一个交互的用户会话以登录到计算机开始，以注销结束会话。会话层使用校验点可使通信会话在通信失效时从校验点继续恢复通信，这种能力对于传送大的文件极为重要。

会话层和表示层、应用层一起构成开放系统的高三层，属于面向用户应用的高层。在会话层及以上的高层次中，数据传送的单位统称为报文。

6. 表示层

表示层（Presentation Layer）是 OSI 模型的第六层，它对来自应用层的命令和数据进行解释，对各种语法赋予相应的含义，并按照一定的格式传送给会话层。其主要功能是"处理用户信息的表示问题，如编码、数据格式转换和加密解密"等。表示层的具体功能如下：

数据格式处理：协商和建立数据交换的格式，解决各应用程序之间在数据格式表示上的差异。

数据的编码：处理字符集和数字的转换。例如，由于用户程序中的数据类型（整型或实型、有符号或无符号等）、用户标识等都可以有不同的表示方式，因此，在设备之间需要具有在不同字符集或格式之间转换的功能。

压缩和解压缩：为了减少数据的传输量，这一层还负责数据的压缩与恢复。

数据的加密和解密：可以提高数据在网络传输过程中的安全性。

7. 应用层

应用层（Application Layer）是 OSI 参考模型的最高层，它是计算机用户，以及各种应用程序和网络之间的接口，其功能是直接向用户提供服务，完成用户希望在网络上完成的各种工作。它在其他六层工作的基础上，负责完成网络中应用程序与网络操作系统之间的联系，建立与结束使用者之间的联系，并完成网络用户提出的各种网络服务及应用所需的监督、管理和服务等各种协议。此外，该层还负责协调各个应用程序间的工作。

应用层为用户提供的服务和协议有：文件服务、目录服务、文件传输服务（FTP）、远程登录服务（Telnet）、电子邮件服务（E-mail）、打印服务、安全服务、网络管理服务、数据库服务等。上述的各种网络服务由该层的不同应用协议和程序完成，不同的网络操作系统之间在功能、界面、实现技术、对硬件的支持、安全可靠性以及具有的各种应用程序接口等各个方面的差异是很大的。应用层的主要功能如下：

用户接口：应用层是用户与网络，以及应用程序与网络间的直接接口，使得用户能够与网络进行交互式联系。

实现各种服务：该层具有的各种应用程序可以完成和实现用户请求的各种服务。

OSI 是一个理想的模型，因此一般网络系统只涉及其中的几层，很少有系统能够具有所有的七层，并完全遵循它的规定。

在七层模型中，每一层都提供一个特殊的网络功能。从网络功能的角度观察：下面四层（物理层、数据链路层、网络层和传输层）主要提供数据传输和交换功能，即以结点到结点之间的通信为主，其中第四层作为上下两部分的桥梁，是整个网络体系结构中最关键的部分；而上三层（会话层、表示层和应用层）则以提供用户与应用程序之间的信息和数据处理功能为主。简言之，下四层主要完成通信子网的功能，上三层主要完成资源子网的功能。

3.2.4 OSI 参考模型的数据通信过程

计算机基于协议进行通信，OSI 协议的数据通信模型结构如图 3-4 所示。对于独立自治的计算机，在接入网络之前，不需要实现从应用层到物理层的七层功能的硬件和软件。如果计算机要加入计算机网络，就必须增加能实现 OSI 七层功能的硬件和软件。底层的物理层、数据链路层和网络层大部分功能可以通过硬件实现，而上层的功能则主要通过软件来实现。如图 3-4 所示，系统 A 要与系统 B 通信，给 B 发送数据，系统 A 首先要通过应用层的网络应用软件，把要发送的数据传送到第二层表示层，最后到物理层，转化成传输介质能传送的物理信号。物理层通过传输介质把系统 A 的数据发送请求送到与之连接的中间交换结点。中间交换结点把数据恢复到网络层，通过网络层封装的 IP 地址进行路由选择，确定下一步该把数据传送到哪一个中间交换结点，则把数据由当下的中间交换结点送到下一个中间交换结点。下一个结点采用同样的处理步骤和方法把数据一步一步往下一个中间结点传送，直至到达接收端系统 B。系统 B 再将接收到的数据从底层物理层逐层向上层传递，直至送达应用层的软件。

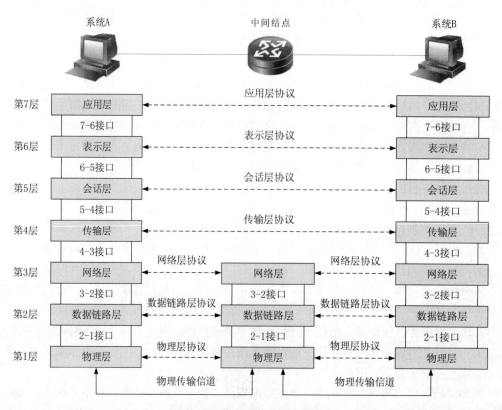

图 3-4　OSI 通信模型结构

一次完整的数据通信过程，在通信的两端完成数据的封装和解封过程，如图 3-5 所示。在发送端，数据从上层应用层往下到物理层，每个层次接收到上层传递来的数据后都要将本层次的控制信息加入数据单元的头部，一些层次还要将校验和等信息附加到数据单元的尾部，这个过程称为封装。

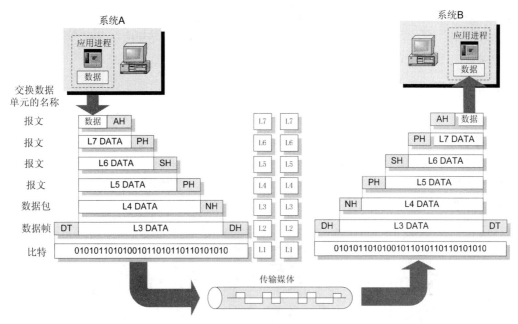

图 3-5　OSI 数据封装和解封过程

　　每层封装后的数据单元的叫法不同，在应用层、表示层、会话层的协议数据单元统称为数据（Data）或报文（Message），在传输层协议数据单元称为数据段（Segment），在网络层称为数据包（Packet），数据链路层协议数据单元称为数据帧（Frame），在物理层称为 bits（比特流）。

　　当数据到达接收端时，数据从下层物理层到最上层应用层，每一层读取相应的控制信息，根据控制信息中的内容向上层传递数据单元，在向上层传递之前去掉本层的控制头部信息和尾部信息（如果有的话），此过程称为解封装。这个过程逐层执行直至将对端应用层产生的数据发送给本端相应的应用进程。

3.3　TCP/IP 参考模型

3.3.1　TCP/IP 参考模型简介

　　20 世纪 80 年代，ISO 组织提出并制定 OSI 参考模型，初衷是希望为网络体系结构提供一种国际标准。但是 OSI 参考模型并没有得到广泛的应用普及，真正广泛应用的通信协议就是如今 Internet 上使用的 TCP/IP 协议。

　　70 年代中期美国国防部为其 ARPANET 广域网开发的网络体系结构和协议标准，以它为基础组建的 Internet 是目前国际上规模最大的计算机网络，正因为 Internet 的广泛使用，使得TCP/IP 成了事实上的标准。

　　与 OSI 参考模型不同，TCP/IP 不着重于严格的功能层次划分，更侧重于互连设备之间的数据传输。它通过解释功能层次分布的重要性来做到这一点，但是为设计者具体实现协议留下很多的空间。OSI 参考模型通常用来解释互联网络通信机制，而 TCP/IP 则是互联网络的市场标准。

　　TCP/IP 是由 TCP 协议（Transmission Control Protocol，传输控制协议）和 IP 协议（Internet

Protocol，网际协议）而得名。但是 TCP/IP 并不是只指 TCP 协议和 IP 协议，而是包含了大量的协议和应用，由多个独立定义的协议组合在一起，是 Internet 使用的整个体系结构和一整套协议集。

3.3.2　TCP/IP 层次结构和各层功能

TCP/IP 参考模型与 OSI 参考模型在分层模块上有所不同。OSI 注重通信协议的必要功能，而 TCP/IP 强调实现通信协议需要什么样的程序。TCP/IP 的参考模型将协议分成四个层次，它们自上向下分别是：应用层（Application Layer）、传输层（Transport Layer）、网际层（Internet Layer）、网络接口层（Network Interface Layer）。TCP/IP 的参考模型与 OSI 的参考模型对照关系如图 3-6 所示。

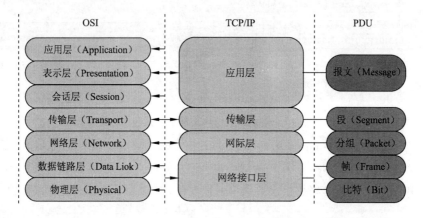

图 3-6　OSI 与 TCP/IP 对照关系

其中 TCP/IP 参考模型的应用层对应 OSI 参考模型的应用层、表示层和会话层，TCP/IP 参考模型的传输层对应 OSI 参考模型的传输层，TCP/IP 参考模型的网际层对应 OSI 参考模型的网络层，TCP/IP 参考模型的网络接口层对应 OSI 参考模型的数据链路层和物理层。为了便于理解计算机网络通信的整个过程，通常将网络接口层所包含的数据链路层和物理层分开，采用五层模型来进行讲解。

TCP/IP 分层模型的四个协议层分别完成以下的功能。

1.　网络接口层

网络接口层是 TCP/IP 参考模型的最低层，与 OSI 参考模型的数据链路层和物理层的功能相对应。物理层对应的是传输物理信号的硬件，和 OSI 的物理层基本一致；而数据链路层，对于局域网又分为逻辑链路控制（LLC）子层和介质访问控制（MAC）子层，在局域网技术章节会详细介绍。

网络接口层就是负责通过网络发送和接收 IP 数据包。主要功能包括：①接收从网际层送下来的 IP 数据包，封装成数据帧，并通过物理网络发送；②接收从物理网送上来的数据帧，去掉帧头和帧尾，解封成 IP 数据包，再送到网际层；③多数据进行差错控制和流量控制。

网络接口层是 TCP/IP 与各种 LAN 或 WAN 的接口。TCP/IP 参考模型允许主机连入网络时使用多种现成的与流行的协议，例如局域网协议或其他一些协议。对于物理层并没有专门的具体协议，只要能正确收发 IP 数据包就算符合协议要求。

2. 网际层

网际层也称为互联网层或 IP 层，是 TCP/IP 参考模型的第二层，它相当于 OSI 参考模型的网络层，IP 层基于 IP 地址转发分包数据。网际层负责确定目的主机在整个网络中的位置，并找到通往目的主机的最优路径，然后把数据转发出去。对于互联网通信，这种路径的选择是非常重要的功能，实现这个功能的 IP 协议也是整个协议集中最基本也最重要的协议之一。

IP 协议是实现网络之间数据包的传送，能够把数据从地球的这一端发送到地球的另一端。通过 IP 协议，相互通信的两个主机之间无论经过什么样的底层数据链路都可以实现通信，即通过网际层，用户可以忽略底层的网络链路细节。

3. 传输层

传输层是 TCP/IP 参考模型的第三层，它与 OSI 参考模型的传输层功能类似。它主要负责实现应用程序之间端到端的通信。

传输层将数据分段，并进行必要的控制，以便将这些片段重组成各种通信流。在此过程中，传输层主要负责：①跟踪源主机和目的主机上应用程序间的每次通信；②将数据分段，并管理每个片段；③将分段数据重组为应用程序数据流；④标识不同的应用程序。

在一个计算机上，通常同时运行了多个应用程序，数据到达了目的主机，还得确定数据应该传递给哪个应用程序，识别这些应用程序的是端口号，如图 3-7 所示。因此在数据通信的过程中，除了要通过网际层实现主机到主机的点到点的通信，还要实现程序到程序的端到端的通信，这就是传输层负责的功能。

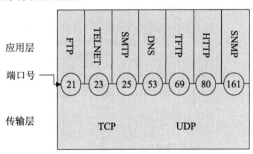

图 3-7　常用的端口地址

端口号：运行在计算机中的进程是用进程标识符来标志的，运行在应用层的各种应用进程却不应当让计算机操作系统指派它的进程标识符。这是因为在因特网上使用的计算机的操作系统种类很多，而不同的操作系统又使用不同格式的进程标识符。为了使运行不同操作系统的计算机的应用进程能够互相通信，就必须用统一的方法对 TCP/IP 体系的应用进程进行标志。解决这个问题的方法就是在运输层使用协议端口号（Protocol Port Number），通常简称为端口（Port）。

虽然通信的终点是应用进程，但我们可以把端口想象成是通信的终点，因为我们只要把要传送的报文交到目的主机某一个合适的目的端口，剩下的工作（即最后交付目的进程）就由传输层 TCP 或 UDP 来完成。

4. 应用层

应用层是 TCP/IP 参考模型的最高层，它包括所有的高层协议，并且不断有新的协议加入。TCP/IP 参考模型的应用层与 OSI 参考模型的应用层、表示层和会话层的功能是相似的。应用层程序通常通过应用层来访问网络，定义了运行在不同端系统上的应用程序进程如何相互传递报文，以支持应用服务。

3.3.3 TCP/IP 参考模型的数据通信过程

1. TCP/IP 的通信模型

TCP/IP 参考模型的通信处理过程和 OSI 参考模型的通信处理过程类似，一次完整的 TCP/IP 数据通信过程，也是要经过通信的发送端完成数据的封装与接收端完成数据的解封两个过程，如图 3-8 所示。

同样地，每个分层都会对所发的数据附加一个首部，首部的机构和包含的信息由协议的具体规范详细定义。相互通信的两端计算机必须遵循相同的协议规范，如果不一致，比如在识别协议的序号或者校验和的算法上不一样，就根本无法实现通信。

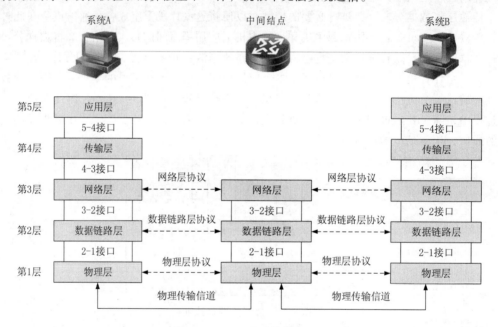

图 3-8　TCP/IP 通信模型

2. TCP/IP 的封装与解封

在发送端，数据的具体封装过程如图 3-9 所示，可以看出，每一层数据是由上一层数据+本层首部信息组成的，其中每一层的数据，称为本层的协议数据单元，即 PDU。

应用层数据在进行相应的编码或加密等处理后，交给传输层，在传输层添加 TCP 报头后得到的 PDU 被称为数据段（Segment），为 TCP 段。

传输层的数据（TCP 段）传给网络层，网络层添加 IP 报头得到的 PDU 被称为数据包（Packet），为 IP 数据包。

网络层数据报（IP 数据包）被传递到数据链路层，封装数据链路层报头和报尾得到的 PDU 被称为数据帧（Frame），为以太网帧。

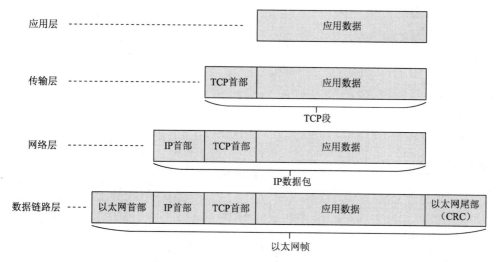

图 3-9　TCP/IP 数据封装过程

最后，帧被转换为比特，通过网络介质传输。这种协议栈逐层向下传递数据，并添加报头和报尾的过程称为封装。

图 3-10 以用户发送 E-mail 为例说明了数据的封装过程。

（1）当用户通过邮件编辑器输入要发送的内容，点击发送后，就由该邮件应用程序产生相关的数据，通过表示层转换成计算机可识别的 ASCII 码，再由相应的主机进程传给传输层。

（2）传输层将应用层送过来的信息作为数据并加上相应的端口号信息，形成数据段，段头部的目的端口信息方便目的主机能辨别此报文该由哪个网络程序来接收处理。

（3）网络层接收到传输层的信息后，添加报头，形成数据包，包头部添加了目的主机的 IP 地址，方便网络间的寻址。

（4）数据链路层接收到网络层的数据后，添加帧头和帧尾，形成数据帧，帧头包含了 MAC 地址，方便局域网内部数据的转发。

（5）物理层把数据帧转化为比特流信息，从而在网络上传输。

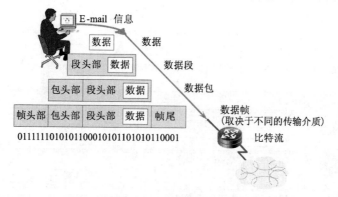

图 3-10　Email 发送过程封装实例

接收端在接收到数据后，从 TCP/IP 体系结构的底层开始逐层去掉每一层相应的首部和尾部，最后恢复成不带任何首尾信息的数据传递给接收应用程序。完整的封装和解封如图 3-11 所示。

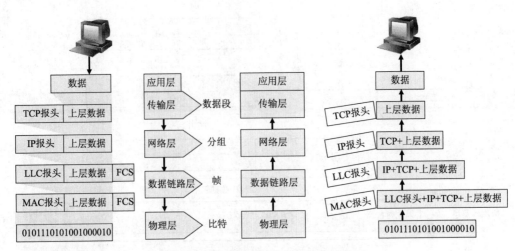

图 3-11　TCP/IP 封装和解封装过程

OSI 参考模型与 TCP/IP 参考模型的比较：

OSI 模型和 TCP/IP 模型之间有很多相似之处：它们都采用了层次体系结构，每一层实现的特定功能大体相似。当然，除了一些基本的相似之处以外，这两个模型之间也存在着许多差异。OSI 模型有三个主要概念：服务、接口和协议，TCP/IP 参考模型最初没有明确区分服务、接口和协议。

两个模型在层的数量上有明显的差别：OSI 模型有七层，而 TCP/IP 协议模型只有四层。另一个差别是 OSI 模型在网络层支持无连接和面向连接的通信，但是在传输层仅有面向连接的通信；而 TCP/IP 模型在网络层只有一种通信模式，在传输层支持面向连接和面向无连接的两种模式，特别要指出的是，这两者的协议标准是不相同的。相对而言，TCP/IP 协议要简单得多，ISO/OSI 协议在数量上也要远远大于 TCP/IP 协议。

3.3.4　TCP/IP 协议集常见协议

TCP/IP 是一个通信协议集的缩写，它是一个完整的协议族，由若干个协议构成一个网络协议体系，如图 3-12 所示。TCP 协议和 IP 协议是其中最重要的两个协议。

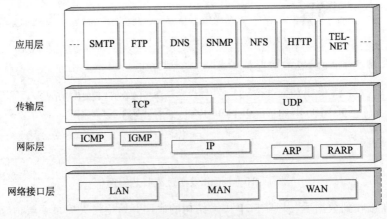

图 3-12　TCP/IP 协议集

下面从上往下分别介绍 TCP/IP 协议集的四个层次常见的协议。

1．应用层协议

应用层程序通常通过应用层来访问网络，定义了运行在不同端系统上的应用程序进程如何相互传递报文，以支持应用服务。常见的应用层协议有 DNS、FTP、HTTP，SNMP，FTP，SMTP、Telnet 等。

（1）域名服务协议（DNS）：域名系统 DNS 是因特网使用的命名系统，用来把便于人们使用的域名映射为 IP 地址。

（2）远程登录协议（Telnet）：Telnet 是一个简单的远程终端协议，用于实现远程登录功能。它也是因特网的正式标准，又称为终端仿真协议。

（3）超文本传送协议（HTTP）：HTTP 是用于从 WWW 服务器传输超文本到本地浏览器的应用层协议，WWW 网上能够可靠地交换文件的重要基础。HTTP 使用面向连接的 TCP 作为传输层协议，保证了数据的可靠传输。

（4）文件传输协议（FTP）：FTP 是因特网上使用得最广泛的文件传送协议。FTP 提供交互式的访问，允许客户指明文件类型与格式，并允许文件具有存取权限。

（5）简单网络管理协议（SNMP）：SNMP 由三部分组成：SNMP 本身、管理信息结构 SMI 和管理信息 MIB。SNMP 定义了管理站和代理之间所交换的分组格式。SMI 定义了命名对象类型的通用规则，以及把对象和对象的值进行编码。MIB 在被管理的实体中创建了命名对象，并规定类型。

（6）简单邮件传输协议（SMTP）：SMTP 规定了在两个相互通信的 SMTP 进程之间应如何交换信息，用于发送和传输邮件。SMTP 通信的三个阶段：建立连接、邮件传送、连接释放。

（7）邮件读取协议（POP3）：POP3 协议通常被用来接收电子邮件。

（8）动态主机配置协议（DHCP）：DHCP 用于实现对主机 IP 地址的动态分配和集中管理。

（9）路由信息协议（RIP）：RIP 用于网络设备之间交换路由信息。

（10）网络文件系统（NFS）：NFS 实现主机之间的文件系统的共享。

（11）引导协议（BOOTP）：BOOTP 用于无盘主机或工作站的启动。

部分协议会在后续章节详细介绍。

2．传输层协议

TCP/IP 协议的传输层提供了两种数据传输方式：传输控制协议（Transmission Control Protocol，UDP）和用户数据报协议（User Datagram Protocol，TCP）。这些协议负责流量控制、排序服务和差错处理。所有的应用程序都会使用传输层协议，根据数据传输方式来选择 TCP 或者 UDP。

（1）TCP

传输控制协议 TCP 提供可靠的、面向连接的端到端的传输服务。面向连接的传输服务都分为建立连接、数据传输、释放连接三个阶段，如图 3-13 所示。什么叫面向连接呢？就是事先为所发送的数据开辟出连接好的通道，然后再进行数据发送。像打电话，只能两人打，第三人打就显示占线。

当客户和服务器彼此交换数据前，必须先在双方之间建立一个 TCP 连接，之后才能传输数据。在

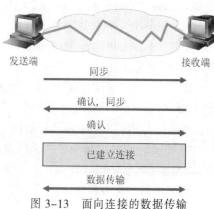

图 3-13　面向连接的数据传输

TCP 协议中就是通过三次握手才建立可靠连接。

第一次握手：建立连接时，发送端发送 syn 包（syn=j）到接收端，并进入 SYN_SEND 状态，等待服务器确认。

第二次握手：接收端收到 syn 包，必须确认发送端的 SYN（ack=j+1），同时自己也给发送端发送一个 SYN 包（syn=k），即 SYN+ACK 包，此时接收端进入 SYN_RECV 状态。

第三次握手：发送端收到接收端的 SYN + ACK 包，向接收端发送确认包 ACK（ack=k+1），此包发送完毕，发送端和接收端进入 ESTABLISHED 状态，完成三次握手。

为了保证数据的可靠性，TCP 还提供超时重发、丢弃重复数据、检验数据、流量控制等功能，规定接收端必须发回确认，并且假如分组丢失，必须重新发送，确保数据能从一端正确有序地传到另一端。

（2）UDP

用户数据报协议 UDP 提供不可靠的、面向无连接的端到端的传输服务。通信双方不需要事先建立一条通信线路，而是把每个带有目的地址的包（报文分组）送到线路上，由系统自主选定路线进行传输。UDP 不提供可靠性，它只是把应用程序传给 IP 层的数据报发送出去，但是并不能保证它们能正确有序地到达目的地。就像写信，不管对方有多忙，把信放到邮筒，就与自己无关系了。

由于 UDP 在传输数据报前不用在客户和服务器之间建立一个连接，且没有超时重发等机制，故而传输速度很快。

总结：

TCP：面向连接，传输可靠（保证数据正确性，保证数据顺序），用于传输大量数据（流模式），速度慢，建立连接需要开销较多（时间，系统资源）。TCP 支持的服务有 FTP、SMTP、HTTP，Telnet 等。

UDP：面向非连接，传输不可靠，用于传输少量数据（数据报模式），速度快。而 UDP 支持的服务有 DNS、SNMP、NFS、QQ 等。

3. 网际层协议

网际层协议处理数据信息的路由和主机地址的解析，负责确定目的主机在整个网络中的位置，并找到通往目的主机的最优路径，然后把数据转发出去。

网际层就是通过网际协议（Internet Protocol，IP）实现这个寻址和路由的，IP 协议层也是整个协议集中最基本也最重要的协议之一。IP 协议配套使用的还有四个协议：地址解析协议（Address Resolution Protocol，ARP）、返向地址解析协议（Reverse Address Resolution Protocol，RARP）、网际控制报文协议（Internet Control Message Protocol，ICMP）、网际主机组管理协议（Internet Group Management Protocol，IGMP）。

1）网际协议 IP

IP 协议实现网络之间数据包的传送，能够把数据从地球的这一端发送到地球的另一端。通过 IP 协议，相互通信的两个主机之间无论经过什么样的底层数据链路都可以实现通信，即通过网际层，用户可以忽略底层的网络链路细节。

IP 协议是 TCP/IP 体系中两个最主要的协议之一，在后面有章节专门介绍 IP 编址技术。

2）地址解析协议 ARP

ARP 协议地址解析协议，用于将某个 IP 地址转换成物理地址。

TCP/IP 参考模型把网络工作分为四层，IP 地址在 TCP/IP 参考模型的第三层，MAC 地址在第二层，彼此不直接"打交道"。计算机网络中两个主机之间通信，需要进行从上层到下层的封装，要完成数据链路帧头的封装，在通过以太网发送 IP 数据包时，需要先封装第三层（32位 IP 地址）、第二层（48 位 MAC 地址）的报头，但由于发送时只知道目标 IP 地址，不知道其 MAC 地址，又不能跨过第二、三层，这时就需要使用地址解析协议 ARP。使用地址解析协议，可根据网络层 IP 数据包包头中的 IP 地址信息解析出目标硬件地址（MAC 地址）信息，以保证通信的顺利进行。

ARP 协议只适用于局域网。在以太网中，如果本地主机想要向某一个 IP 地址的主机（路由表中的下一跳路由器或者直连的主机，注意此处 IP 地址不一定是 IP 数据报中的目的 IP）发包，但是并不知道其硬件地址，此时利用 ARP 协议提供的机制来获取硬件地址。

每个主机都有一个 ARP 高速缓存表，这样避免每次发包时都需要发送 ARP 请求来获取硬件地址。ARP 缓存是个用来储存 IP 地址和 MAC 地址的缓冲区，其本质就是一个 IP 地址与MAC 地址的对应表，表中每个条目分别记录了网络上其他主机的 IP 地址和对应的 MAC 地址。每一个以太网或令牌环网络适配器都有自己单独的表。当地址解析协议被询问一个已知 IP 地址结点的 MAC 地址时，先在 ARP 缓存中查看，若存在，就直接返回与之对应的 MAC 地址，若不存在，才发送 ARP 请求向局域网查询。ARP 地址解析流程如图 3-14 所示。

具体流程描述如下：

（1）本地主机已知局域网中另一个主机的 IP 地址，需要其硬件地址，先查询 ARP 缓存表，如果表中存在该IP 对应的 MAC 地址，就直接返回与之对应的 MAC 地址。

（2）如缓存表中不存在，则本地主机在局域网中广播请求 ARP Request，ARP Request 数据帧中包含目的主机的 IP 地址。意思是"如果你是这个 IP 地址的拥有者，请回答你的硬件地址"。

（3）目的主机的 ARP 层解析这份广播报文，识别出是询问其硬件地址。于是发送 ARP Reply 应答包，里面包含 IP 地址及其对应的硬件地址。

（4）本地主机收到 RARP Reply 应答包后，知道了目的地址的硬件地址，之后的数据报就可以传送了。

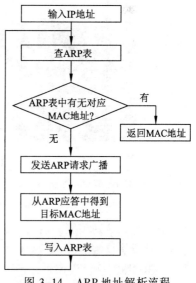

图 3-14　ARP 地址解析流程

APR 请求包是广播的，但是 ARP 回复应答帧是单播的。图 3-15 给出了一个 ARP 地址解析的具体实例。主机 A 的 IP 地址是 10.0.0.1，它需要 IP 地址为 10.0.0.2 的主机的物理地址，查询 ARP 缓存表找不到对应的 MAC 地址，于是就发送广播请求包，询问："谁的 IP 地址是 172.16.3.2，请回复给我你的 MAC 地址"；IP 地址为 10.0.0.2目的主机 B 接收到请求包后，单播回复给主机 A 一个应答包，回答："IP 地址为 10.0.0.2 的主机的 MAC 地址是 00-E0-FD-00-00-12"。

要查看本地 ARP 缓存：在 Windows 机器上，可以开始->运行->输入 "cmd" 进入命令提示符窗口，输入 "arp -a" 可以看到本地 ARP 缓存表中 IP 地址与 MAC 地址的对应表。如图 3-16 所示。

②
10.0.0.2对应的MAC：
00-E0-FD-00-00-12
HostA
HostB
IP:10.0.0.1/24
MAC:00-E0-FD-00-00-11
ARP Reply
①
需要10.0.0.2的
MAC地址？
ARP Request?
广播
单播

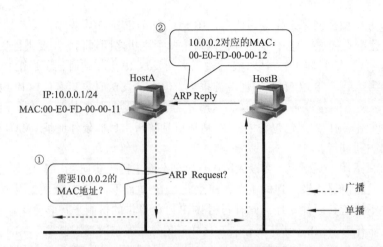

图 3-15　ARP 地址解析实例

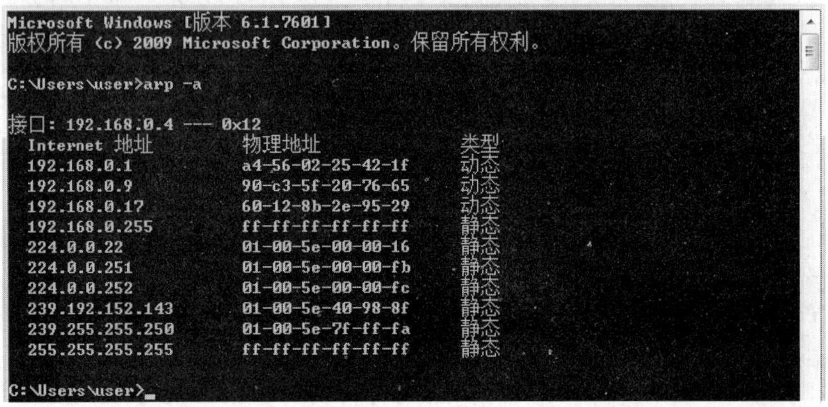

Microsoft Windows [版本 6.1.7601]
版权所有 (c) 2009 Microsoft Corporation。保留所有权利。
C:\Users\user>arp -a
接口: 192.168.0.4 --- 0x12
Internet 地址　物理地址　类型
192.168.0.1　a4-56-02-25-42-1f　动态
192.168.0.9　90-c3-5f-20-76-65　动态
192.168.0.17　60-12-8b-2e-95-29　动态
192.168.0.255　ff-ff-ff-ff-ff-ff　静态
224.0.0.22　01-00-5e-00-00-16　静态
224.0.0.251　01-00-5e-00-00-fb　静态
224.0.0.252　01-00-5e-00-00-fc　静态
239.192.152.143　01-00-5e-40-98-8f　静态
239.255.255.250　01-00-5e-7f-ff-fa　静态
255.255.255.255　ff-ff-ff-ff-ff-ff　静态
C:\Users\user>

图 3-16　查看本地 ARP 缓存

3）反向地址解析协议 RARP

地址解析协议是根据 IP 地址获取物理地址的协议，而反向地址解析协议（RARP）是局域网的计算机从网关服务器的 ARP 表或者缓存上根据 MAC 地址请求 IP 地址的协议，其功能与地址解析协议 ARP 相反。

RARP 协议广泛应用于无盘工作站引导时获取 IP 地址。例如，将打印机服务器等小型嵌入式设备接入网络时经常会用到。主机可以手动配置 IP 地址，也可以通过 DHCP 动态分配获得 IP 地址。但是对于嵌入式设备，有时会遇到没有输入接口或者无法被分配到 IP 的情况，这时可以通过 RARP 协议发出征求自身 IP 地址的广播请求，然后由 RARP 服务器负责回答。

与 ARP 相比，RARP 的工作流程也是反向的，如图 3-17 所示。

（1）主机发送一个本地的 RARP Request 请求广播，在此广播包中，声明自己的 MAC 地址并且请求任何收到此请求的 RARP 服务器分配一个 IP 地址。

（2）本地网段上的 RARP 服务器收到此请求后，检查其 RARP 列表，查找该 MAC 地址对应的 IP 地址。

（3）如果存在，RARP 服务器就给源主机发送一个 RARP Reply 响应数据包并将此 IP 地址提供给对方主机使用。

（4）如果不存在，RARP 服务器对此不做任何的响应。

（5）源主机收到从 RARP 服务器的响应信息，就利用得到的 IP 地址进行通信；如果一直没有收到 RARP 服务器的响应信息，表示初始化失败。

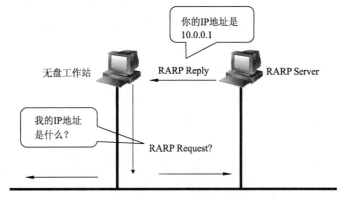

图 3-17　RARP 反向地址解析

RARP 允许局域网的物理机器从网管服务器 ARP 表或者缓存上请求其 IP 地址。

4）网际控制报文协议 ICMP

前面讲到了，IP 协议是无连接的，并不是一个可靠的协议，它不保证数据被送达，也无法进行差错控制。那么发生问题时，如网络不通、主机不可达、路由不可用等，需要把这些控制信息通知给发送主机。这些控制消息虽然并不传输用户数据，但是对于用户数据的传递起着重要作用。

网际控制报文协议 ICMP 就是负责在 IP 主机、路由器之间传递这些控制消息，包括报告错误、交换受限控制和状态信息等。ICMP 协议采用面向无连接的防水传输出错报告控制信息，当传送 IP 数据包发生错误，ICMP 协议将会把错误信息封包，然后传送回给主机，给主机一个处理错误的机会。比如当遇到 IP 数据无法访问目标、IP 路由器无法按当前的传输速率转发数据包等情况时，会自动发送 ICMP 消息。

ICMP 是属于网络层的协议，是 TCP/IP 协议族中 IP 协议的一个子协议，协议号为 1。它是封装在 IP 数据包中的，ICMP 的封装方式如图 3-18 所示。

（1）ICMP 报文结构。ICMP 报文包括 8 个字节的报头和长度可变的数据部分。ICMP 报文的结构如图 3-19 所示。对于不同的报文类型，报头的格式一般是不相同的，但是前 3 个字段（4 个字节）对所有的 ICMP 报文都是相同的，前 16 bit 就组成了 ICMP 所要传递的信息。

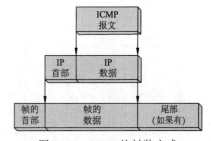

图 3-18　ICMP 的封装方式

ICMP 报文内容有：

类型：长度是 1 字节，用于定义报文类型。

代码：长度是 1 字节，表示发送这个特定报文类型的原因。

校验和：长度是 2 字节，用于数据报传输过程中的差错控制。与 IP 报头校验和的计算方法类似，不同的是对整个 ICMP 报文进行校验。

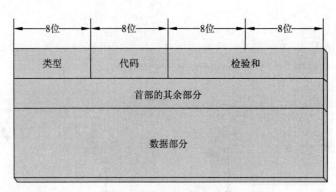

图 3-19　ICMP 报文结构

首部的其余部分：其内容因不同的报文而不同。

选项数据字段：其内容因不同的报文而不同。对于差错报告报文类型，选项数据字段包括 ICMP 差错信息和触发 ICMP 的整个原始数据报，其长度不超过 576 字节。

（2）ICMP 报文种类

ICMP 的消息分为两类：差错控制报文和询问报文。ICMP 报文用于用户主机与路由之间交换不可到达地址、网络拥塞、重定向到更好的路径、报文生命周期超时等信息。

差错控制报文是通知出错原因的错误信息。这一类信息可用来诊断网络故障。我们已经知道，在 IP 包的传输过程中，如果 IP 包没有被传输到目的地，或者 IP 包发生错误，IP 协议本身不会做进一步的努力。但是上游发送 IP 包的主机和接力的路由器并不知道下游发生了错误和故障，它们可能继续发送 IP 包。通过 ICMP 包，下游的路由器和主机可以将错误信息汇报给上游，从而让上游的路由器和主机进行调整，需要注意的是，ICMP 只提供特定类型的错误汇报，它不能帮助 IP 协议成为"可靠的（Reliable）"协议。

询问报文是用于诊断的查询消息。比如某台计算机询问路径上的每个路由器都是谁，然后各个路由器同样用 ICMP 包回答。

常用的 ICMP 消息报文类型见表 3-2。

表 3-2　ICMP 消息类型列表

ICMP 报文种类	类　型	ICMP 报文信息
差错控制报文	3	Host Unreachable：主机不可达
	4	Source quench：源端抑制（数据流控制）
	11	TTL equals 0 during transit：传输期间生存时间为 0（超时）
	12	Required options missing：缺少必需的参数
	5	Redirect for network：对网络重定向
询问报文	0	echo request：回显应答（Ping 应答）
	8	Echo request：回显请求（Ping 请求）
	9	Router advertisement：路由器通告
	10	Route solicitation：路由器请求
	13	Timestamp request (obsolete)：时间戳请求（作废不用）
	14	Timestamp reply (obsolete)：时间戳应答（作废不用）
	17	Address mask request：地址掩码请求
	18	Address mask reply：地址掩码应答

5）ICMP 特点

（1）ICMP 本身是网络层的一个协议；

（2）ICMP 差错报告采用路由器—源主机的模式，路由器在发现数据报传输出现错误时只向源主机报告差错原因；

（3）ICMP 并不能保证所有的 IP 数据报都能够传输到目的主机；

可以看出，ICMP 不能纠正差错，它只是报告差错。差错处理需要由高层协议完成。

我们在网络中经常会使用到 ICMP 协议，比如我们经常使用的用于检查网络通不通的 Ping 命令（Linux 和 Windows 中均有），这个 "Ping" 的过程实际上就是 ICMP 协议工作的过程。还有其他的网络命令如跟踪路由的 Tracert 命令也是基于 ICMP 协议的。

简单总结一下，ICMP 协议是 IP 协议的排错助手，是一个非常重要的协议。它可以帮助人们及时发现 IP 通信中出现的故障，对于网络安全具有极其重要的意义。基于 ICMP 的 Ping 和 Tracert 也构成了重要的网络诊断工具。

然而需要注意的是，尽管 ICMP 的设计是出于好的意图，但 ICMP 却经常被黑客借用进行网络攻击，比如利用伪造的 IP 包引发大量的 ICMP 回复，并将这些 ICMP 包导向受害主机，从而形成 DoS 攻击。而 redirect 类型的 ICMP 包可以引起某个主机更改自己的 routing table，所以也被用作攻击工具。许多站点选择忽视某些类型的 ICMP 包来提供自身的安全性。

6）网际主机组管理协议

网际主机组管理协议（IGMP）是 TCP/IP 协议集中的一个组播协议。IP 协议只是负责网络中点到点的数据包的传输，而 IGMP 则负责网络中点到多点的数据包的传输。IGMP 协议是组播路由器用来维护组播组成员信息的协议，运行于主机和组播路由器之间，方便组播路由器支持多播发送。IGMP 信息封装在 IP 报文中，其 IP 的协议号为 2。

IGMP 提供了在转发组播数据包到目的地的最后阶段所需的信息，实现如下双向的功能：

（1）主机通过 IGMP 通知路由器希望接收或离开某个特定组播组的信息。

（2）路由器通过 IGMP 周期性地查询局域网内的组播组成员是否处于活动状态，实现所连网段组成员关系的收集与维护。

IGMP 共有三个版本，即 IGMP v1、v2 和 v3。

IGMP 是 TCP/IP 中重要标准之一，所有 IP 组播系统（包括主机和路由器）都需要支持 IGMP 协议。

4. 网络接口层协议

网络接口层是 TCP/IP 参考模型的最低层，与 OSI 参考模型的数据链路层和物理层的功能相对应。它负责通过网络发送和接收 IP 数据报：网络接口层在发送端将上层的 IP 数据报封装成帧后发送到网络上；数据帧通过网络到达接收端时，该结点的网络接口层对数据帧拆封，并检查帧中包含的 MAC 地址；如果该地址就是本机的 MAC 地址或者是广播地址，则上传到网络层，否则丢弃该帧。

TCP/IP 参考模型允许主机连入网络时使用多种现成的、流行的协议，例如局域网协议 Ethernet、IEEE802、令牌网，以及广域网协议分组交换网 X.25、帧中继、ATM 协议、PPP、PPPoE、HDLC 和 SLIP 等。当使用串行线路连接主机与网络，或连接网络与网络时，例如，主机通过 Modem 和电话线接入 Internet，则需要在网络接口层运行 SLIP 或 PPP 协议。

对于物理层并没有专门的具体协议，只要能正确收发 IP 数据包就算符合协议要求。这点充分体现了 TCP/IP 协议强大的适应性和兼容性，是 TCP/IP 成功的基础之一。

思考与练习

1. 简答题

（1）OSI 参考模型是由哪七层组成的？每一层具有哪些功能？

（2）简要说明 TCP/IP 参考模型自下往上由哪五层组成的？每一层各有哪些功能？各层的信息传输基本单元是什么？各层的常用设备是什么？

（3）OSI 参考模型物理层、链路层、网络层所处理的数据单位分别是什么？中间结点需要把数据恢复到哪一层？

（4）画出 TCP/IP 模型和 OSI 模型之间的层次对应关系，并举例 TCP/IP 模型中各层次上的协议。

（5）简述 TCP/IP 的数据通信处理过程。

（6）什么是应用程序的端口号？在数据通信中有什么作用？

（7）TCP/IP 的传输层提供哪两种传输协议？请对这两种传输协议进行比较。

（8）ARP/RARP 协议的作用？

（9）ICMP 协议的作用？举例说明 ICMP 协议的应用场景。

2. 选择题

（1）当一台计算机从 FTP 服务器下载文件时，在该 FTP 服务器上对数据进行封装的五个转换步骤是（　　）。

A. 比特，数据帧，数据包，数据段，数据

B. 数据，数据段，数据包，数据帧，比特

C. 数据包，数据段，数据，比特，数据帧

D. 数据段，数据包，数据帧，比特，数据

（2）OSI 参考模型和 TCP/IP 协议体系分别分成几层（　　）

A. 7 和 7　　　　B. 4 和 7　　　　C. 7 和 4　　　　D. 4 和 4

（3）Internet 的通信协议是（　　）。

A. TCP/IP　　　B. OSI/ISO　　　C. NetBEUI　　　D. SMTP

（4）数据的加密和解密属于 OSI 参考模型中（　　）的功能。

A. 物理层　　　B. 数据链路层　　　C. 表示层　　　D. 网络层

（5）传输层提供（　　）。

A. 端到端的服务　　　　　　　　　B. 点到点的服务

C. 网络到网络的服务　　　　　　　D. 子网到子网的服务

（6）下面（　　）不属于网际层协议。

A. IGMP　　　B. IP　　　C. UDP　　　D. ARP

（7）用户数据包协议 UDP 是 OSI 参考模型中一种面向无连接的（　　）协议。

A. 物理层　　　B. 数据链路层　　　C. 传输层　　　D. 网络层

（8）在 TCP/IP 参考模型中，SMTP 协议是（　　）的协议。

A. 应用层　　　B. 互联层　　　C. 传输层　　　D. 主机-网络层

（9）TCP 协议是一种可靠的（　　　）的传输层协议。

A．尽力而为　　　　B．保证 QOS　　　　C．无连接　　　　D．面向连接

（10）当前 IP 协议的版本是（　　　）。

A．IPV2　　　　　　B．IPV4　　　　　　C．IPV6　　　　　D．IPV10

3．填空题

（1）为实现计算机与计算机之间进行信息交互而事先建立的规则、约定或标准就称为_____。

（2）网络协议主要包含三大要素_____、_____和_____。

（3）OSI 参考模型将整个网络的通信功能划分为 7 个层次，这 7 层按由低到高分别是物理层、_____、网络层、_____、会话层、表示层和_____。

（4）在 OSI 七层模型中，在通信过程中_____层对上层屏蔽了通信传输系统的具体传输细节。

（5）电子邮件发送属于 OSI 参考模型中_____层的功能。在 OSI 参考模型中，同等层之间经常要进行信息交换。对等层协议之间需要交换的信息单元称为_____。

（6）在数据封装过程中，端口号是在_____层进行封装的，IP 地址是在_____层进行封装的，MAC 地址是在_____层进行封装的。

（7）在 OSI 参考模型中，物理层的数据单元称为_____，数据链路层的数据单元称为_____，网络层的数据单元称为_____。

（8）TCP/IP 协议族根据其中两个最重要的协议得名，分别为_____和_____。

4．实践题

（1）请上网（www.rfc-editor.org）查阅并了解 Internet 的所有思想和着重点。

（2）将邮政系统中邮件的发送和接收与 OSI 模型中数据包的传输进行比较。

（3）以用户浏览网站为例说明数据的封装和解封过程。

在 TCP/IP 的参考模型中，网际层负责确定目的主机在整个网络中的位置，并找到通往目的主机的最优路径，然后把数据转发出去。对于互联网通信，这种路径的选择是非常重要的功能，实现这个功能的 IP 协议也是整个协议集中最基本也最重要的协议之一。而 IP 协议的基础就是 IP 地址，IP 编址是 IP 网络学习的关键环节，所以这里专门列出一章。

本章在学习 TCP/IP 的基础上，深入介绍 IP 编址、子网掩码以及子网划分等重要内容，这些内容是我们组建完整稳定可靠的网络的基础和关键。

 学习目标

- 掌握 IP 编址方法
- 掌握 IP 地址分类
- 掌握子网掩码
- 掌握子网划分
- 掌握 IP 地址规划

4.1 IP 编址方法

4.1.1 IP 地址概述

1. 网络寻址

与邮政通信一样，网络通信也需要有对传输内容进行封装和注明接收者地址的操作。邮政通信的地址结构是有层次的，要分出城市名称、街道名称、门牌号码和收信人。网络通信中的地址也是有层次的，分为网络地址、物理地址和端口地址。网络地址说明目标主机在哪个网络上；物理地址说明目标网络中哪一台主机是数据报的目标主机；端口地址则指明目标主机中的哪个应用程序接收数据报。我们可以将计算机网络地址结构与邮政通信的地址结构比较起来理解：网络地址想象为城市和街道的名称；物理地址则比喻为门牌号码；而端口地址则与同一个门牌下哪个人接收信件很相似。

标识目标主机在哪个网络的是 IP 地址。IP 地址（IPv4 地址）由 32 位二进制数组成，通常用四个点分隔十进制数，如 172.155.32.120。IP 地址是个复合地址，完整地看是一台主机的地址。只看前半部分，表示网络地址。地址 172.155.32.120 表示一台主机的地址，172.155.0.0 则表示这台主机所在网络的网络地址。

IP 地址封装在数据报的 IP 报头中。IP 地址有两个用途：网络的路由器设备使用 IP 地址确定目标网络地址，进而确定该向哪个端口转发报文。另外一个用途就是源主机用目标主机的 IP 地址来查询目标主机的物理地址。IP 地址主要用于网段间寻址。

物理地址封装在数据报的帧报头中。典型的物理地址是以太网中的 MAC 地址。MAC 地址在两个地方使用：主机中的网卡通过报头中的目标 MAC 地址判断网络送来的数据报是不是发给自己的；网络中的交换机使用通过报头中的目标 MAC 地址确定数据报该向哪个端口转发。物理地址主要用于网段内寻址，如图 4-1 所示。每台主机需要有一个 IP 地址，也需要一个 MAC 地址。

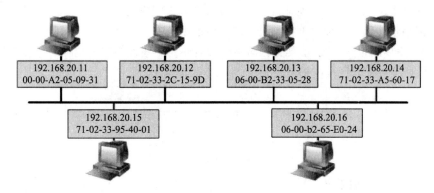

图 4-1　每台主机需要一对地址

端口地址封装在数据报的 TCP 报头或 UDP 报头中。端口地址是源主机告诉目标主机本数据报是发给对方的哪个应用程序的。如果 TCP 报头中的目标端口地址指明是 80，则表明数据是发给 WWW 服务程序的；如果是 25130，则是发给对方主机的 CS 游戏程序的。端口就是程序与程序之间通信的接口。

由此可见，要完成数据的传输，需要三级寻址：

MAC 地址：网段内寻址。

IP 地址：网间寻址。

端口地址：应用程序寻址。

计算机网络是靠网络地址、物理地址和端口地址的联合寻址来完成数据传送的。缺少其中的任何一个地址，网络都无法完成寻址。

2. IP 地址组成

TCP/IP 为通信协议的网络 Internet 中每台主机都拥有一个唯一的 IP 地址，IP 地址不仅唯一标识一台主机，也隐含着网络信息。IP 地址是怎么得到的呢？IP 地址是由 InterNIC(Network Information Center of Chantilly, VA) 分配的，它在美国 IP 地址注册机构（Internet Assigned Number Authority）的授权下操作。我们通常是从 ISP（互联网服务提供商）处购买 IP 地址，ISP 可以分配它所购买的一部分 IP 地址。

IP 地址（IPv4 地址）由 32 位二进制数组成。IP 地址在计算机内部以二进制方式被处理，但为了方便记忆和书写，一个 IP 地址的 32 位以每 8 位为一组，分成 4 组，并将每组转换成十进制，用"."隔开表示成（a,b,c,d）的形式，其中，a,b,c,d 都是 0~255 之间的十进制整数。通常将这种表示方法称为点分十进制。

举例，一个 IPv4 地址可以如下表示：

点分十进制：200.1.25.7

二进制：11001000 00000001 00011001 00000111

由于互联网的蓬勃发展，IP 位址的需求量愈来愈大，地址空间的不足必将妨碍互联网的进一步发展。为了扩大地址空间，拟通过 IPv6 重新定义地址空间。IPv6 采用 128 位地址长度，拥有足够的地址空间迎接未来的商业需要。由于现有的数以千万计的网络设备不支持 IPv6，所以如何平滑地从 IPv4 迁移到 IPv6 仍然是个难题。本书所有的 IP 地址都通指 IPv4 地址。

为了清晰地区分网段，IP 地址被结构化分层，分为网络地址码部分和主机地址码部分。IP 地址的网络地址码部分称为网络地址，网络地址用于唯一地标识一个网段，或者若干网段的聚合，同一网络中的节点设备具有相同的网络地址；IP 地址的主机地址码部分称为主机地址，主机地址唯一标识网段内的节点设备，如图 4-2 所示。

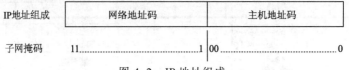

图 4-2　IP 地址组成

IP 地址的分层类似于电话号码，电话号码也是全网唯一的。每个电话号码都包括区号和电话号两个部分，对于电话号码 0755-98765432，前面的 0755 标识深圳的区号，类似 IP 地址的网络地址，后面的 98765432 代表深圳地区的某一部具体的电话机，类似 IP 地址的主机地址。

固定 IP 地址是长期分配给一台计算机或网络设备使用的 IP 地址。一般来说，采用专线上网的计算机才拥有固定的 IP 地址。

动态 IP 地址：通过 Modem、ISDN、ADSL、有线宽频、小区宽频等方式上网的计算机，每次上网所分配到的 IP 地址都不相同，这就是动态 IP 地址。因为 IP 地址资源很宝贵，大部分用户都是通过动态 IP 地址上网的。

4.1.2　IP 地址分类

最初的 IP 地址，是没有分类的。在 Internet 中，每个网络所包含的主机数量是不确定的。有的网络包含成千上万的主机，有的网络仅仅包含几台主机。为了方便和适应不同规模网络的管理，IP 地址划分为 5 类：A、B、C、D、E 类。如图 4-3 所示。它根据 IP 地址中第 1 个字节到第 4 个字节对其网络号和主机号进行划分。每一类网络所包含的主机数量不同，以满足不同规模网络的需求。

A 类：一个 A 类 IP 地址由 1 字节的网络地址和 3 字节的主机地址组成，网络地址的最高位必须是"0"，地址范围从 1.0.0.0 到 126.0.0.0。A 类地址的第一个字节的地址范围为 1～126。注意，数字 0 和 127 不作为 A 类地址，数字 127 保留给内部回送函数，而数字 0 则表示该地址是本地宿主机，不能传送。A 类地址通常分配给非常大型的网络，因为 A 类地址的主机位有 3 字节的主机编码位，提供多达 1 600 万个 IP 地址给主机。也就是说 61.0.0.0 这个网络，可以容纳多达 1 600 万个主机。全球一共只有 126 个 A 类网络地址，目前已经没有 A 类地址可以分配了。当用户使用 IE 浏览器查询国外网站时，留心观察左下方的地址栏，可以看到一些网站分配了 A 类 IP 地址。

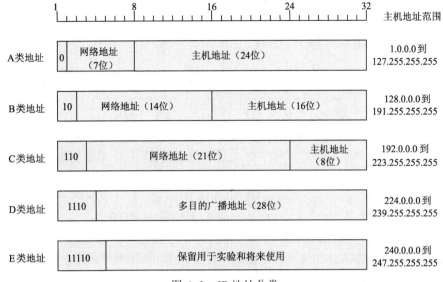

图 4-3   IP 地址分类

B 类：一个 B 类 IP 地址由 2 个字节的网络地址和 2 个字节的主机地址组成，网络地址的最高位必须是 "10"，地址范围从 128.0.0.0 到 191.255.255.255。B 类地址的第一个字节的地址范围为 128 ~ 191。可用的 B 类网络有 16 382 个，每个网络能容纳 6 万多个主机。B 类地址通常分配给大机构和大型企业。

C 类：一个 C 类 IP 地址由 3 字节的网络地址和 1 字节的主机地址组成，网络地址的最高位必须是 "110"。范围从 192.0.0.0 到 223.255.255.255。C 类地址的第一个字节的地址范围为 192 ~ 223。C 类网络可达 209 万余个，每个网络能容纳 254 个主机。C 类地址用于小型网络。

D 类：一个 D 类 IP 地址第一个字节以 "1110" 开始，它是一个专门保留的地址。范围从 224.0.0.0 到 239.255.255.255。D 类地址的第一个字节的地址范围为 224 ~ 239。D 类地址并不指向特定的网络，目前这一类地址被用在多点广播（Multicast）中。多点广播地址用来一次寻址一组计算机，它标识共享同一协议的一组计算机，供特殊协议向选定的节点发送信息时用。

E 类：一个 E 类 IP 地址，以 "11110" 开始。E 类地址的第一个字节的地址范围是 240~255。E 类地址是 Internet Engineering Task Force（IETF）组织保留的 IP 地址，用于该组织自己的研究。

这五类地址中，A、B、C 类地址是常用地址，可以正常分配给普通主机做 IP 地址，而 D、E 两类地址用途比较特殊，保留使用，不能作为普通主机的 IP 配置。

在这里介绍一个网段中可用主机地址数量的计算：

在每一个网段中，总有一些 IP 地址（网络地址和广播地址）不能用作主机 IP 地址。因此在计算某个网段可用主机地址数量时，需要减去这两个地址。

例如，C 类地址 192.168.1.0，有 8 个主机位，因此有 2^8=256 个 IP 地址，去掉网络地址 192.168.1.0 和广播地址 192.168.1.255，那么可用的主机地址数量就是 2^8-2=254 个。我们这样计算一个网段可用主机地址数量：假设该网段的主机地址位数为 n，那么可用的主机地址数量为 2^n-2 个。

路由器使用网络地址来代表该网段的所有主机，大大减少路由器中的路由条目。

4.1.3 私有 IP 地址和全局 IP 地址

原则上，Internet 上的任一主机都必须配置一个唯一的 IP 地址，作为它的唯一标识。如果有多个节点主机的 IP 地址冲突，那么发送端无法判断数据该送往哪个节点主机；而接收端在发送回复时，由于地址重复，发送端也无法判断回复来自于哪个节点主机。这样就会影响正常的数据通信。由于 Internet 的迅速普及和蓬勃发展，IP 地址的需求量愈来愈大，而由于我们目前使用的 IPv4 协议的限制，现在 IP 地址的数量是有限的，地址空间不足的问题越来越严重。

随着私有 IP 网络的发展，为节省可分配的注册 IP 地址，有一组 IP 地址被拿出来专门用于私有 IP 网络，称为私有 IP 地址。这些地址是不会被 Internet 分配的，它们在 Internet 上也不会被路由，虽然它们不能直接和 Internet 网连接，但通过技术手段仍旧可以和 Internet 通信（NAT 技术）。可以根据需要来选择适当的地址类，在内部局域网中将这些地址像公用 IP 地址一样地使用。在 Internet 上，有些不需要与 Internet 通信的设备，如打印机、可管理集线器等也可以使用这些地址，以节省 IP 地址资源。

私有地址就是从 A 类、B 类、C 类三类地址空间中分离出来的 3 个小部分，如表 4-1 所示。

表 4-1 私有地址类型

IP 地址类别	私有地址范围
A 类	10.0.0.0~10.255.255.255 （即 10.0.0.0/8）
B 类	172.16.0.0~172.31.255.255（即 172.16.0.0/12）
C 类	192.168.0.0~192.168.255.255（即 192.168.0.0/16）

由于我们目前使用的 IPv4 协议的限制，现在 IP 地址的数量是有限的。这样，我们就不能为居于网中的每一台计算机分配一个公网 IP。所以，在局域网中的每台计算机就只能使用私有 IP 地址了，如我们常见的 192.168.0.*，就是私有 IP 地址。

私有 IP 地址就是在局域网中使用的 IP，私有地址可以重复使用，但是不能在同一个私有网络中重复使用，在同一个私有网络中，私有地址也是唯一的。

与私有 IP 地址对应的地址是全局 IP 地址。全局地址就是在互联网 Internet 上使用的 IP 地址，也称为公网 IP。除了私有 IP 外的所有地址都是全局 IP 地址，这个地址必须是全网唯一的。

全局地址可以用到私有网络，但是私有地址是不可以用到公网中的。

4.1.4 特殊 IP 地址

除了私有 IP 地址，在 IP 地址中还有其他一些特殊的保留地址。

1. 网络地址

在网络中，经常需要用到网络地址。TCP/IP 协议规定，把一个主机 IP 地址的主机码置为全 0 得到的地址码，就是这台主机所在网络的网络地址。

例如，155.22.100.25 是一个 B 类 IP 地址。将其主机码部分（最后两个字节）置为全 0，

155.22.0.0 就是 200.1.25.7 主机所在网络的网络地址。A 类地址 10.1.15.16 所在网络的网络地址为 10.0.0.0。而 C 类地址 192.168.1.24 所在网络的网络地址为 192.168.1.0。

2. 广播地址

所谓广播，指某一主机同时向同一子网所有主机发送报文。TCP/IP 规定，主机号全为 1 的网络地址用于广播之用，称为广播地址。

例如 198.150.11.255 是 C 类网络 198.150.11.0 网络中的广播地址。10.255.255.255 是 A 类网络 10.0.0.0 网络中的广播地址。

3. 回环地址

127 开头的网络地址是一个保留地址，用于网络软件测试以及本地机进程间通信，称为本地回环地址（Loopback Address）。本地回环地址，不属于任何一个有类别地址类。它代表设备的本地虚拟接口，所以默认被看作是永远不会宕掉的接口。在 Windows 操作系统中也有相似的定义，所以通常在不安装网卡前就可以 ping 通这个本地回环地址。一般都会用来检查本地网络协议、基本数据接口等是否正常的。无论什么程序，一旦使用回环地址发送数据，协议软件立即返回，不进行任何网络传输。

127.0.0.1 ~ 127.255.255.254 的范围都是本地回环地址。含网络号 127 的分组不能出现在任何网络上。

4. 0.0.0.0

严格说来，0.0.0.0 已经不是一个真正意义上的 IP 地址了。它表示的是这样一个集合：所有不清楚的主机和目的网络。这里的"不清楚"是指在本机的路由表里没有特定条目指明如何到达。对本机来说，它就是一个"收容所"，所有不认识的"三无人员"，一律送进去。如果你在网络设置中设置了默认网关，那么 Windows 系统会自动产生一个目的地址为 0.0.0.0 的默认路由。

5. 255.255.255.255

255.255.255.255 是广播地址。对本机来说，这个地址指本网段内（同一广播域）的所有主机。如果翻译成人类的语言，应该是："这个房间里的所有人都注意了！"这个地址不能被路由器转发。

6. 169.254.*.*

如果用户的主机使用了 DHCP 功能自动获得一个 IP 地址，那么当用户的 DHCP 服务器发生故障，或响应时间太长而超出了一个系统规定的时间，Windows 系统会为用户分配这样一个地址。如果用户发现主机 IP 地址是一个诸如此类的地址，十有八九是用户的网络不能正常运行了。

4.2   子网掩码与子网划分

4.2.1   子网掩码

在网络上，我们通过 IP 地址来实现不同网段之间的数据传输。在数据传输的过程中是怎么判断主机的网络号呢？这就需要通过子网掩码（Subnet Masking）来实现了。

在配置 IP 地址时，如果没有配置相关的子网掩码，那这个 IP 地址是没有意义的。子网掩码也不能单独存在，它必须结合 IP 地址一起使用。子网掩码只有一个作用，就是将某个 IP

地址划分成网络地址码和主机地址码两部分。

子网掩码的格式和 IP 地址一样，是一个 32 位地址，使用连续的 1 来标识 IP 地址的网络地址码，使用都是 0 的位来标识 IP 地址的主机地址码。

例如，C 类 IP 地址 211.68.38.155 的子网掩码是以下 32 位二进制数：

11111111.11111111.11111111.00000000

该子网掩码的前 24 位都是 1，后 8 位都是 0，表示 IP 地址的网络地址码占前 24 位，主机地址码占后 8 位。该子网掩码的十进制表示形式为 255.255.255.0。

A 类、B 类和 C 类 IP 地址的默认子网掩码如表 4-2 所示。

表 4-2　A、B、C 类地址默认子网掩码

地址类	默认子网掩码的二进制形式	默认子网掩码
A 类	111111111 00000000 00000000 00000000	255.0.0.0
B 类	111111111 111111111 00000000 00000000	255.255.0.0
C 类	111111111 111111111 111111111 00000000	255.255.255.0

把 IP 地址和子网掩码的二进制进行逻辑与"and"运算，可以区分出网络 ID 和主机 ID，计算得到该 IP 所在网络的网络地址：

211.68.38.155　　　　11010011 01000100 00100110 10011011

255.255.255.0　　and　11111111 11111111 11111111 00000000

　　　　　　　　　　11010011 01000100 00100110 00000000

　　　　　　　　　　=211.68.38.0

在网络通信中，常常需要判断通信的两台主机是否在同一个网络，就是用两台主机子网掩码和 IP 地址分别进行与运算，如果计算得出两个 IP 所在的网络地址是相同的，则说明它们在同一个网络，进行的是局域网内部通信，可以网内通信；反之则说明它们不在同一个网络，进行的是网络间的远程通信，需要通过路由通信。

主机要把数据送到外网，这时就需要配置网关，IP 地址配置时，一般除了 IP 和掩码，另一个要配置的就是网关，这里简单介绍一下网关。

顾名思义，网关（Gateway）就是一个网络连接到另一个网络的"关口"，也就是网络关卡。就像从一个房间走到另一个房间，必然要经过一扇门；同样，从一个网络向另一个网络发送信息，也必须经过一道"关口"，这道关口就是网关。所有进入这个网络或到其它网络中去的数据都要经过网关的处理，网关也常常是指具有此种功能的网络设备。如图 4-4 所示，一个公司内部网络如果通过路由器的 E0 接口接入 Internet，那么内部网络发往 Internet 的数据包都要经过路由器的 E0 接口，那么 E0 接口所配置的 IP 地址就是公司内部网所有节点主机的网关。

默认网关（Default Gateway）是一个在计算机网络中如何将数据包转发到其他网络中的节点。一个典型的 TCP / IP 网络，在配置一个节点（如服务器、工作站和网络设备）IP 地址参数时，都有一个定义的默认路由设置（指向默认网关）。设置默认网关是在 IP 路由表中创建一个默认路径。一台主机可以有多个网关。默认网关的意思是一台主机如果找不到可用的网关，就把数据包发给默认指定的网关，由这个网关来处理数据包。现在主机使用的网关，一般指的是默认网关。一台计算机的默认网关是不可以随随便便指定的，必须正确地指定，

否则一台计算机就会将数据包发给不是网关的计算机，从而无法与其他网络的计算机通信。默认网关必须是计算机所在网段中的 IP 地址，而不能填写其他网段中的 IP 地址。

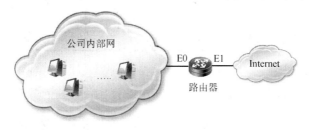

图 4-4　网关

4.2.2　子网划分

1. 子网划分的必要性

Internet 组织机构定义了五种 IP 地址，其中 A、B、C 类地址可以正常分配给普通主机做 IP 地址。A 类网络有 126 个，每个 A 类网络可能有 16 777 214 台主机，它们处于同一广播域。而在同一广播域中有这么多节点是不可能的，网络会因为广播通信而饱和，结果造成 16 777 214 个地址大部分没有分配出去；或者因为超大的广播域导致网络性能下降，也不利于管理。同样的，一个 B 类网络，理论上可以容纳 65 534 台主机，但实际构建网络时不可能在一个网络广播域中容纳这么多主机。

事实上，为了解决介质访问冲突和广播风暴的技术问题，一个网段超过 200 台主机的情况是很少的。一个好的网络规划中，每个网段的主机数都不超过 80 个。把基于每类的 IP 网络进一步分成更小的网络，每个子网由路由器界定并分配一个新的子网网络地址。划分子网后，通过使用子网掩码，把子网隐藏起来，使得从外部看网络没有变化。

划分子网是网络设计与规划中非常重要的一个工作。

2. 子网划分方式

标准的 IP 地址分为两层：网络地址码+主机地址码。为了避免 IP 地址浪费，创建子网，子网划分需要从原来 IP 的主机地址码部分从最高位开始借位给子网地址码，即原来的主机地址码被进一步划分为子网地址码和主机地址码。

IP 地址通过借位进行子网划分，原来的二层结构形式变成三层结构形式：网络地址码+子网地址码+主机地址码。同样，子网划分后的 IP 地址需要配置相关的子网掩码，来区分哪些部分是网络地址，哪些是子网地址，哪些部分是主机地址。这时子网掩码的设置就不能采用默认类型的子网掩码，而是要用连续的 1 的位来标识 IP 地址的网络地址码和子网地址码，而不仅仅只标识网络地址码，如图 4-5 所示。

划分子网以后的 IP 地址可以配合子网掩码来标识网络地址和子网地址，也可以通过在 IP 地址后面追加网络地址和子网地址的位数来标识，之间用"/"来隔开。这种标识法称为无类域间路由标识法。如 172.10.4.3/20，标识 172.10.4.3 的网络地址和子网地址的位数为 20，它默认的类型是 B 类，那么它的网络地址位为 16，表示进行子网划分后从主机地址位借了 4 位作为子网地址。

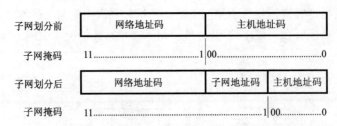

图 4-5 子网划分前后 IP 的层次结构及相应的子网掩码

下面介绍子网划分的方式和过程。子网划分主要按照两个需求来划分。

1）按照子网数量需要

按照子网数量的需求进行划分，首先要确定需要划分为多少个子网，据此来计算出需要从原来的主机地址码借多少位作为子网地址码。假设需要划分 M 个子网需要借用 m 位，那么 M 和 m 需满足下列公式：

$$2^m \geqslant M$$

注意，以前，子网地址编码中是不允许使用全 0 和全 1 的，那么 M 和 m 需满足下列公式：

$$2^m - 2 \geqslant M$$

但是近年来，为了节省 IP 地址，也由于现在的路由器支持全 0 和全 1 的子网地址编址，所以这里不需要再减去 2。

2）按照子网内需容纳主机的数量需求

按照子网可容纳主机数量的需求进行划分，首先要确定每个子网最多需容纳多少个主机，据此来计算出至少需要从原来的主机地址码留下多少位来作为主机地址码。假设需要预留 n 位来满足 N 个主机的编码，那么 N 和 n 需满足下列公式：

$$2^n - 2 \geqslant N$$

这里减去的 2，是指不能用来作为主机分配的网络地址（主机地址码位全为 0）和广播地址（主机地址码位全为 1）。

这两种划分方法是最简单、最基本的子网划分方法，现实中子网划分的复杂场景，一般要同时满足子网数量和子网内容纳主机数量等多种条件，需灵活运用。

3. 子网划分实例

下面我们以一个例子来学习完整的子网划分。

需求：设某单位申请得到一个 C 类地址 200.210.95.0，需要划分出 6 个子网。我们需要为这 6 个子网分配子网地址，然后计算出本单位子网的子网掩码、各个子网中 IP 地址的分配范围、可用 IP 地址数量和广播地址。

步骤 1：计算需要挪用的主机位数作为子网地址编码的位数

需要挪用多少主机位需要试算。借 1 位主机位可以分配出 2^1=2 个子网地址；借 2 位主机位可以分配出 2^2=4 个子网地址；借 3 位主机位可以分配出 2^3=8 个子网地址。因此我们决定挪用 3 位主机位作为子网地址的编码。

步骤 2：用二进制数为各个子网编码

子网 1 的地址编码：200.210.95.00000000

子网 2 的地址编码：200.210.95.00100000

子网 3 的地址编码：200.210.95.01000000

子网 4 的地址编码：200.210.95.01100000

子网 5 的地址编码：200.210.95.10000000

子网 6 的地址编码：200.210.95.10100000

还有两个子网编码作为备用。

步骤 3：将二进制数的子网地址编码转换为十进制数表示，成为能发布的子网地址

子网 1 的子网地址：200.210.95.0

子网 2 的子网地址：200.210.95.32

子网 3 的子网地址：200.210.95.64

子网 4 的子网地址：200.210.95.96

子网 5 的子网地址：200.210.95.128

子网 6 的子网地址：200.210.95.160

步骤 4：计算出子网掩码

先计算出二进制的子网掩码：11111111.11111111.11111111.11100000

（下画线的位是挪用的主机位）

转换为十进制表示，成为对外发布的子网掩码：255.255.255.224

步骤 5：计算出各个子网的广播 IP 地址

先计算出二进制的子网广播地址，然后转换为十进制：

子网 1 的广播 IP 地址：200.210.95. 00011111 / 200.210.95.31

子网 2 的广播 IP 地址：200.210.95. 00111111 / 200.210.95.63

子网 3 的广播 IP 地址：200.210.95. 01011111 / 200.210.95.95

子网 4 的广播 IP 地址：200.210.95. 01111111 / 200.210.95.127

子网 5 的广播 IP 地址：200.210.95. 10011111 / 200.210.95.159

子网 6 的广播 IP 地址：200.210.95. 10111111 / 200.210.95.191

实际上，简单地用下一个子网地址减 1，就得到本子网的广播地址。我们列出二进制的计算过程是为了让读者更好地理解广播地址是如何被编码的。

步骤 6：列出各子网的 IP 地址范围

这里，每个子网可分配的 IP 地址范围不能包含子网地址和子网广播地址。

子网 1 的 IP 地址分配范围：200.210.95.1 至 200.210.95.30

子网 2 的 IP 地址分配范围：200.210.95.33 至 200.210.95.62

子网 3 的 IP 地址分配范围：200.210.95.65 至 200.210.95.94

子网 4 的 IP 地址分配范围：200.210.95.97 至 200.210.95.126

子网 5 的 IP 地址分配范围：200.210.95.129 至 200.210.95.158

子网 6 的 IP 地址分配范围：200.210.95.161 至 200.210.95.190

步骤 7：计算出每个子网中的 IP 地址数量

被挪用后主机位的位数为 5，能够为主机编址的数量为 $2^5-2=30$。减 2 的目的是去掉子网地址和子网广播地址。

划分子网会损失主机 IP 地址的数量。这是因为我们需要拿出一部分地址来表示子网地址、子网广播地址。另外，连接各个子网的路由器的每个接口也需要额外的 IP 地址开销。但是，为了网络的性能和管理的需要，我们不得不损失这些 IP 地址。

第 4 章　IP 编址

前一段时间，子网地址编码中是不允许使用全 0 和全 1 的。如上例中的第一个子网以前是不能使用 200.210.95.0 这个地址，因为担心分不清这是主网地址还是子网地址。但是近年来，为了节省 IP 地址，允许全 0 和全 1 的子网地址编址。（注意，主机地址编码仍然无法使用全 0 和全 1 的编址，全 0 和全 1 的编址被用于本子网的子网地址和广播地址。）

在实际工作中可以建立表 4-3 和表 4-4，以便快速进行 IP 地址设计。

表 4-3　B 类地址的子网划分

划分的子网数量	网络地址位数/挪用主机位数	子 网 掩 码	每个子网中可分配的 IP 地址数
2	17/1	255.255.128.0	32 766
4	18/2	255.255.192.0	16 382
8	19/3	255.255.224.0	8 190
16	20/4	255.255.240.0	4 094
32	21/5	255.255.248.0	2 046
64	22/6	255.255.252.0	1 022
128	23/7	255.255.254.0	510
256	24/8	255.255.255.0	254
512	25/9	255.255.255.128	126
1024	26/10	255.255.255.192	62
2048	27/11	255.255.255.224	30

表 4-4　C 类地址的子网划分

划分的子网数量	网络地址位数/挪用主机位数	子 网 掩 码	每个子网中可分配的 IP 地址数
2	25/1	255.255.255.128	126
4	26/2	255.255.255.192	62
8	27/3	255.255.255.224	30
16	28/4	255.255.255.240	14
32	29/5	255.255.255.248	6

4. 可变长子网掩码

在进行子网划分的过程中，经常会遇到各个子网的规模差异很大的情况。如果按照定长的子网掩码来进行子网划分，满足最大规模子网的组建，那么也同时为小规模子网提供了同样大的子网空间，就会造成该子网空间的浪费。为了尽可能充分地提高 IP 地址的利用率，根据不同的子网规模借用不同位数的主机位来作为子网地址位，这样在同一个大网络中就出现了不同长度的子网掩码。这种允许同一网络中不同子网掩码存在的情况称为可变长子网掩码（Variable Length Subnet Mask，VLSM）技术。这是一种产生不同大小子网的网络分配机制，指一个网络可以配置不同的掩码。可变长子网掩码技术的想法就是在每个子网上保留足够的主机数的同时，把一个网分成多个子网时有更大的灵活性。

举例说明如何利用 VLSM 进行灵活地子网划分。如图 4-6 所示，一个公司被分配了一个 IP 网段 192.168.1.0/24，公司有 4 个部门，每个部门的主机配置是 25 台，每个部门通过一个路由器和网管路由互连，接到外网。

先进行需求分析，对这个 C 类网络而言，192.168.1.0/24 需要划分为 8 个子网段：部门 1 到部门 4 共 4 个网段，每个网段至少能容纳 26 个 IP 地址的（含子网网关地址）；4 个部门的路由器和连接外网的网关路由器之间的互连也需要 4 个网段，每个网段需要 2 个 IP 地址。

由于网络中每个网段的主机数量差别较大，为了不浪费 IP 地址，保证 IP 地址的利用率，因此在划分的时候最好不采用等长子网掩码的方式来划分，而采用可变长子网掩码。

在划分子网时优先考虑子网最大主机数需求。本例中最大的子网就是每个部门，先需要保证每个部门的 IP 地址分配。划分步骤：

（1）满足每个部门 26 个 IP 地址分配的需求，根据公式 $2^n-2 \geq N$，即 $2^n-2 \geq 26$，得到 $n \geq 5$，每个部门的主机地址码需占位数为 5，则子网地址码位数为 8-5=3。3 位子网地址码可编号 8 种：000，001，010，011，100，101，110，111。这里从中取出 001，010，011，100 这 4 个编号作为 4 个部门的子网编号即可。则 4 个部门的子网地址分别为：

11000000 10101000 00000001 00100000 = 192.168.10.32
11000000 10101000 00000001 01000000 = 192.168.10.64
11000000 10101000 00000001 01100000 = 192.168.10.96
11000000 10101000 00000001 10000000 = 192.168.10.128

子网掩码为：

11111111 11111111 11111111 11100000 = 255.255.255.224

（2）接着，为每个部门的路由器和连接外网的路由器之间的网络分配 IP。由于两个路由器之间互连的网段只需要 2 个 IP 地址，因此根据 $2^n-2 \geq 2$，得到 $n \geq 2$，路由器之间的网段的主机地址码需占位数为 2，则子网地址码位数为 8-2=6。这 6 位地址码可以从上面第一次借位没用完的地址 101 子网中继续借位 3 个位来标识，可编号 $2^3=8$ 种，取其中 101000，101001，101010，101011 作为路由器间网段的子网地址码。这 4 个部门的路由器和连接外网的网关路由器之间的子网地址分别为：

11000000 10101000 00000001 10100000 = 192.168.10.160
11000000 10101000 00000001 10100100 = 192.168.10.164
11000000 10101000 00000001 10101000 = 192.168.10.168
11000000 10101000 00000001 10101100 = 192.168.10.172

子网掩码为：

11111111 11111111 11111111 11111100 = 255.255.255.252

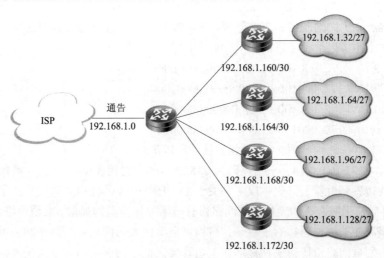

图 4-6　变长子网掩码进行子网划分实例

通过划分，各网段使用的网段地址如表 4-5 所示。

表 4-5　各网段使用的网段地址及掩码

子　网	网　络　号	子网掩码
部门 1	192.168.10.32/27	255.255.255.224
部门 2	192.168.10.64/27	255.255.255.224
部门 3	192.168.10.96/27	255.255.255.224
部门 4	192.168.10.128/27	255.255.255.224
部门 1 路由器到网关路由器之间	192.168.10.160/30	255.255.255.252
部门 2 路由器到网关路由器之间	192.168.10.164/30	255.255.255.252
部门 3 路由器到网关路由器之间	192.168.10.168/30	255.255.255.252
部门 4 路由器到网关路由器之间	192.168.10.172/30	255.255.255.252

5. 无类别域间路由

无类别域间路由（Classless Inter Domain Routing，CIDR）是可变长子网掩码的衍生技术。通过 VLSM 技术可以减少 IP 地址的浪费，因为原有的 IP 地址网段按照用户的需求划分成了一个个子网，由此造成了路由器上路由表规模的增大，增加了路由器的负担，降低了通信效率。

CIDR 提出区别于一般标准分类 IP 地址概念的"网络前缀"，代替原来的"网络地址码+主机地址码"的结构，形成了无分类的结构，即表示为"网络前缀+主机地址码"的二级地址结构。CIDR 忽略网络类别之间的差异，将若干具有相同连续前缀的较小网络合并成一个较大的网络，以可变长子网掩码为它们合并之后的网络分配一个新的网络号，这样就可以把众多的 IP 路由条目聚合起来，减少路由条目，减轻路由负担。在使用 CIDR 进行路由聚合前，要求网络规划人员在做 IP 地址规划时，要注意分配 IP 地址的连续和层次，以利于路由聚合。

如图 4-7 所示，某家公司使用 4 个 B 类子网：分部 A 的 IP 地址为 172.16.0.0/16，分部 B 的 IP 地址为 172.17.0.0/16，分部 C 的 IP 地址为 172.18.0.0/16，分部 D 的 IP 地址为 172.19.0.0/16。如果这 4 个 B 类网络独立管理，独立路由，会显著增加网络的开销。例如，各个子网之间通信需要通过路由器，公司和外网之间也要通过边界路由器，边界路由器上会为这 4 个 B 类网络生成 4 条路由条目。采用 CIDR 技术，可以把这 4 个具有部分相同前缀的 B 类网络汇聚成一个大的网络，方便管理，节省路由空间，降低路由选择协议生成的网络流量。我们把 4 个网络地址用二进制表示，如下：

172.16.0.0/16 = 172. 000100 00.00000000.00000000

172.17.0.0/16 = 172. 000100 01.00000000.00000000

172.18.0.0/16 = 172. 000100 10.00000000.00000000

172.19.0.0/16 = 172. 000100 11.00000000.00000000

可以看出，这些地址的前 14 位是相同的，所以汇聚后的网络号取前 14 位，得到汇聚后的网络地址为：172.16.0.0/14，子网掩码为 255.252.0.0。它代表全部 4 个 B 类网络，在公司和外网连接的边界路由器上只要生成一条关于 172.16.0.0/14 的路由条目就可以了。

总之，可变长子网掩码和无类别域间路由打破了地址类型的局限，取消网络的类别差异。可变长子网掩码使子网掩码往右边移动，可以灵活地把大的网络划分成子网，以充分节约地址空间；无类别域间路由使得子网掩码往左边移动，把小的网络归并成大的网络即超网，通过路由集中降低路由器的负担。

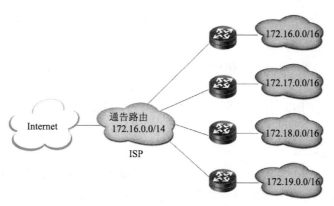

图 4-7　无类别域间路由进行路由汇聚实例

4.3 DHCP

4.3.1 DHCP 的概念

随着网络规模的扩大和网络复杂度的提高，计算机的数量经常超过可供分配的 IP 地址的数量，同时随着便携机及无线网络的广泛应用，计算机的位置也经常变化，相应的 IP 地址也必须经常更新，从而导致网络配置越来越复杂，且容易出错。DHCP 就是为满足这些需求而发展起来的。

DHCP 是 Dynamic Host Configuration Protocol 的英文缩写，中文名称是：动态主机配置协议，主要作用就是给计算机动态分配 IP 地址。每一台计算机都需要配置 IP 地址。动态分配 IP 地址是指计算机不用事先配置好 IP 地址，在其启动的时候由网络中的一台 IP 地址分配服务器负责为它分配。当这台机器关闭后，地址分配服务器将收回为其分配的 IP 地址。

DHCP 报文采用 UDP 封装。服务器所侦听的端口号是 67，客户端的端口号是 68。

使用 DHCP 的好处有：

（1）安全而可靠的配置：DHCP 避免了手动在每个计算机上输入值而引起的配置错误。DHCP 还有助于防止由于在网络上配置新的计算机时重用以前指派的 IP 地址而引起的地址冲突。

（2）减少配置管理：使用 DHCP 服务器可以大大降低用于配置和重新配置网上计算机的时间。

4.3.2 DHCP 的工作原理

有三个动态分配 IP 地址的协议：RARP、BOOTP 和 DHCP，它们的工作原理基本相同。以 DHCP 的工作原理来解释动态 IP 地址分配的过程。DHCP 采用客户端/服务器模式，服务器负责集中管理，客户端向服务器提出配置申请，服务器根据策略返回相应配置信息。

1. DHCP 几个概念

DHCP Client：DHCP 客户端，通过 DHCP 协议请求 IP 地址的客户端。DHCP 客户端是接口级的概念，如果一个主机有多个以太接口，则该主机上的每个接口都可以配置成一个 DHCP 客户端。交换机上每个 Vlan 接口也可以配置成一个 DHCP 客户端。

DHCP Server：DHCP 服务端，负责为 DHCP 客户端提供 IP 地址，并且负责管理分配的 IP 地址。

DHCP Relay：DHCP 中继器，DHCP 客户端跨网段申请 IP 地址的时候，实现 DHCP 报文的转发功能。

DHCP Security：DHCP 安全特性，实现合法用户 IP 地址表的管理功能。

DHCP Snooping：DHCP 监听，记录通过二层设备申请到 IP 地址的用户信息。

2. DHCP 工作过程

一台主机开机后如果发现自己没有配置 IP 地址，就将启动自己的 DHCP 程序，以动态获得 IP 地址。DHCP 的工作过程如图 4-8 所示。

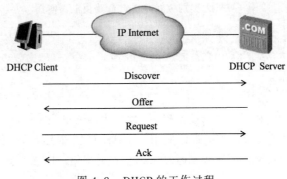

图 4-8　DHCP 的工作过程

第 1 步发现阶段：DHCP Client 启动 DHCP 程序，在它所在的本地物理子网中广播一个 DHCP　Discover 报文。

第 2 步提供阶段：DHCP Server 解析 DHCP Discover 请求的 IP 所属的 Subnet，从 subnet 中的可用 IP 地址池中取出一个 IP 地址提供给 DHCP Client（从可用地址段选择一个 IP 地址后，首先发送 ICMP 报文来 ping 该 IP 地址，如果收到该 IP 地址的 ICMP 报文，则抛弃该 IP 地址，重新选择 IP 地址继续进行 ICMP 报文测试，直到找到一个网络中没有人使用的 IP 地址，达到防止动态分配的 IP 地址与网络中其他设备 IP 地址冲突的目的，这个 IP 地址冲突检测机制可配置）。本地物理子网的所有 DHCP Server 都将通过 DHCP Offer 报文来回应 DHCP Discover 报文。

第 3 步选择阶段：DHCP Client 收到一个或多个 DHCP Server 发送的 DHCP Offer 报文后将从多个 DHCP Server 中选择其中一个（选择策略通常为选择第一个响应的 DHCP Offer 报文所属的 DHCP　Server）。然后以广播方式回答一个 DHCP Request 报文，该报文中包含向目标 DHCP 请求的 IP 地址等信息。之所以是以广播方式发出的，是为了通知其他 DHCP Server 自己将选择该 DHCP Server 所提供的 IP 地址。

第 4 步确认阶段：DHCP Server 收到 DHCP Client 发送的 DHCP Request 报文后，发送 DHCP Ack 报文作出回应，通知 DHCP Client 可以使用该 IP 地址了。然后 DHCP Client 即可以将该 IP 地址与网卡绑定。另外其他 DHCP Server 都将收回自己之前为 DHCP Client 提供的 IP 地址。

DHCP Client 在从 DHCP Server 获得 IP 地址的同时，也获得了这个 IP 地址的租期。所谓租期就是 DHCP Client 可以使用该 IP 地址的有效期，租期到期后 DHCP Client 必须放弃该 IP

地址的使用权并重新进行申请。为了避免上述情况，DHCP Client 必须在租期到期之前重新进行更新，延长该 IP 地址的使用期限。

4.4　域名系统

4.4.1　域名系统的概念

IP 地址是一个具有 32 bit 的二进制数，对于一般用户来说，要记住 IP 地址比较困难。为了向一般用户提供一种直观明了的主机识别符（主机名），TCP/IP 协议专门设计了一种字符型的主机命名机制，给每一台主机一串由字符、数字和点号组成的名称，这种主机名相对于 IP 地址来说是一种更为高级的地址形式，即域名（Domain Name）。例如深圳信息职业技术学院 WWW 服务器的域名为 www.sziit.edu.cn（SZIIT 是深圳信息职业技术学院的英文缩写），其实这台服务器的 IP 地址是 113.106.49.180。需要注意的是，域名是某台主机的名称。我们知道 www.sziit.edu.cn 是深圳信息职业技术学院的域名，也应理解它只是深圳信息职业技术学院中某台主机的名称。有了域名（有时候是非常响亮的域名，如 www.8848.com 这样用喜玛拉雅山高度命名的域名），计算机的地址就很容易被记住和访问。

网络寻址是依靠 IP 地址、物理地址和端口地址完成的。所以，为了把数据传送到目标主机，域名需要被翻译成为 IP 地址供发送主机封装在数据报的报头中。通过主机名，最终得到该主机名对应 IP 地址的过程称为域名解析。

域名系统（Domain Name System，DNS）是一个分布式的主机信息数据库，它主要负责域名地址的维护，保证主机域名在 Internet 中的唯一性，并完成域名解析任务，实现域名与 IP 地址映射。

而域名服务器 DNS Server 是安装 DNS 服务软件的计算机，域名服务器能够响应用户的请求，把用户要访问的 Internet 中主机的域名翻译成对应的 IP 地址（有了 IP 地址，才能进行网络寻址），即完成域名解析的任务。

4.4.2　域名系统的结构

国际上，域名是一个有层次的主机地址名，层次由"."来划分。越在后面的部分，所在的层次越高。通常 Internet 主机域名的一般结构为：主机名.三级域名.二级域名.一级域名。Internet 的顶级域名由 Internet 网络协会域名注册查询负责网络地址分配的委员会进行登记和管理，它还为 Internet 的每一台主机分配唯一的 IP 地址。全世界现有三大网络信息中心：位于美国的 Inter-NIC，负责美国及其他地区；位于荷兰的 RIPE-NIC，负责欧洲地区；位于日本的 APNIC，负责亚太地区。

域名的层次化不仅能使域名表现出更多的信息，而且是为了 DNS 域名解析方便。域名解析是依靠一种庞大的数据库完成的。数据库中存放了大量域名与 IP 地址的对应记录。DNS 域名解析本来就是网络为了方便使用而增加的负担，需要高速完成。层次化可以为数据库在大规模的数据检索中加快检索速度。

在域名的层次结构中，每一个层次被称为一个域。cn 是国家和地区域，edu 是机构域。为保证域名系统的通用性，Internet 规定了一组正式的通用标准标号，作为其第一级域的域名，也称为顶级域名，部分 Internet 一级域名如表 4-6 所示。

表 4-6　常用一级域名

域　名	表 示 意 义	域　名	表 示 意 义
com	商业机构	net	网络机构
edu	教育机构	org	非营利组织
gov	政府部门	int	国际组织
mil	军事部门	Country Code	国家代码（地理模式）

　　表中域名可分为两种模式，前 7 个域对应于组织模式，最后一个对应于地理模式。组织模式是按管理组织的层次结构划分域的方式，由此产生域名就是组织型域名；地理模式是按国家和地区划划分域的方式，由此产生的域名是地理型域名。按地理模式，美国的主机归入第一级域 US 域中，假如其它国家或地区的主机要按地理模式登记进入域名系统，首先必须向 NIC（Network Information Center，网络信息中心）申请本国的第一级域名，一般采用该国国际标准的两字符名称。部分国家或地区一级域名如表 4-7 所示。

表 4-7　部分国家或地区一级域名

域名	国家或地区	域名	国家或地区	域名	国家或地区
cn	中国	kr	韩国	ru	俄罗斯
us	美国	in	印度	sg	新加坡
fr	法国	eg	埃及	es	西班牙
de	德国	hk	中国香港特别行政区	il	以色列
jp	日本	mo	中国澳门特别行政区	ca	加拿大
uk	英国	fi	芬兰	ie	爱尔兰

　　NIC 将第一级域的管理特权分派给指定的管理机构，各管理机构再对其管辖内的域名空间继续划分，并将各子部分管理特权授予子管理机构。如此下去，便形成层次型域名结构，如图 4-9 所示。由于管理机构是逐级授权的，所以最终的域名都将得到 NIC 的承认，成为 Internet 全网的正式域名。

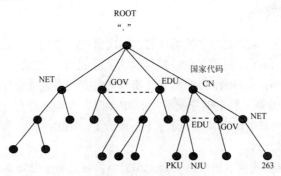

图 4-9　域名树形结构

　　中国在国际互联网信息中心 InterNIC 下注册的国家顶级域名是 cn。中国互联网信息中心（CNNIC）工作委员会在国务院信息办的授权和领导下，负责管理中国的一级域名。中国互联网的二级域同样也分为组织域名和地理域名两类。www.sziit.edu.cn 这个域名中的 cn 代表中国，edu 表示教育机构，sziit 则表示深圳信息职业技术学院，www 表示深圳信息职业技术学院 sziit.edu.cn 主机中的 WWW 服务器。

4.4.3 域名解析

主机域名不能直接用于 TCP/IP 协议的路由选择之中。当用户使用主机域名进行通信时，必须将域名映射成 IP 地址，因为 Internet 通信软件在发送和接收数据时都必须使用 IP 地址。将主机域名映射为 IP 地址的过程称为域名解析。域名解析包括正向解析（从域名到 IP 地址）以及反向解析（从 IP 地址到域名）。Internet 的域名系统 DNS 能够透明地完成此项工作。

一台主机为了支持域名解析，就需要在配置中指明为自己服务的 DNS 服务器。主机为了解析一个域名，把待解析的域名发送给自己机器配置指明的 DNS 服务器。一般都是配置指向一个本地的 DNS 服务器。本地 DNS 服务器收到待解析的域名后，便查询自己的 DNS 数据库，将该域名对应的 IP 地址查到后，发还给 A 主机。如果本地 DNS 服务器的数据库中无法找到待解析域名的 IP 地址，则将此解析交给上级 DNS 服务器，直到查到需要寻找的 IP 地址。

DNS 解析过程如下：

第一步：客户机提出域名解析请求，并将该请求发送给本地的域名服务器。

第二步：当本地的域名服务器收到请求后，就先查询本地的缓存，如果有该记录项，则本地的域名服务器就直接把查询的结果返回。

第三步：如果本地的缓存中没有该记录，则本地域名服务器就直接把请求发给根域名服务器，然后根域名服务器再返回给本地域名服务器一个所查询域（根的子域）的主域名服务器的地址。

第四步：本地服务器再向上一步返回的域名服务器发送请求，然后接受请求的服务器查询自己的缓存，如果没有该记录，则返回相关的下级域名服务器的地址。

第五步：重复第四步，直到找到正确的记录。

第六步：本地域名服务器把返回的结果保存到缓存，以备下一次使用，同时还将结果返回给客户机。

让我们举一个例子来详细说明解析域名的过程。假设我们的客户机如果想要访问站点：www.linejet.com，此客户本地的域名服务器是 dns.company.com，一个根域名服务器是 NS.INTER.NET，所要访问的网站的域名服务器是 dns.linejet.com，域名解析的过程如下：

（1）客户机向本地域名服务器 dns.company.com 发出请求解析域名 www.linejet.com 的报文。

（2）本地的域名服务器收到请求后，查询本地缓存，假设没有该记录，则本地域名服务器 dns.company.com 则向根域名服务器 NS.INTER.NET 发出请求解析域名 www.linejet.com。

（3）根域名服务器 NS.INTER.NET 收到请求后查询本地记录得到如下结果：linejet.com NS dns.linejet.com（表示 linejet.com 域中的域名服务器为：dns.linejet.com），同时给出 dns.linejet.com 的地址，并将结果返回给域名服务器 dns.company.com。

（4）域名服务器 dns.company.com 收到回应后，再向 dns.linejet.com 发出请求解析域名 www.linejet.com 的报文。

（5）域名服务器 dns.linejet.com 收到请求后，开始查询本地的记录，找到如下一条记录：www.linejet.com A 211.120.3.12（表示 www.linejet.com 在域名服务器 dns.linejet.com 中的 IP 地址为：211.120.3.12），并将结果返回给客户本地域名服务器 dns.company.com。

（6）客户本地域名服务器将返回的结果保存到本地缓存，同时将结果返回给客户机。

第 4 章 IP 编址

这样就完成了一次域名解析过程。

思考与练习

1. 简答题

（1）为什么有 MAC 地址（物理地址）还要有 IP 地址（逻辑地址）？

（2）理论上 IPv4 总共有 43 亿个地址，为什么会不够用？

（3）已知主机的 IP 地址为 201.196.0.133，请确定该主机所在网络的类别、网络地址和主机地址。

（4）已知主机的 IP 地址 199.78.46.97 和子网掩码 255.255.255.224，请确定该主机所在网络的类别、网络地址、子网地址和主机地址。

（5）什么是子网掩码？子网掩码的作用是什么？

（6）举例说明子网划分的必要性。

（7）计算 172.16.10.166/16 和 192.168.1.47/27 的网络地址和广播地址？

（8）一个路由表刚刚接收到如下几个新 IP 地址：172.16.12.0/24，172.16.13.0/24，172.16.14.0/24，172.16.15.0/24。如果这几个地址都是用同一条出境线路，那么他们可以聚合成一个路由条目吗？如果可以，他们可以聚合到哪个 IP 地址？

2. 选择题

（1）按照 TCP/IP 协议，接入 Internet 的每一台计算机都有一个唯一的地址标识，这个地址标识为（　　　）。

A. 主机地址　　　　　B. 网络地址　　　　　C. P 地址　　　　　D. 端口地址

（2）127.0.0.1 属于（　　　）类型特殊地址。

A. 广播地址　　　　　B. 回环地址　　　　　C. 网络地址　　　　　D. 本地链路地址

（3）下面哪个 IP 可以在公网上（　　　）。

A. 10.62.31.5　　　　B. 172.60.0.0　　　　C. 172.16.10.1　　　　D. 192.168.100.1

（4）一个 C 类网中最多可有（　　　）台主机。

A. 256　　　　　　　B. 128　　　　　　　C. 255　　　　　　　D. 254

（5）IP 地址能够唯一确定 Internet 上主机的（　　　）。

A. 费用　　　　　　　B. 位置　　　　　　　C. 距离　　　　　　　D. 时间

（6）（　　　）用于根据 IP 地址查找对应端口的 MAC 地址。

A. RIP　　　　　　　B. OSPF　　　　　　　C. ARP　　　　　　　D. RARP

（7）将内部私有地址转换为外部公网地址的技术是（　　　）。

A. DHCP　　　　　　B. NAT　　　　　　　C. ARP　　　　　　　D. RARP

（8）无类别域间路由（CIDR）技术有效地解决了路由缩放问题。使用 CIDR 技术把 4 个网络 C1：192.24.0.0/21，C2：192.24.16.0/20，C3：192.24.8.0/22，C4：192.24.34.0/23 汇聚成一条路由信息，得到的网络地址是（　　　）。

A. 192.24.0.0/13　　　B. 192.24.0.0/24　　　C. 192.24.0.0/18　　　D. 192.24.8.0/20

3. 填空题

（1）为了清晰地区分网段，IP 地址被结构化分层，分为_____和_____两部分。

（2）在采用点分十进制的 IPv4 地址中，每个字节的取值范围是 0 至_____。

（3）B 类地址的默认子网掩码是_____。

（4）C 类 IP 地址中，网络号部分占_____位，主机号部分占_____位。

（5）在以下几个 IPv4 地址中，192.55.15.22 是一个_____类地址，191.55.15.22 是一个_____类地址。

（6）IP 地址中，主机号部分全为 0 则表示_____；如果全为 1，则表示是_____。

（7）_____技术允许同一网络中存在不同子网掩码。

（8）在一个网段中，有_____和_____两个 IP 不能用于普通主机的地址分配。

（9）域名解析是_____到_____映射过程。

4. 实践题

（1）给定一个网络地址空间 192.168.10.0/24，为一个实训中心进行 IP 地址规划，中心有 6 个实训室，每个实训室最多能容纳 28 台机器。

（2）某公司分配了一个 IP 网段 192.168.10.0/24，现在公司有两层楼，第一层楼有 110 台主机，第二层楼有 40 台主机，两层楼的主机都通过第一层楼的路由器连接外网，请为该公司进行 IP 规划。

（3）上网查资料，了解 DHCP 服务器在分配 IP 时如何防止动态分配的 IP 地址与网络中其他设备 IP 地址冲突。

第 5 章

→ 局域网技术

计算机网络是一个庞大的结构，由众多计算机和终端通过错综复杂的网络设备及线路连接起来实现通信。两个主机构成的网络或局域网是计算机网络中的最小单元，那局域网内部主机之间的数据通信链路是如何建立？数据又是如何组织？传输错误怎么处理？传输介质如何使用？这一系列问题就是局域网技术要解决的问题。

本章介绍计算机局域网的基本概述、局域网协议标准、以太网概念、以太网分类、以太网工作原理以及虚拟局域网、无线局域网等技术。

 学习目标

● 掌握局域网概念
● 了解以太网概念及其分类
● 理解以太网工作原理
● 掌握虚拟局域网
● 了解无线局域网

5.1 局域网概念

5.1.1 局域网定义

局域网（Local Area Network，LAN）是指在一个有限的、局部的地理范围内（如一个学校、工厂和机关内），一般是方圆几千米以内，将各种计算机、外围设备和数据库等互相连接起来组成的计算机通信网。局域网随着整个计算机网络技术的发展和提高得到充分的应用和普及，几乎每个单位都有自己的局域网，有的甚至家庭中都有自己的小型局域网。

局域网它可以通过数据通信网或专用数据电路，与远方的局域网、数据库或处理中心相连接，构成一个较大范围的信息处理系统。局域网也可以实现文件管理、应用软件共享、打印机共享、扫描仪共享、工作组内的日程安排、电子邮件和传真通信服务等功能。局域网在计算机数量配置上没有太多的限制，它可以由办公室内几台甚至上千上万台计算机组成，一般位于一个建筑物或一个单位内，不存在寻径问题，不包括网络层的应用。局域网由网络硬件（包括网络服务器、网络工作站、网络打印机、网卡、网络互联设备等）和网络传输介质，以及网络软件所组成。

相对广域网而言，局域网严格意义上是封闭型的，专用性非常强，有较稳定和规范的拓扑结构，常见的局域网拓扑结构主要有总线、星状、环状、树状和网状，这些拓扑结构详见第 1 章。决定局域网的主要技术要素为：网络拓扑、传输介质与介质访问控制方法。

局域网特点如下：

（1）覆盖的地理范围较小，站点数目均有限，在一个相对独立的局部范围内，如一座或集中的建筑群内，一般为同一个单位所有。

（2）通信延迟时间短，数据传输速率高（10 Mbit/s～10 Gbit/s）。

（3）误码率较低，可靠性较高。

（4）局域网可以支持多种传输介质。

（5）网络的布局比较规则，在单个 LAN 内部一般不存在交换结点与路由选择问题。

（6）能进行广播（一站发所有站收）或组播（一站发一组站收）。

5.1.2　局域网 IEEE 802 标准

局域网出现后，发展迅速，种类繁多，标准各异。1980 年 2 月，美国电气与电子工程师协会（IEEE）成立了局域网标准委员会（IEEE 802 委员会），研究并制定了局域网标准 IEEE 802。后来，国际标准化组织（ISO）将 IEEE 802 标准定义为局域网国际标准。

1. IEEE 802 参考模型

由于局域网中不需要网络间数据交换，也就没有路由选择问题，因此在局域网中不需要 OSI 模型的网络层及以上功能层次，IEEE 802 参考模型只有 OSI 参考模型的最低两层：物理层和数据链路层。数据链路层分为逻辑链路控制（LLC）子层和介质访问控制（MAC）子层，如图 5-1 所示。

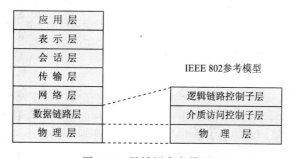

图 5-1　局域网参考模型

1）物理层

物理层包括物理介质、物理介质连接设备（PMA）、连接单元（AUI）和物理收发信号格式（PS）。与 OSI 标准相似，主要规定比特流的传输与接收，描述使作用的信号电平编码、规定网络拓扑结构、传输速率及传输介质等，为数据链路层提供服务。

2）数据链路层

数据链路层要完成基本的数据封装成帧、差错控制、链路管理等功能，但是 OSI 参考模型的数据链路层不具备解决局域网中各结点设备争用共享通信介质的能力。为了解决这个问题，同时又保持与 OSI 参考模型的一致性，在将 OSI 参考模型应用于局域网时，将数据链路层划分成两个子层：逻辑链路控制（LLC）子层和介质访问控制（MAC）子层。

MAC 子层负责解决与媒体接入有关的问题和在物理层的基础上进行无差错的通信。主要功能：发送时将上层交下来的数据封装成帧进行发送，接收时对帧进行拆卸，将数据交给上

第 5 章　局域网技术

层；控制对传输介质的访问，物理局域网中各站对通信介质的争用问题，对于不同的网络拓扑结构可以采用不同的 MAC 方法。目前，常用 MAC 协议有 CSMA/CD、Token-Bus、Token-Ring 和 FDDI。

LLC 子层集中了与媒体接入无关的功能，屏蔽各种 MAC 子层的具体实现，将其改造成为统一的 LLC 界面，从而向网络层提供一致的逻辑接口（即服务访问点，在一个系统内上下层通信的接口）。具体来讲，LLC 子层的主要功能是：帧的发送和接收，发送时加上地址和校验码，接收时把帧拆封，执行地址识别和差错校验；提供链接服务类型（无连接的服务和面向连接的服务），建立和释放数据链路层的逻辑连接；提供与上层的服务访问点，由于 LLC 提供对多个高层实体的支持，因此 LLC 层有多个服务访问点。

具体说明数据链路层分为 LLC 子层和 MAC 子层的原因：

局域网中的多个设备一般共享公共传输介质，在设备之间传输数据时，首先要解决局域网中各个设备对通信介质的共享和争用问题，所以局域网的数据链路层必须设置 MAC 子层，对于不同的网络拓扑结构可以采用不同的介质访问控制方法。由于局域网采用的介质有多种，对应的介质访问控制方法也有多种，为了使数据帧的传送独立于所采用的物理介质和介质访问控制方法，IEEE802 标准特意把 LLC 独立出来形成一个单独子层，使 LLC 子层与介质无关，仅让 MAC 子层依赖于物理介质具有了可扩充性。将数据链路层分成两个子层，只要设计合理，使得 MAC 子层向上提供统一的服务接口，就能将底层的实现细节完全屏蔽掉，局域网对 LLC 子层透明，数据帧的传送完全独立于所采用的物理介质和介质访问控制方法。这样既可以通过 MAC 子层解决局域网中各站对通信介质的争用问题，又可以通过 LLC 子层保持局域网与 OSI 模型的衔接。

这种分层方法也使得 IEEE802 标准具有良好的可扩充性，可以很方便地接纳新的传输介质以及介质控制方法。

2. IEEE 802 标准

IEEE 802 标准委员会定义了多种局域网：以太网（Ethernet）、令牌环网（Token Ring）、光纤分布式数据接口网络（Fiber Distributed Data Interface，FDDI）、无线局域网（Wireless Local Area Network，WLAN）等。IEEE 802 是所有这一系列局域网的标准集合，主要包含以下标准：

IEEE 802.1A——局域网体系结构。

IEEE 802.1B——寻址、网络互连与网络管理。

IEEE 802.2——逻辑链路控制(LLC)。

IEEE 802.3——CSMA/CD 访问控制方法与物理层规范。

IEEE 802.3i——10Base-T 访问控制方法与物理层规范。

IEEE 802.3u——100Base-T 访问控制方法与物理层规范。

IEEE 802.3ab——1000Base-T 访问控制方法与物理层规范。

IEEE 802.3z——1000Base-SX 和 1000Base-LX 访问控制方法与物理层规范。

IEEE 802.4——Token-Bus 访问控制方法与物理层规范。

IEEE 802.5——Token-Ring 访问控制方法。

IEEE 802.6——城域网访问控制方法与物理层规范。

IEEE 802.7——宽带局域网访问控制方法与物理层规范。

IEEE 802.8——FDDI 访问控制方法与物理层规范。

IEEE 802.9——综合数据话音网络。

IEEE 802.10——网络安全与保密。

IEEE 802.11——无线局域网访问控制方法与物理层规范。

IEEE 802.12——100VG-AnyLAN 访问控制方法与物理层规范。

IEEE 802 还定义了网卡如何访问传输介质（如光缆、双绞线、无线等），以及如何在传输介质上传输数据的方法，并且定义了传输信息的网络设备之间连接建立、维护和拆除的途径。遵循 IEEE 802 标准的产品包括网卡、桥接器、路由器以及其他一些用来建立局域网络的组件。IEEE 802 标准之间的关系如图 5-2 所示。

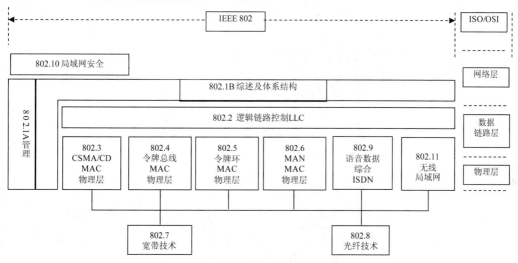

图 5-2　IEEE 802 标准之间的关系图

5.1.3　介质访问控制方法

局域网中多个站点共享一条物理信道，在某一时间片内只允许一个站点发送数据。工作时，共享信道上多个站点同时发送数据就会造成冲突（Collision），这种情况又称为碰撞。介质访问控制方法就是解决当局域网中多个站点共享传输介质产生竞争时，如何分配传输介质的使用权问题来解决冲突或者避免冲突。局域网针对不同的网络拓扑结构和传输介质，需要采用不同的介质访问控制方法。这也是局域网最具个性的重要方面。

局域网中目前广泛采用的两类介质访问控制方法，分别是：

（1）争用型介质访问控制，又称随机型的介质访问控制协议，如带有冲突检测的载波侦听多路访问控制法（CSMA/CD）。

（2）确定型介质访问控制，又称有序的访问控制协议，如令牌环访问控制法（Token Ring）和令牌总线访问控制法（Token Bus）。

1. CSMA/CD

最早的 CSMA 方法起源于美国夏威夷大学的 ALOHA 广播分组网络，1980 年美国 DEC、Intel 和 Xerox 公司联合宣布 Ethernet 网采用 CSMA 技术，并增加了检测冲突功能，称之为 CSMA/CD。这种方式适用于总线和树状拓扑结构，主要解决如何共享一条公用广播传输介质。

顾名思义，可以从 3 点来理解 CSMA/CD：

第 5 章　局域网技术

（1）CS：载波侦听，是指每个站在发送数据之前先要检测一下总线上是否有其他计算机在发送数据，如果有，则暂时不要发送数据，以免发生碰撞。

（2）MA：多址访问，表示许多计算机以多点接入的方式连接在一根总线上。

（3）CD：冲突检测，就是计算机边发送数据边检测信道上的信号电压大小。当几个站同时在总线上发送数据时，总线上的信号电压摆动值将会增大（互相叠加）。当一个站检测到的信号电压摆动值超过一定的门限值时，就认为总线上至少有两个站同时在发送数据，表明产生了冲突。

其工作原理是：在网络中，任何一个工作站在发送信息前，要侦听一下网络中有无其他工作站在发送信号，如无则立即发送，如有则信道被占用，此工作站要等一段时间再争取发送权。等待时间可由两种方法确定，一种是某工作站检测到信道被占用后，继续检测，直到信道出现空闲。另一种是检测到信道被占用后，等待一个随机时间进行检测，直到信道出现空闲后再发送。工作原理如图 5-3 所示。

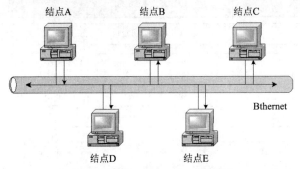

图 5-3　CSMA/CD 的工作过程

由于网络中所有结点都可以利用总线发送数据，且网络中没有控制中心，发生冲突的情况是不可避免的。而 CSMA/CD 方法可以有效地控制多结点对共享总线的访问，方法简单并且容易实现。图 5-4 描述了采用 CSMA/CD 方法的总线局域网的工作流程，其发送流程可以简单地概括为：先听后发，边发边听，冲突停发，延迟后重发。

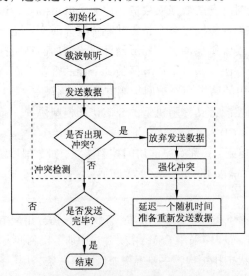

图 5-4　CSMA/CD 的工作过程

CSMA/CD 要解决的另一个主要问题是如何检测冲突。当网络处于空闲的某一瞬间，有两个或两个以上工作站要同时发送信息，这时，同步发送的信号就会引起冲突，现由 IEEE 802.3 标准确定的 CSMA/CD 检测冲突的方法是：当一个工作站开始占用信道发送信息时，使用碰撞检测器继续对网络检测一段时间，即一边发送，一边监听，把发送的信息与监听的信息进行比较，如结果一致，则说明发送正常，抢占总线成功，可继续发送。如结果不一致，则说明有冲突，应立即停止发送。等待一段时间后，再重复上述过程进行发送。

CSMA/CD 控制方法的优点：原理比较简单，技术上易实现，网络中各工作站处于平等地位，无须集中控制，不提供优先级控制。网络在结点比较少、负载比较轻的情况下效率较高。

CSMA/CD 控制方法的缺点：CSMA/CD 可以发现冲突，但是没有先知的冲突检测和阻止功能，不能避免冲突，只能缓解冲突，每个站在发送数据之后的一小段时间内，存在着遭遇碰撞的可能性。这种发送的不确定性使整个以太网的平均通信量远小于以太网的最高数据率。随着网络结点数量的增加，数据传输信息量加大，即网络负载增大时，冲突概率大涨，发送时间增长，发送效率就会急剧下降。

2. 令牌环

令牌环只适用于环状拓扑结构的局域网。其主要原理是：使用一个称之为"令牌"的控制标志（令牌是一个二进制数的字节，它由"空闲"与"忙"两种编码标志来实现，既无目的地址，也无源地址），当无信息在环上传送时，令牌处于"空闲"状态，它沿环从一个工作站到另一个工作站不停地进行传递。当某一工作站准备发送信息时，就必须等待，直到检测并捕获到经过该站的令牌为止，然后将令牌的控制标志从"空闲"状态改变为"忙"状态，并发送出一帧信息。其他的工作站随时检测经过本站的帧，当发送的帧目的地址与本站地址相符时，就接收该帧，待复制完毕再转发此帧，直到该帧沿环一周返回发送站，且发送站收到接收站的肯定应答信息时，才将发送的帧信息进行清除，并使令牌标志又处于"空闲"状态，继续插入环中。当另一个新的工作站需要发送数据时，按前述过程，检测到令牌，修改状态，把信息装配成帧，进行新一轮的发送，如图 5-5 所示。

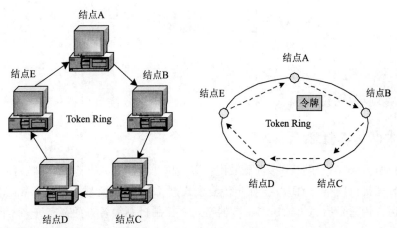

图 5-5　令牌环

令牌环控制方法的优点：它能提供优先权服务；和 CSMA/CD 网络不同，令牌环网具有确定性，能完全避免冲突，这意味着任意终端站能够在传输之前计算出最大等待时间，相对具有很强的实时性，在重负载环路中，"令牌"以循环方式工作，效率较高。

令牌环控制方法的缺点：控制电路较复杂，实现比较困难。令牌容易丢失，环维护复杂。

3. 令牌总线

令牌总线（Token Bus）主要用于总线或树状网络结构的物理网络中。它的访问控制方式类似于令牌环，但它是把总线或树状网络中的各个工作站按一定顺序（如按接口地址大小排序）形成一个逻辑环。从物理连接上看它是总线结构的局域网，但逻辑上是环状拓扑结构。IEEE 802.4 标准定义了总线拓扑的令牌总线介质访问控制方法与相应的物理规范。

令牌总线工作原理如图 5-6 所示，只有令牌持有者才能控制总线，才有使用总线发送信息的权力。连接到总线上的所有结点组成了一个逻辑环，每个结点被赋予一个顺序的逻辑位置。和令牌环一样，结点只有取得令牌才能发送帧，令牌在逻辑环上依次传递。在正常运行时，当某个结点发送完数据后，就要将令牌传送给下一个结点。信息是双向传送，每个站都可检测到其他站点发出的信息。在令牌传递时，都要加上目的地址，所以只有检测到并得到令牌的工作站，才能发送信息，它不同于 CSMA/CD 方式，可在总线和树状结构中避免冲突。

令牌总线控制方法的优点：各工作站对介质的共享权力是均等的，可以设置优先级，也可以不设；有较好的吞吐能力，吞吐量随数据传输速率增高而加大，联网距离较 CSMA/CD 方式大。

令牌总线控制方法的缺点：网络管理较复杂，成本高，网络必须有初始化的功能，以生成一个顺序访问的次序；轻负载时，线路传输效率低。

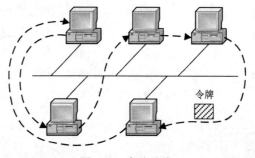

图 5-6 令牌总线

5.2 以太网概述

5.2.1 以太网基本概念

IEEE 802 标准委员会定义了多种局域网：以太网（Ethernet）、令牌环网（Token Ring）、光纤分布式数据接口网络（FDDI）、异步传输模式网（ATM）、无线局域网（WLAN）等。它们在拓扑结构、传输介质、传输速率、数据格式、控制机制等各方面都有许多不同。其中以太网最早是由 Xerox 公司创建，在 Xerox、Intel 和 DEC 公司联合开发和推动下形成的基带局域网规范，当时命名为 Ethernet。

1972 年，罗伯特•梅特卡夫（Robert Metcalfe）和施乐公司帕洛阿尔托研究中心（Xerox PARC）的同事们研制出了世界上第一套实验型的以太网系统，用来实现 Xerox Alto（一种具有图形用户界面的个人工作站）之间的互连，这种实验型的以太网用于 Alto 工作站、服务器以及激光打印机之间的互连，其数据传输率达到了 2.94 Mbit/s。

梅特卡夫发明的这套实验型的网络当时被称为 Alto Aloha 网。1973 年，梅特卡夫将其命名为以太网，并指出这一系统除了支持 Alto 工作站外，还可以支持任何类型的计算机，而且整个网络结构已经超越了 Aloha 系统。他选择"以太"（Ether）这一名词作为描述这一网络的特征：物理介质（比如电缆）将比特流传输到各个站点，就像古老的"以太理论"（Luminiferous ether）所阐述的那样，古代的"以太理论"认为"以太"通过电磁波充满了整个空间。就这样，以太网诞生了。

以太网标准是一个古老而又充满活力的标准。随着以太网带宽的不断提高和可靠性的不断提升，令牌环网和光纤分布式数据接口网络的优势已不复存在，渐渐退出了局域网领域。而以太网由于其简单、开放、易于实现和部署等特点被广泛应用，迅速成为局域网领域中最著名、使用最为广泛的技术。经历了几十年的风风雨雨，目前以太网技术作为局域网数据链路层标准战胜了其他各类局域网，成为局域网事现实中的标准。以太网标准 IEEE 802.3 就是参照以太网的技术标准建立的，两者基本兼容。

以太网与局域网的区别与联系：

局域网包含以太网、令牌环网、光纤分布式数据接口网络、无线局域网等各种不同种类的局域网。

以太网只是多种局域网其中的一种，只是由于目前大多数的局域网是以太网，所以一般说局域网，大家都默认为以太网。

正是由于以太网的成功推广，才使得它支持的 TCP/IP 协议成为虽然不是标准但是却比标准应用更广泛的实际标准。

5.2.2　以太网的发展历程

以太网从诞生至今，已经经历了 40 多年，以太网的发展历程如表 5-1 所示。

表 5-1　以太网的发展历程

时　　间	事　　件	速　　率
1973 年	Metcalfe 博士在施乐实验室发明了以太网，并开始进行以太网拓扑的研究工作	2.94 Mbit/s
1980 年	DEC、Intel 和施乐联手发布 10Mbit/s DIX 以太网标准提议	10 Mbit/s
1983 年	IEEE 802.3 工作组发布 10BASE-5 "粗缆"以太网标准，这是最早的以太网标准	10 Mbit/s
1986 年	IEEE 802.3 工作组发布 10BASE-2 "细缆"以太网标准	10 Mbit/s
1991 年	加入了无屏蔽双绞线(UTP)，称为 10BASE-T 标准	10 Mbit/s
1995 年	IEEE 通过 802.3u 标准	100 Mbit/s
1998 年	IEEE 通过 802.3z 标准（集中制定使用光纤和对称屏蔽铜缆的千兆以太网标准）	1 000 Mbit/s
1999 年	IEEE 通过 802.3ab 标准（集中解决用五类线构造千兆以太网的标准）	1 000 Mbit/s
2002 年	IEEE 802.3ae 10 Gbit/s 以太网标准发布	10 Gbit/s

其中，10 Mbit/s 以太网曾经代表着一个局域网时代，是以太网技术应用的过去式；以太网技术应用现在式是快速以太网、千兆以太网为代表的时代，这个时代以太网开始突破了原

有 LAN 应用局限性，并被广泛地应用于运营商城域网中；以太网技术应用将来式，也是以太网开始迈向广域网的应用时代，包括 10 Gbit/s 以太网，以及更高速率（40 Gbit/s）以太网。按照不同时期以太网的不同速率，可以把以太网分为以下几个类型。

1. 20 世纪 80 年代：标准以太网（10 Mbit/s）

初期的以太网是用铜轴电缆作为总线拓扑网络的连接介质。数据通信速率为 10 Mbit/s。但用铜轴电缆铺设布线时，不方便，特别是使用粗铜轴电缆的情况。

20 世纪 80 年代后期，由 IEEE 制定了一种称为 10Base-T 的新型以太网（标准以太网）标准。使用普通电话接线用的 UTP（非屏蔽绞线对）电缆进行布线，因而从某种程度上改变了这种现象。自 10Base-T 以太网出现以来，虽然从集线器到结点设备的接线距离在 100 m 以内，但是由于它的电缆布线和建筑物内的电话布线相兼容，并且安装和拆除结点设备很方便，所以很快得到普及应用。

2. 20 世纪 90 年代中期：快速以太网（100 Mbit/s）

在传统的以太网普及后的许多年内，由于当时的计算机运算速度非常慢，并且信息吞吐量不大，因此具有 10 Mbit/s 通信速率的传统以太网可以较好地适应计算机在局域网中的通信要求。但是从 20 世纪 90 年代初以来，由于计算机运算速度大幅提高，局域网中计算机数量不断增加，网络中大型文件、多媒体文件频繁传输，使得 10 Mbit/s 速率传统以太网出现了网络过载和网络瘫痪的现象。这些情况对于传统的以太网来说是无法解决，从而需要寻求新的技术以提高 LAN 性能。

在 20 世纪 90 年代中期，被称为快速以太网（100 Mbit/s）的技术作为一项标准被提出，并迅速被那些看到市场对更高性能网络需求的企业所接受。数据传输速率为 100 Mbit/s 的快速以太网是一种高速局域网技术，能够为桌面用户以及服务器或者服务器集群等提供更高的网络带宽。

100Base-T 的快速以太网设计标准和传统标准以太网 10Base-T 设计标准相类似，但是快速以太网的网络布线是使用第 5 类 UTP（10Base-T 可以使用第 3 类 UTP）。并且还使用 100Base-T 的网络接口卡（网卡）。由于 100Base-T 具有 10 倍于 10Base-T 的带宽，因此在相同的时间间隔内，100Base-T 网络能够传送 10 倍于 10Base-T 网络所能传送的数据量。所以使用快速以太网虽然增加 2~3 倍的投资，但可以得出 10 倍于传统以太网的性能。

由于快速以太网提高以太网的原生带宽，所以在任何环境下，即便不使用交换机，快速以太网使得网络的原生带宽达到 100 Mbit/s，它特别适用在时常出现突发通信和急需传送大型数据文件的应用环境中使用。另外，快速以太网的互换操作性好，具有广泛的软硬件支持，可以使用铜线、电缆和各种光纤等不同的传输介质。这些特性，使得快速以太网为城域网建设提供了很好的解决方案。

3. 20 世纪 90 年代中后期：千兆以太网（1 000 Mbit/s）

到了 1996 年，千兆以太网的产品开始上市。由于它仍使用 CSMA/CD 协议并与现有的以太网相兼容，随后千兆以太网的网络标准迅速被建立，千兆以太网的出现，再一次给人们带来了希望。

千兆以太网更显著地提高了传统以太网的原生带宽，是后者的 100 倍，此外，它具备以下特点：

（1）简易性：千兆以太网继承了以太网、快速以太网的简易性，因此其技术原理、安装实施和管理维护都很简单。

（2）扩展性：由于千兆以太网采用了以太网、快速以太网的基本技术，因此由 10Base-T、100Base-T 升级到千兆以太网非常容易。

（3）可靠性：由于千兆以太网保持了以太网、快速以太网的安装维护方法，采用星状网络结构，因此网络具有很高的可靠性。

（4）经济性：由于千兆以太网是 10Base-T 和 100Base-T 的继承和发展，一方面降低了研究成本，另一方面由于 10Base-T 和 100Base-T 的广泛应用，作为其升级产品，千兆以太网的大量应用只是时间问题，为了争夺千兆以太网这个巨大市场，几乎所有著名网络公司都生产千兆以太网产品，因此其价格将会逐渐下降。千兆以太网与 ATM 等宽带网络技术相比，其价格优势非常明显。

（5）可管理维护性：千兆以太网采用基于简单网络管理协议（SNMP）和远程网络监视（RMON）等网络管理技术，许多厂商开发了大量的网络管理软件，使千兆以太网的集中管理和维护非常简便。

（6）广泛应用性：千兆以太网为局域主干网和城域主干网（借助单模光纤和光收发器）提供了一种高性能价格比的宽带传输交换平台，使得许多宽带应用能施展其魅力。例如，在千兆以太网上开展视频点播业务和虚拟电子商务等。

4. 2002 年以后：万兆以太网（10 Gbit/s）

万兆以太网技术与千兆以太网类似，仍然保留了以太网帧结构。通过不同的编码方式或波分复用提供 10 Gbit/s 传输速度。所以就其本质而言，10 Gbit/s 以太网仍是以太网的一种类型。

10 Gbit/s 以太网于 2002 年 6 月在 IEEE 通过。10 Gbit/s 以太网包括 10GBase-X、10GBase-R 和 10GBase-W。10GBase-X 使用一种特紧凑包装，含有 1 个较简单的 WDM 器件、4 个接收器和 4 个在 1300 nm 波长附近以大约 25 nm 为间隔工作的激光器，每一对发送器/接收器在 3.125 Gbit/s 速度（数据流速度为 2.5Gbit/s）下工作。10GBASE-R 是一种使用 64B/66B 编码（不是在千兆以太网中所用的 8B/10B）的串行接口，数据流为 10 Gbit/s，因而产生的时钟速率为 10.3 Gbit/s。10GBase-W 是广域网接口，与 SONET OC-192 兼容，其时钟为 9.953 Gbit/s，数据流为 9.585 Gbit/s。

万兆以太网的特性如下：

（1）万兆以太网不再支持半双工数据传输，所有数据传输都以全双工方式进行，这不仅极大地扩展了网络的覆盖区域（交换网络的传输距离只受光纤所能到达距离的限制），而且使标准得以大大简化。

（2）为使万兆以太网不但能以更优的性能为企业主干网服务，更重要的是从根本上对广域网以及其他长距离网络应用提供最佳支持，尤其是还要与现存的大量 SONET 网络兼容，该标准对物理层进行了重新定义。新标准的物理层分为两部分，分别为 LAN 物理层和 WAN 物理层。LAN 物理层提供了现在正广泛应用的以太网接口，传输速率为 10G；WAN 物理层则提供了与 OC-192c 和 SDH VC-4-64c 相兼容的接口，传输速率为 9.58 Gbit/s。与 SONET 不同的是，运行在 SONET 上的万兆以太网依然以异步方式工作。WIS（WAN 接口子层）将万兆以太网流量映射到 SONET 的 STS-192c 帧中，通过调整数据包间的间距，使 OC-192c 的略低的数据传输率与万兆以太网相匹配。

（3）万兆以太网有 5 种物理接口。千兆以太网的物理层每发送 8 bit 的数据要用 10 bit 组成编码数据段，网络带宽的利用率只有 80%；万兆以太网则每发送 64 bit 只用 66bit 组成编码数据段，比特利用率达 97%。虽然这是牺牲了纠错位和恢复位而换取的，但万兆以太网采用了更先进的纠错和恢复技术，确保数据传输的可靠性。新标准的物理层可进一步细分为 5 种具体的接口，分别为 1550 nm LAN 接口、1310 nm 宽频波分复用（WWDM）LAN 接口、850 nm LAN 接口、1550 nm WAN 接口和 1310 nm WAN 接口。每种接口都有其对应的最适宜的传输介质。850 nm LAN 接口适于用在 50/125 μm 多模光纤上，最大传输距离为 65 m。50/125 μm 多模光纤现在已用得不多，但由于这种光纤制造容易，价格便宜，所以用来连接服务器比较划算。1310 nm 宽频波分复用（WWDM）LAN 接口适于用在 62.5/125 μm 的多模光纤上，传输距离为 300 m。62.5/125 μm 的多模光纤又称 FDDI 光纤，是目前企业使用得最广泛的多模光纤，从 20 世纪 80 年代末 90 年代初开始在网络界大行其道。1550 nm WAN 接口和 1310 nm WAN 接口适于在单模光纤上进行长距离的城域网和广域网数据传输，1310 nm WAN 接口支持的传输距离为 10 km，1550 nm WAN 接口支持的传输距离为 40 km。

5.2.3 以太网常见传输介质和接口

以太网是相对较小范围通过线缆将网络结点设备互连起来的局域网。

1. 以太网常用传输介质

常用的以太网传输介质有铜轴电缆、双绞线、光纤等。目前铜轴电缆已经基本不使用了。这几种有线传输介质在第 2 章已做过详细介绍。

2. 以太网常用接口

与传输线缆相对应，以太网常用接口也有如下多种类型。

1）铜轴电缆接口

BNC（基本网络卡）接口是一种用于铜轴电缆的连接器。早期，以太网或者令牌网就是用图 5-7 所示的 BNC T 型接头连接网卡和细铜轴电缆的。当时的网卡也是 BNC 接口，目前已经很少见了，主要因为用细铜轴电缆作为传输介质的网络较少。

BNC 连接头   BNC T 型连接头

图 5-7　BNC 接口

2）双绞线接口

RJ-45 接口是我们现在最常见的连接双绞线和网络设备的接口，俗称"水晶头"，专业术语为 RJ-45 连接器，属于双绞线以太网接口类型，如图 5-8 所示。RJ-45 插头只能沿固定方向插入，设有一个塑料弹片与 RJ-45 插槽卡住以防止脱落。这种接口在 10Base-T 以太网、

100Base-TX 以太网、1000Base-TX 以太网中都可以使用，传输介质都是双绞线，不过根据带宽的不同对介质也有不同的要求，特别是 1000Base-TX 千兆以太网连接时，至少要使用超五类线，要保证稳定高速的话还要使用六类线。

现行的 RJ-45 接线标准有 T568A 和 T568B 两种。

这里要与 RJ-11 区分一下：RJ-45 是 8 根接触针，8 个引脚，8 个小槽，俗称 8P8C。RJ-11 是 6 个小槽或者 4 个小槽，但 6 个小槽或者 4 个小槽里面有时 6 根接触针，6 个引脚，有时是 4 根接触针，4 个引脚或者 2 根接触针。通常计算机上使用的网线接头就是 RJ-45 的接口，而电话线接头就是 RJ-11 的接口，如图 5-9 所示。

图 5-8　RJ-45 连接器

图 5-9　RJ-11 连接器

3）光纤连接器和光模块

光纤连接器是光纤与光纤之间进行可拆卸连接的器件，它是把光纤的两个端面精密对接起来，以使发射光纤输出的光能量能最大限度地耦合到接收光纤中去，并使由于其介入光链路而对系统造成的影响减到最小，这是光纤连接器的基本要求。在一定程度上，光纤连接器也影响了光传输系统的可靠性和各项性能。

光纤连接器按传输媒介的不同可分为常见的硅基光纤的单模、多模连接器，还有其他如以塑胶等为传输媒介的光纤连接器；按连接头结构形式可分为：FC、SC、ST、LC、D4、DIN、MU、MT 等等各种形式，如图 5-10 所示。其中，ST 连接器通常用于布线设备端，如光纤配线架、光纤模块等；而 SC、LC 和 MT 连接器通常用于网络设备端。按光纤端面形状分有 FC、PC（包括 SPC 或 UPC）和 APC；按光纤芯数划分还有单芯和多芯（如 MT-RJ）之分。光纤连接器应用广泛，品种繁多。在实际应用过程中，我们一般按照光纤连接器结构的不同来加以区分。以下是一些目前比较常见的光纤连接器：

图 5-10　常见光纤连接器

FC 型光纤连接器：这种连接器最早是由日本 NTT 公司研制。最早，FC 类型的连接器，采用的陶瓷插针的对接端面是平面接触方式（FC）。此类连接器结构简单，操作方便，制作容易，但光纤端面对微尘较为敏感，且容易产生菲涅尔反射，提高回波损耗性能较为困难。后来，对该类型连接器做了改进，采用对接端面呈球面的插针（PC），而外部结构没有改变，使得插入损耗和回波损耗性能有了较大幅度的提高。FC 外部加强方式是采用金属套，紧固方式为螺丝扣。FC 型光纤连接器一般在 ODF 侧采用，配线架上用得最多。

ST 型光纤连接器：这是一种由日本 NTT 公司开发的光纤连接器。其外壳呈矩形，所采用的插针与耦合套筒的结构尺寸与 FC 型完全相同。其中插针的端面多采用 PC 或 APC 型研磨方式；紧固方式是插拔销闩式，无须旋转。此类连接器价格低廉，插拔操作方便，介入损耗波动小，抗压强度较高，安装密度高。ST 连接器的外壳呈圆形，芯外露，紧固方式为螺丝扣。对于 10Base-F 连接来说，连接器通常是 ST 类型，常用于光纤配线架。

SC 型光纤连接器：这也是一种由日本 NTT 公司开发的光纤连接器。连接 GBIC 光模块的 SC 连接器，它的外壳呈矩形，芯在接头里面，紧固方式是插拔销闩式，不须旋转。对于 100Base-FX 来说，连接器大部分情况下为 SC 类型的，路由器交换机上用的最多。

LC 型光纤连接器：LC 型连接器是著名 Bell（贝尔）研究所研究开发出来的，采用操作方便的模块化插孔（RJ）闩锁机理制成。其所采用的插针和套筒的尺寸是普通 SC、FC 等所用尺寸的一半，为 1.25 mm。这样可以提高光纤配线架中光纤连接器的密度。目前，在单模 SFF 方面，LC 类型的连接器实际已经占据了主导地位，在多模方面的应用也增长迅速。LC 型光纤连接器常用于路由器。

MT-RJ 型光纤连接器：MT-RJ 起步于 NTT 开发的 MT 连接器，带有与 RJ-45 型 LAN 电连接器相同的闩锁机构，通过安装于小型套管两侧的导向销对准光纤，为便于与光收发信机相连，连接器端面光纤为双芯（间隔 0.75mm）排列设计，是主要用于数据传输的下一代高密度光纤连接器。

光模块（Optical Module）由光电子器件、功能电路和光接口等组成，光电子器件包括发射和接收两部分。简单地说，光模块的作用就是光电转换，发送端把电信号转换成光信号，通过光纤传送后，接收端再把光信号转换成电信号。

常见的光纤模块有两种，一是 GBIC 光模块，另一个是 SFP 光模块。如图 5-11 所示。

GBIC 光模块：GBIC 是 Giga Bitrate Interface Converter 的缩写，是将千兆位电信号转换为光信号的接口器件。GBIC 设计上可以为热插拔使用，是一种符合国际标准的可互换产品。采用 GBIC 接口设计的千兆位交换机由于互换灵活，在市场上占有较大的市场份额。这种通用的、低成本的千兆以太网堆叠模块，可提供 Cisco 交换机间的高速连接，既可建立高密度端口的堆叠，又可实现与服务器或千兆位主干的连接，为快速以太网向千兆以太网的过渡，提供了廉价的、高性能的选择方案。此外，借助于光纤，还可实现与远程高速主干网络的连接。

SFP 光模块：SFP 是 Small Form Pluggable（小型可插拔）的缩写，SFP 光模块体积只有大拇指大小，相比于 GBIC 模块要小一半，是 GBIC 光模块的升级版，在相同的面板上配置多出一倍以上的端口数量，适应于高密度端口数而设计的，端口速率从 100 Mbit/s 到 2.5 Gbit/s 不等。SFP 也支持热插拔。

GBIC 光模块　　　　　　　　　　SFP 光模块

图 5-11　常见光模块

不是经常接触光纤的人可能会误以为 GBIC 和 SFP 光模块的光纤连接器是同一种，其实不是的。SFP 模块接 LC 光纤连接器，而 GBIC 接的是 SC 或 ST 光纤连接器。

5.3 以太网工作原理

5.3.1 常用术语

要理解以太网的工作原理，先要理解以太网中存在的一些常用概念。这里我们介绍数据通信模式：单播、广播和组播，以及冲突域和广播域。

1. 单播、广播和组播

1）单播

单播（Unicast）是"一对一"的通信模式。网络结点之间的通信就好像是人们之间的对话，如果一个人对另外一个人说话，那么用网络技术的术语来描述就是"单播"，此时信息的接收和传递只在两个结点之间进行。

采用单播方式是，系统为一个单独的发送者和一个接收者之间建立一条数据传送通路，发动一份独立的副本信息。单播在网络中得到了广泛的应用，网络上绝大部分的数据都是以单播的形式传输的，只是一般网络用户不知道而已。例如，你在收发电子邮件、浏览网页时，必须与邮件服务器、Web 服务器建立连接，此时使用的就是单播数据传输方式。

由于网络中传输的信息量和需求该信息的用户量成正比，因此当需求该信息的用户量庞大时，网络中也会有多份相同信息的副本，增大网络负担。单播不适合信息规模化发送。

2）广播

广播（Broadcast）是"一对所有"的通信模式。网络对其中每一台主机发出的信号都进行无条件复制并转发，所有主机都可以接收到所有信息（不管你是否需要），由于其不用路径选择，所以其网络成本可以很低廉，但是安全性得不到保障。

有线电视网就是典型的广播型网络，我们的电视机实际上接收了所有频道的信号，但只将一个频道的信号还原成画面。在数据网络中也允许广播的存在，但其被限制在二层交换机的局域网范围内，禁止广播数据穿过路由器，防止广播数据影响大面积的主机。

广播有两类：定向广播和有限广播。

（1）定向广播是将数据包发送到本网络之外的特定网络所有主机，定向广播的目的地址是定向网络的广播地址，如当前网络为 192.168.0.0/24,要向 192.168.1.0/24 的网络发送定向广播，那么定向广播的目的地址是 192.168.1.255。可以配置路由器让其转发定向广播。

（2）有限广播是将数据包发送到本地网络的所有主机，有限广播使用的目的地址是:255.255.255.255. 路由器不转发此广播。

总之，广播就在我们身边。下面是一些常见的广播通信：

ARP 请求：建立 IP 地址和 MAC 地址的映射关系。

RIP：一种路由协议。

DHCP：用于自动设定 IP 地址的协议。

NetBEUI：Windows 下使用的网络协议。

IPX：Novell NetWare 使用的网络协议。

Apple Talk：苹果公司的 Macintosh 计算机使用的网络协议。

3）组播

如同上个例子，当有多台主机想要接收相同的报文，广播采用的方式是把报文传送到局域网内每个主机上，不管这个主机是否对报文感兴趣。这样做就会造成带宽的浪费和主机的资源浪费。

组播（Multicast）是"一对一组"的通信模式。组播有一套对组员和组之间关系维护的机制，可以明确地知道在某个子网中，是否有主机对这类组播报文感兴趣，把要接收报文的主机加入到同一个组。组播的"一对一组"的模式，就是加入了同一个组的主机可以接收到此组内的所有数据，网络中的交换机和路由器只向组内成员复制并转发其所需数据。而不在这一组的主机就不会接收到此组内主机发出的组播的报文，并会通知上游路由器不要再转发这类报文到下游路由器上。主机也可以向路由器请求加入或退出某个组，网络中的路由器和交换机有选择地复制并传输数据，即只将组内数据传输给那些加入组的主机。这样既能一次将数据传输给多个有需要（加入组）的主机，又能保证不影响其他不需要（未加入组）的主机的其他通信。

组播与单播相比，提高了发送数据包的效率；与广播相比，减少了网络流量。但要实现组播，需要在接收组播的客户机上安装相应的客户端程序。。

简单总结这三类数据通信模式：单播是单台设备与单台设备之间的通信，广播是单台设备向网络中所有主机发送数据，而组播是向指定的一组主机发送数据。

2. 冲突域和广播域

1）冲突域

如果一个区域中的任一个结点可以收到所在区域内其他任一结点发出的任一数据帧，那么该区域就是一个冲突域（Collision Domain）。

冲突域通常是连接在同一导线上的所有工作站的集合，即同一物理网段上所有结点的集合或以太网上竞争同一带宽的结点集合。这个域代表了冲突在其中发生并传播的区域，这个区域可以被认为是共享段。

在 OSI 模型中，冲突域被看作是第一层的概念，连接同一冲突域的设备有集线器（Hub）、中继器（Repeater）或者其他进行简单复制信号的设备。也就是说，用 Hub 或者 Repeater 连接的所有结点可以被认为是在同一个冲突域内，它不会划分冲突域。而第二层设备（网桥，交换机）和第三层设备（路由器）都可以划分冲突域的，当然也可以连接不同的冲突域。简单地说，可以将 Repeater 等看成是一根电缆，而将网桥等看成是一束电缆。

2）广播域

如果一个区域中的任一个结点可以收到所在区域内其他任一结点发出的广播数据帧，那么该区域就是一个广播域（Broadcast Domain）。

换言之，广播域就是说如果站点发出一个广播信号后能接收到这个信号的范围。通常来说一个局域网就是一个广播域。例如：在该集合中的任何一个结点传输一个广播帧，则所有其他能收到这个帧的结点都被认为是该广播域的一部分。

广播域被认为是 OSI 中的第二层概念，所以像 Hub 和交换机等第一、第二层设备连接的结点被认为都是在同一个广播域。而路由器、第三层交换机则一般不转发广播，可以划分和定义广播域，即可以连接不同的广播域。

广播域内所有的设备都必须监听所有的广播包，如果广播域太大了，用户的带宽就小了，并且需要处理更多的广播，所以如果不维护，就会消耗大量的带宽，网络响应时间将会长到让人无法容忍的地步。

由于网络拓扑的设计和连接问题，或其他原因导致广播在网段内大量复制，传播数据帧，导致网络性能下降，甚至网络瘫痪，这就是广播风暴。

网络互连设备可以将网络划分为不同的冲突域、广播域。但是，由于不同的网络互连设备可能工作在 OSI 模型的不同层次上。因此，它们划分冲突域、广播域的效果也就各不相同。如中继器工作在物理层，网桥和交换机工作在数据链路层，路由器工作在网络层。通过不同设备可以定义和连接不同的冲突域和广播域，边界如图 5-12 所示。一个集线器就是一个冲突域和一个广播域；一个交换机的每个端口是一个冲突域，一个交换机的所有端口形成一个广播域；一个路由器的每一个端口都是一个冲突域和一个广播域。可以看出，交换机或网桥能划分冲突域；路由器作为一种特殊的交换机，除了能划分冲突域之外还可以划分广播域；而集线器，什么都不划分。集线器、交换机和路由器的工作原理在后面会详细介绍。

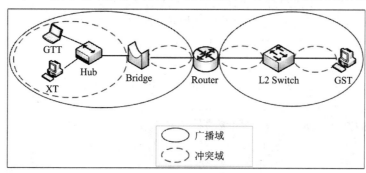

图 5-12　冲突域与广播域的界定

5.3.2　MAC 地址

世界上每一个网卡都有一个全球唯一的编码作为网卡地址，通常被称为物理地址，也被称为介质访问控制地址，即 MAC 地址。形象地说，MAC 地址就如同我们身份证上的身份证号码，具有全球唯一性。

MAC 地址对应于 OSI 参考模型的第二层数据链路层，如果没有 MAC 地址，数据在网络中根本无法传输，局域网也就失去了存在的意义。局域网的数据链路层的介质访问控制子层（MAC）就是通过 MAC 地址来完成物理地址寻址的，实现局域网通信。

MAC 地址是网卡决定的，生产厂家在生产网卡的时候固定在网卡的 ROM 芯片内。MAC 地址的长度是 48 比特，6 个字节，这 6 字节通常被表示为 12 位的点分十六进制数。

MAC 地址的组成如图 5-13 所示，48 位分为前 24 位和后 24 位：

前 24 位称为组织唯一标志符（Organizationally Unique Identifier，OUI），是由 IEEE 的注册管理机构给不同厂家分配的代码，区分了不同的厂家。例如，00-60-2f 是思科公司的企业代码，而 00-e0-fc 是华为公司的企业代码。

后 24 位是由厂家自己分配的，称为扩展标识符。同一个厂家生产的网卡中 MAC 地址后24 位是不同的。

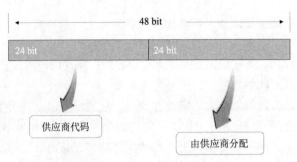

图 5-13　MAC 地址组成

例：00e0.fc39.8034

00e0.fc——IEEE 为厂商分配的供应商代码，这里可以看出网卡是华为公司生产。

39.8034——由供应商分配的地址编号。

从应用上，MAC 地址可以分为单播地址、组播地址、广播地址：

（1）单播地址：第 1 字节的最低位为 0，比如 0000.0ef3.0038，一般用于标识唯一物理地址；

（2）组播地址：第 1 字节的最低位为 1，比如 0100.5e00.0001，一般用于标识同属一组的多个物理地址；

（3）广播地址：所有 48 位全为 1，即 ffff.ffff.ffff，它用于标识同一网段中的所有物理地址。

在目的地址中，地址的第 8 位表明该帧将要发送给单个站点还是一组站点。在源地址中，第 8 位必须为 0，因为一个帧是不会从一组站点发出的。主机在发送数据前，需要把源 MAC 地址和目的 MAC 地址封装到帧报头中。当有数据到达目的主机时，网卡中有硬件比较器电路，将数据帧中的目标 MAC 地址与自己的 MAC 地址进行比较。只有两者相等的时候，网卡才抄收这数据帧。反之，则放弃该数据帧。

MAC 地址按生存期也可分为：

（1）动态 MAC 地址：交换机在网络中通过数据帧学习到，有老化时间，MAC 地址和端口的对应关系会随着设备所连交换机端口的变化而变化。交换机关电重启后会消失，需重新学习。

（2）静态 MAC 地址：通过配置产生，不会被老化，MAC 地址和端口的对应关系始终不变，但交换机关电重启后也会消失，需重新配置。

（3）永久 MAC 地址：通过配置产生，不会被老化，MAC 地址和端口的对应关系始终不变，且交换机关电重启后也不会消失。

在 Windows 机器上，可以单击"开始"->"运行"命令，输入"cmd"进入命令提示符窗口，输入"ipconfig/all"可以看到本机网卡的物理地址，即 MAC 地址。

5.3.3　以太网帧

MAC 地址是封装在帧结构中的。在不同的网上，数据帧是完全不一样的。在以太网中，数据帧的格式如图 5-14 所示。

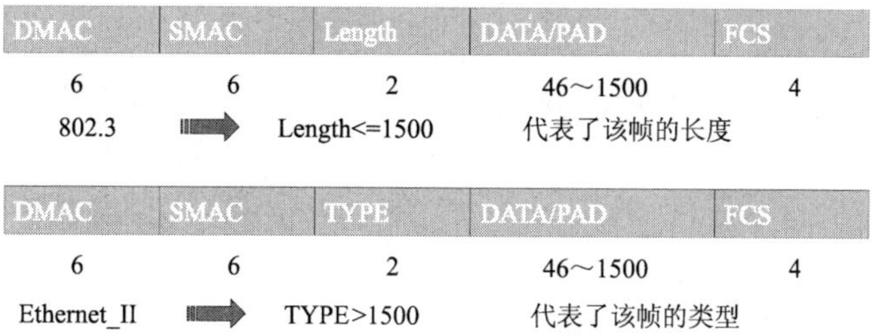

DMAC	SMAC	Length	DATA/PAD	FCS
6	6	2	46～1500	4

802.3 ➡ Length<=1500   代表了该帧的长度

DMAC	SMAC	TYPE	DATA/PAD	FCS
6	6	2	46～1500	4

Ethernet_II ➡ TYPE>1500   代表了该帧的类型

图 5-14　以太网帧结构

在这个图中，各字段含义如下：

DMAC 代表目的终端的 MAC 地址，长度为 6B。

SMAC 代表源 MAC 地址，长度为 6B。

LENGTH/TYPE 字段则根据值的不同有不同的含义：

（1）当 LENGHT/TYPE>1500 时，代表该数据帧的类型（比如上层协议类型），MAC 子层可以根据 LENGTY/TYPE 的值直接把数据帧提交给上层协议，这时候就没有必要实现 LLC 子层。这种结构便是目前比较流行的 ETHERNET_II，大部分计算机都支持这种结构。注意，这种结构下数据链路层可以不实现 LLC 子层，而仅仅包含一个 MAC 子层。

（2）当 LENGTH/TYPE<1500 时，代表该数据帧的长度。这种类型就是所谓的 ETHERNET_SNAP，是 IEEE 802.3 委员会制定的标准，目前应用不是很广泛。

DATA/PAD 则是上层封装下来的具体数据，因为以太网数据帧的最小长度必须不小于 64 B 字节（根据半双工模式下最大距离计算获得的），所以如果数据长度加上帧头不足 64 B，需要在数据部分增加填充内容。长度在 64~1 500 B 之间。

FCS 则是帧校验字段，来判断该数据帧是否出错。长度为 4 B。

5.3.4　共享式以太网

早期的传统以太网一般工作在共享方式下，属于共享式局域网，即传输介质作为各站点共享的资源。常见的共享式以太网常常共用一条铜轴电缆总线或使用集线器/中继器连接几台计算机，组建成一个小型规模的总线型局域网（集线器组建的以太网物理结构看起来是星状结构，其实逻辑结构是总线结构），如图 5-15 所示。

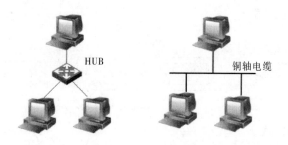

图 5-15　以太网帧结构

在使用共享式以太网时，会有这样的感觉：有时候网络快得如行云流水，有时候却慢似蜗牛爬行。为什么会有这样的现象呢？这就得了解共享式以太网的工作机制，共享式以太网主要通过集线器来连接多个主机，那么首先了解集线器这个设备。

1. 集线器

集线器（Hub）是一种共享介质的网络设备，可以看成一条内置的以太网总线，其工作原理非常简单。集线器采用广播的形式传输数据信号，当集线器从一个端口收到数据信号时，不管是单播还是广播，集线器对数据信号做一个整形放大处理（因信号在电缆传输中有衰减），便将放大的信号广播转发给其他所有端口，即当一台计算机准备向另外一台计算机发送数据帧时，实际上集线器把这个数据帧转发给了所有计算机。如图 5-16 所示，集线器连接起来的共享式以太网中任一结点都可以看到在网络中发送的所有信息，因此，我们说以太网是一种广播网络。

接收到信号的终端计算机再通过网卡把信号解封到数据链路层，验证数据帧头的目标 MAC 地址信息来确定是否接收。源计算机发送出的数据帧有一个报头，帧头中装着目标计算机的 MAC 地址，只有那台 MAC 地址与帧头中封装的目标 MAC 地址相同的计算机才接收数据帧。所以，尽管源计算机的数据帧被集线器转发给了所有计算机，但是，只有目标主机才会接收这个数据帧。

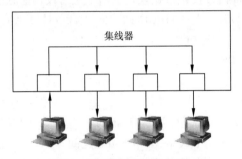

图 5-16　集线器工作原理

集线器对接收到的信号既不用进行解封也不用进行封装，工作在物理层，又称层一设备。如图 5-17 所示。

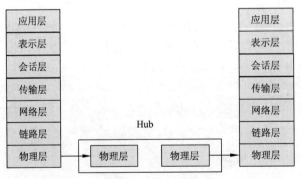

图 5-17　集线器 Hub 工作在物理层

2. 带宽竞争与带宽共享

在以太网中，数据都是以"以太帧"的形式传输的。共享式以太网是基于广播的方式来发送数据的，因为集线器工作在最底层物理层，不能将数据解封到数据链路层以识别以太帧，所以它就不知道从一个端口收到的帧应该转发到哪个端口，它只好把接收到的帧发送到除源端口以外的所有端口，这样网络上所有的主机都可以收到这些帧。

这就造成了只要网络上有一台计算机在发送帧，网络上所有其他的计算机都只能处于接收状态，无法发送数据。也就是说，集线器是一种半双工通信设备，在任何一时刻，所有的带宽只分配给了正在传送数据的那台计算机。举例来说，一台 100 Mbit/s 的集线器连接了 20 台计算机，表面上看起来这 20 台计算机能平均分配到 5 Mbit/s 带宽，但是实际上在任何一时刻只能有一台计算机在发送数据，100 Mbit/s 带宽都分配给它了，其他计算机只能处于等待状态。共享式以太网中某个时刻只有一台主机能分配到带宽用于发送数据，这样网络中所有结点主机之间就产生了"竞争"。这就好像千军万马过独木桥一样，谁能抢占先机，谁就能过去，否则就只能等待了。因此共享式以太网是一种基于"竞争"的网络技术，网络中的计算机将会"尽其所能"地"抢占"公共传输介质的带宽发送数据。这个角度上看，共享式以太网中的所有设备竞争带宽。

但是 100 Mbit/s 的集线器连接 20 台计算机，通常说每台计算机平均分配有 5 Mbit/s 带宽，不是指任何一时刻每台计算机都有 5 Mbit/s 带宽，而是指较长一段时间内的每台计算机获得的平均带宽。从这个角度上看，共享式以太网中的所有设备共享公共传输介质的带宽。

集线器上的所有端口争用一个共享信道的带宽，因此随着网络结点数量的增加，数据传输量的增大，每结点的平均可用带宽将随之减少。

3. 冲突检测和避免机制

无论是铜轴电缆还是集线器所连接起来的以太网，连接的所有设备都位于同一个冲突域。在这种基于竞争的以太网的冲突域中，只要共享传输介质空闲，任何一结点计算机均可占用带宽，发送数据。当两个计算机同时发现网络空闲，而同时发出数据时，那么就会产生冲突，这时两个传送操作都会遭到破坏，如图 5-18 所示。

共享式以太网采用带冲突检测的载波侦听多路访问（CSMA/CD）机制来检测、避免和减少冲突。让其中的一台计算机发出一个"通道拥挤"信号，这个信号将使冲突时间延长至该局域网上所有计算机均检测到此冲突。然后，两台发生冲突的计算机都将随机等待一段时间后再次尝试发送数据，减少再次发生数据碰撞的情况。CSMA/CD 的详细工作机制可见 5.1 节。

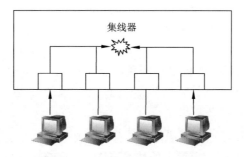

图 5-18　集线器通信发生冲突

集线器、中继器或者铜轴电缆连接起来的共享式以太网是一个冲突域，使用 CSMA/CD 机制虽然能有效地检测冲突并减少冲突，但是不能完全避免冲突。而且网络中的结点计算机越多，通信越繁忙，冲突的概率就越大。

如果网络中的用户较多时，发生冲突的几率将会增大。据实际经验，当网络的 10 分钟平均利用率超过 37% 以上，整个网络的性能将会急剧下降。因此，依据实际的工程经验，采用

100Mbit/s 集线器的站点不宜超过三四十台,否则很可能会导致网络速度非常缓慢。而 10Mbit/s 共享式以太网目前已不能满足网络通信的需求,因此很少使用了。

通过以上内容,我们了解了共享式以太网的工作机制。可以看出,共享式以太网搭建方法简单,实施成本低,适合用于小型网络。

但很显然,共享式以太网存在以下缺陷:

(1)所有设备在同一冲突域,如果网络结点多通信量大,容易导致冲突严重,造成网络堵塞,使得信道利用率低。

(2)所有设备在同一广播域,所发送的数据帧每个结点计算机都能侦听到,导致网络安全性差;且容易产生广播风暴。

(3)所有设备共享同一带宽,随着网络结点数量的增加,数据传输量的增大,每个结点能分配到带宽的概率下降,将导致系统数据传输率低下。

由于共享式以太网采用 CSMA/CD 机制,使得网络没有 QoS(服务质量)保障。"QoS"的意思是网络可以给每台主机分配指定的带宽,或者至少要达到某一带宽要求。在网络设计中,网络设备的选型具有决定性的意义。如果选型不当,很可能会导致网络性能达不到要求,或者造成网络设备的浪费。现在网络交换机的价格越来越低,与相同级别的集线器的价格相差不大,而性能上的差异却非常大,因此应尽可能地选购带宽独享的交换机,组建交换式以太网,以提高网络性能。

5.3.5　交换式以太网

早期的以太网设备如集线器是物理层设备,不能隔绝冲突扩散,限制了网络性能的提高。交换机或网桥作为一种能隔绝冲突的二层网络设备,极大地提高了以太网的性能。随着技术的快速更新,传统的共享式以太网早已过渡到如今的交换式以太网。

如今的交换机早已突破当年桥接设备的框架,不仅能完成二层转发,也能根据 IP 地址进行三层硬件转发,甚至还出现了工作在四层及更高层的交换机。交换式以太网是以交换机或网桥为中心构成的局域网,如图 5-19 所示。二层交换机带来了以太网技术的重大飞跃,彻底解决了困扰以太网的冲突问题,极大地改进了以太网的性能。

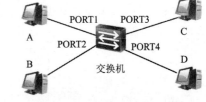

图 5-19　星状交换式以太网

这里我们主要介绍二层交换机组建的星状交换式以太网,连接在二层交换机上的计算机都拥有同一个网段的 IP 地址。

1. 二层交换机

交换机(Switch)是按照通信两端传输信息的需要,用人工或设备自动完成的方法把要传输的信息送到符合要求的相应路由上的技术统称。二层交换机是由网桥发展而来,是一种多端口的网桥(网桥是一个只有两个输入/出端口的链路层设备,而交换机一般有 16/24/48 个端口),是通过在其内部配置了大容量的交换式背板实现了高速的数据交换。从功能上来说,交换机和网桥相同,但是交换机的吞吐量更高,接口密度更大,每个接口成本更低,交换更为灵活。交换机渐渐替代了网桥和集线器,成为组建局域网的重要设备。

交换机工作在数据链路层,内部维护着一张计算机 MAC 地址和该地址所位于的交换机端口号的对应关系表,简称 MAC 地址表。这个 MAC 地址表存放于交换机的缓存中。图 5-19

的星状交换式以太网的交换机中就缓存了一张图 5-20 所示的 MAC 地址表。

MAC地址	所在端口
MAC A	1
MAC B	2
MAC C	3
MAC D	4

图 5-20　MAC 地址表示例

交换机接收到数据后需要把数据解封到数据链路层的数据帧结构，根据收到的数据帧中的"目的 MAC 地址"字段来转发数据帧，当然转发前也会使数据帧封装成物理层的比特流再发送；数据帧只会被发送到目的端口，而不会向所有端口发送，其他结点很难侦听到所发送的信息。这样在机器很多或数据量很大时，不容易造成网络堵塞，也确保了数据传输安全，同时大大提高了传输效率，两者的差别就比较明显了。具体工作流程如图 5-21 所示。

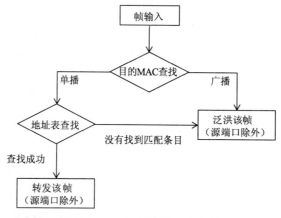

图 5-21　二层交换机工作流程

二层交换机处理的数据单元是帧，工作在 OSI 参考模型的第二层数据链路层，又称层二设备，如图 5-22 所示。二层交换机/网桥需要完成二个基本功能：MAC 地址学习和更新；数据帧的转发和过滤。

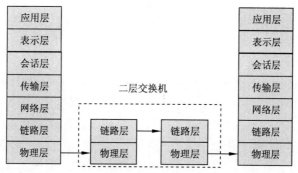

图 5-22　二层交换机工作在数据链路层

集线器与交换机的区别：

集线器工作于物理层，所有端口同属一个冲突域。集线器每个端口相当于一个中继器，对接收到的信号进行整形放大后转发给所有的其他端口。集线器采用的是共享带宽的工作方式，集线器连接组成的网络中，当两台计算机通信时，其他计算机的通信就必须等待，这样的通信效率是很低的。

交换机工作于数据链路层，它的每个端口相当于一个集线器，每个端口是一个独立的冲突域，所有端口是一个广播域。端口在接收到信号后，解封到数据链路层，根据数据帧头的

MAC 地址查询 MAC 地址表，把数据帧转发到目的端口。交换机区别于集线器的是它采用独享带宽方式，即交换机上的所有端口均有独享的信道带宽，交换机为计算机提供独占的、点对点的链接，以保证每个端口上数据的快速有效传输，从而大大提高了网络的总带宽。

这里做一个比喻，集结器相当于一个大办公区，两个人之间沟通必然会干扰其他人，影响效率，同时也没有私密性。而交换机相当于每个人都在独立的办公室，沟通只需要根据办公室门牌号（MAC 地址）找到本人，在办公室私聊就可以了，影响的只是办公室外面走廊（背板带宽）。

2. MAC 地址表的学习和更新

二层交换机是根据目标 MAC 地址来查询 MAC 地址表做出转发决定的。交换机在转发数据前必须知道它的每一个端口所连接的主机的 MAC 地址，构建出一个 MAC 地址表。当交换机从某个端口收到数据帧后，读取数据帧中封装的目的地 MAC 地址信息，然后查阅事先构建的 MAC 地址表，找出和目的地地址相对应的端口，从该端口把数据转发出去，其他端口则不受影响，这样避免了与其他端口上的数据发生碰撞。因此构建 MAC 地址表是交换机的首要工作。下面介绍交换机地址表的学习和更新过程。

交换机初始化时，MAC 地址表是空的。MAC 地址表的学习和更新过程其实非常简单，就是对交换机接收到的所有合法以太网帧，提取该帧的源 MAC 地址，具体流程如下：

（1）某端口接收到数据帧后，将数据帧的帧头中的源 MAC 地址和接收该帧的端口形成的对应关系添加到 MAC 地址表中，从而生成一条表项。

（2）对于同一个 MAC 地址，如果新学习到的端口与之前 MAC 地址表中已经学习到的对应端口不一致，把新学习到的端口信息覆盖掉之前学习到的端口信息。这样，就不存在同一个 MAC 地址对应多个端口的情况。

所有的结点计算机在发送过数据帧后，交换机就学习到了所有结点计算机的 MAC 地址与所在端口的对应关系，并记录到 MAC 地址表中。对于动态学习到每一条地址表项都有一个时间标记，称为老化时间，用来指示该表项存储的时间周期。如果在老化时间范围内，重新收到该表项的对应信息，则重置该表项的老化时间；如果在老化时间范围内该地址表项仍然没有被引用，它就会从地址表中被删除掉。

下面举例说明交换机建立地址表的过程。

假设主机 A 向主机 C 发送一个数据帧（每一个数据帧中都包含有源 MAC 地址和目的 MAC 地址），当该数据帧从 E0 端口进入交换机后，交换机通过检查数据帧中的源 MAC 地址字段，将该字段的值（主机 A 的 MAC 地址）放入 MAC 地址表中，并把它与 E0 端口对应起来，表示 E0 端口所连接的主机是 A。此时，由于在 MAC 地址表中没有关于目的地 MAC 地址（主机 C 的 MAC 地址）的条目。交换机技术将此帧向除了 E0 端口以外的所有端口转发，从而保证主机 C 能收到该帧（这种操作叫 flooding，泛洪）。

同理，当交换机收到主机 B、C、D 的数据后也会把它们的地址学习到，写入地址表中，并将相应的端口和 MAC 地址对应起来。最终会把所有的主机地址都学习到，构建出完整的地址表。此时，若主机 A 再向主机 C 发送一个数据帧，应用交换机技术则根据它的 MAC 地址表中的地址对应关系，将此数据帧仅从它的 E2 端口转发出去。从而仅使主机 C 接收到主机 A 发送给它的数据帧，不再影响其他端口。那么在主机 A 和主机 C 通信的同时其他主机（比如主机 B 和主机 D）之间也可以通信。

当交换机建立起完整的 MAC 地址表之后，对数据帧的转发是通过查找 MAC 地址表得到对应的端口，从而将数据帧通过特定的端口发送出去的。但是，对于从一个端口进入的广播数据及在地址表中找不到地址条目的数据，交换机会把该数据帧从除了进入端口之外的所有端口转发出去。从这个角度来说，交换机互连的设备处于同一个广播域内，但它们处于不同的冲突域内。

这里为了解释交换机如何建立 MAC 地址表，假设 A 向 C 发了一个数据帧。实际情况并非如此，并不是主机间必须进行通信交换机才能学习到 MAC 地址。实际上是当网卡驱动加载之后交换机就学习到了主机的 MAC 地址。如果仔细观察就会发现，Windows 系统启动过程还没完成，交换机就学习到了主机的 MAC 地址。

MAC 地址表中的表项包括静态 MAC 地址表项、动态 MAC 地址表项和黑洞 MAC 地址表项，其中静态 MAC 地址表项和黑洞 MAC 地址表项是由用户配置的；动态 MAC 地址表项包括用户配置的以及设备学习得来的。静态 MAC 地址表项和黑洞 MAC 地址表项没有老化时间，而动态 MAC 地址表项有老化时间。需要注意的是，用户手工配置的静态 MAC 地址表项和黑洞 MAC 地址表项不会被动态 MAC 地址表项覆盖，而动态 MAC 地址表项可以被静态 MAC 地址表项和黑洞 MAC 地址表项覆盖。

3. 帧的转发和过滤

交换机在接收到数据信号后，把信号解封到数据帧，根据帧头中的目的 MAC 地址做如下转发或过滤处理：

（1）如果数据帧的目的 MAC 地址是广播地址或者组播地址，则向除源端口以外的其他所有端口转发，即做泛洪处理。

（2）如果数据帧的目的 MAC 地址是单播地址，但是这个地址并不在交换机的地址表内，那么同样向除源端口以外的其他所有端口转发，也做泛洪处理。

（3）如果数据帧的目的 MAC 地址能在交换机的 MAC 地址表中找到，且对应的出端口与接收到数据帧的端口不是同一个端口，那么把数据帧直接转发到地址表中相应的出端口。

（4）如果数据帧的目的 MAC 地址与数据帧的源地址在同一个端口上，它就会过滤掉这个数据帧，交换也不会发生。

4. 交换机的数据转发方式

交换机的数据转发方式三种：直通式转发、存储转发和无碎片式转发。

1）直通式转发（Cut-Through Switching）

直通式转发方式的处理过程：在输入端口检测到一个数据帧时，检查该帧的帧头，获取帧头中的目的地址，启动内部的 MAC 地址表找到目的 MAC 地址相应的输出端口，在输入与输出交叉处接通，立即把数据包直通到相应的端口，实现数据的转发，而不管这一帧数据是否出错。

优点：交换机接收到目的地址即开始转发，不需要存储；延迟小，速度快。

缺点：不具备差错检测能力；由于没有缓存，不支持不同输入输出速率的端口之间的帧转发；而且容易丢包。

2）存储转发（Store-and-Forward Switching）

存储转发方式的处理过程：在输入端口检测到一个数据帧时，它把接收到的数据帧缓存，然后对其进行差错检测，检测时间取决于数据帧长度；交换机检测有错误的包将被丢弃；如

第 5 章　局域网技术

果接收的数据帧是正确的，才取出数据帧头中的目的地址，通过查找 MAC 地址表找到目的 MAC 地址相应的输出端口，再转发出去，实现数据的转发。

存储转发方式是计算机网络领域应用最为广泛的方式。

优点：具有差错检测能力；由于有缓存区，支持不同输入输出速率的端口之间的帧转发。

缺点：交换机接收完整的数据帧并校验正确后才开始转发，需要存储；延迟大，速度慢。

3）无碎片式转发（Fragment-free Switching）

无碎片式转发的处理过程：交换机接收完数据包的前 64 字节（一个最短帧长度），检测数据帧的帧头字段是否有错误，如果数据帧是正确的，根据数据帧头中的目的地址查找 MAC 地址表，找到目的 MAC 地址相应的输出端口转发出去；如果交换机检查到前 64 字节有错误，将丢弃数据帧。如果接收到的数据帧小于 64 字节，说明是假帧，也丢弃该数据帧。

它的数据处理速度比存储转发方式快，但比直通式慢。对于短的数据帧，其交换时延与直通式转发方式接近；对于长的数据帧，它只对帧头进行了差错检测，相对存储转发方式，它的交换时延小很多。

无碎片式转发是结合了直通式转发和存储转发优点的一种解决方案，提供了差错检测，但是不用等接收完完整的数据帧才转发。

5.4　虚拟局域网

5.4.1　虚拟局域网基本概念

传统的共享式局域网主要由铜轴电缆或集线器组建，集线器是物理层设备，不能隔绝冲突扩散，限制了网络性能的提高。随着交换技术的发展，交换局域网已经取代了传统的共享式局域网。二层交换机和网桥工作在数据链路层，根据目的 MAC 地址转发和过滤数据帧，隔离了冲突域，但是并不能隔离广播域。如果局域网中连接的设备数量越来越大，那么广播域也会越来越大，而在同一广播域中有这么多结点是不可能的，网络会因为广播通信而饱和，导致网络性能下降，也不利于管理。事实上，为了解决广播风暴的问题，一个网段超过 200 台主机的情况是很少的。一个好的网络规划中，每个网段的主机数都不超过 80 个。对于结点设备比较大的网络，进行子网划分是个很好的选择。

我们已经学习过如何通过子网掩码对规模较大的局域网进行子网划分，把大的广播域分割成若干个小广播域。划分子网时，通常一个工作组会安排在同一个办公室或机房，会被划分在同一个子网，每一个子网段就是一个逻辑工作组，多个逻辑工作组通过路由器来交换数据。如果某个逻辑工作组的计算机要转移到另一个逻辑工作组时，就需要把这台计算机搬家，从原来的子网段退出，连接到另一个子网段上，甚至可能需要重新布线。这种子网划分的方式，逻辑组的组成受限于结点的物理位置。

虚拟局域网（Virtual Local Area Network，VLAN）是一组逻辑上的设备和用户，这些设备和用户并不受物理位置的限制，可以根据功能、部门及应用等因素将它们组织起来，相互之间的通信就好像它们在同一个网段中一样，由此得名虚拟局域网。如图 5-23 所示，这个局域网划分成 3 个逻辑子网：Sales、HR 和 ENG；每个逻辑子网的结点计算机可以不在同一间办公室，也可以不在同一个楼层；如果需要，任一逻辑子网的任一计算机可以根据需要切换到另一个逻辑子网，而无须考虑它所在的楼层和办公室。总之，VLAN 是一种通过将局域网内的设备逻辑地而不是物理地划分成一个个网段从而实现虚拟工作组的技术。

VLAN 工作在 OSI 参考模型的第 2 层和第 3 层，一个 VLAN 就是一个广播域，VLAN 之间的通信是通过第 3 层的三层交换机或路由器来完成的。

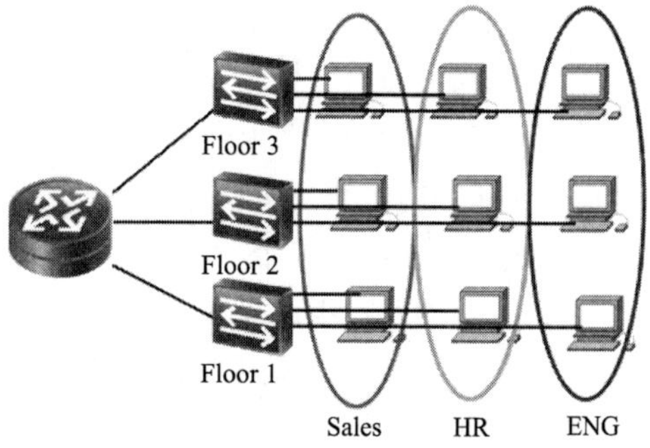

图 5-23　虚拟局域网实例

5.4.2　虚拟局域网结构

虚拟局域网是建立在交换技术基础上的。如果将局域网上的工作站按照工作性质与需要，划分成若干个"逻辑工作组"，那么一个逻辑工作组就是一个虚拟局域网。

VLAN 技术允许网络管理者将一个物理的 LAN 逻辑地划分成不同的广播域（即虚拟 LAN，即 VLAN），每一个 VLAN 都包含一组有着相同需求的计算机工作站，与物理上形成的 LAN 有着相同的属性。但由于它是逻辑地而不是物理地划分，所以同一个 VLAN 内的各个工作站无须被放置在同一个物理空间里，即这些工作站不一定属于同一个物理 LAN 网段。如图 5-24 所示虚拟局域网的物理结构，虚拟局域网的同一个逻辑组的结点可以位于不同的物理网段上，但是它们并不受结点所在物理位置的束缚，相互之间通信就好像在同一个局域网中一样，参考图 5-25 所示虚拟局域网的逻辑结构。虚拟局域网可以跟踪结点设备未知的变化，当结点设备的物理位置发生变化时，只需经过简单的软件设定，无须人工进行重新配置。因此虚拟局域网的组网方式特别灵活，可以在网络的不同层次上实现。

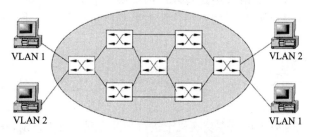

图 5-24　虚拟局域网实例

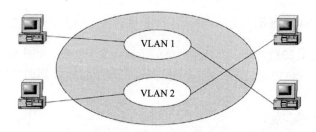

图 5-25　虚拟局域网实例

5.4.3　VLAN 的优势

与传统的局域网技术相比较，任何新局域网技术要得到广泛支持和应用，肯定存在一些关键优势，VLAN 技术也一样，对于大的局域网，采用 VLAN 技术可以通过子网划分对网络进行分段，隔离广播域，控制不必要的广播报文的扩散，增强网络的安全性，同时简化网络管理，使网络配置更加方便灵活。

1. 控制了网络广播

VLAN 限制网络上的广播，将网络划分为多个 VLAN 可减少参与广播风暴的设备数量。VLAN 分段可以防止广播风暴波及整个网络。VLAN 可以提供建立防火墙的机制，防止交换网络的过量广播，减少广播风暴的影响。使用 VLAN，可以将某个交换端口或用户赋予某一个特定的 VLAN 组，该 VLAN 组可以在一个交换网中跨接多个交换机，在一个 VLAN 中的广播不会送到 VLAN 之外。同样，相邻的端口不会收到其他 VLAN 产生的广播。这样可以减少广播流量，释放带宽给用户应用，减少广播的产生，控制不必要的广播报文的扩散。

控制了网络上广播，其实同时也释放了带宽，提升了网络的性能。

2. 增强了网络安全性

因为一个 VLAN 就是一个单独的广播域，VLAN 之间相互隔离，这大大提高了网络的利用率，确保了网络的安全保密性。人们在 LAN 上经常传送一些保密的、关键性的数据。保密的数据应提供访问控制等安全手段。一个有效和容易实现的方法是将网络分段成几个不同的广播组，网络管理员限制了 VLAN 中用户的数量，禁止未经允许而访问 VLAN 中的应用。交换端口可以基于应用类型和访问特权来进行分组，含有敏感数据的用户组可与网络的其余部分隔离，被限制的应用程序和资源一般置于安全性 VLAN 中，从而降低泄露机密信息的可能性。

例如：将单位各部门的网线分别接在不同的交换机上，然后将交换机划分成不同的工作组，并设置财务部的交换机组仅接受管理部的交换机组所送过来的数据。如此一来，就算有人盗取了财务部某人的账号，也必须使用财务部或是管理部的计算机，才能访问财务部的数据。

3. 简化了网络管理

借助 VLAN 技术，能将不同地点、不同网络、不同用户组合在一起，形成一个虚拟的网络环境，就像使用本地 LAN 一样方便、灵活、有效。VLAN 可以降低移动或变更工作站地理位置的管理费用，所有配置都可以在交换机上进行配置实现。对于特别是一些业务情况经常性变动的公司，使用了 VLAN 后，这部分管理费用大大降低。

5.4.4　VLAN 的划分方法

VLAN 的划分方式特别灵活，可以在网络的不同层次上实现。VLAN 的不同划分方法主要表现在对 VLAN 成员的定义上，取决于按照定义规则将接收到的数据帧看成属于某个 VLAN。常用的 VLAN 划分的方法有：

1. 按端口划分 VLAN

许多 VLAN 厂商都利用交换机的端口来划分 VLAN 成员，被设定的端口都在同一个广播域中。如图 5-26 所示，一个交换机的 1 端口被划分到虚拟网 VLAN 10，同一交换机的 2，3 端口被划分到虚拟网 VLAN 20，4 端口被划分到虚拟网 VLAN 30。但是，这种划分模式将虚拟网限制在了一台交换机上。第二代端口 VLAN 技术允许跨越多个交换机的多个不同端口划分 VLAN，不同交换机上的若干个端口可以组成同一个虚拟网。

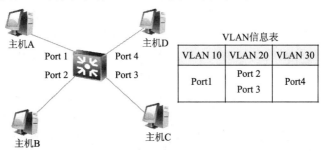

图 5-26　基于端口划分的 VLAN

以交换机端口来划分网络成员，其配置过程简单明了。因此，从目前来看，这种根据端口来划分 VLAN 的方式仍然是最常用的一种方式。但是纯粹用端口分组来定义虚拟局域网不会容许多个虚拟局域网包含同一个物理网段或同一个交换机端口。例如，图 5-26 中交换机的端口 1 属于 VLAN 10 后，就不可能再属于 VLAN 20 或 VLAN 30。

按端口划分 VLAN 的方法，其特点是：一个虚拟局域网的各个端口上的所有终端都在一个广播域中，它们相互可以通信，不同的虚拟局域网之间进行通信需经过路由来进行。其优点主要是配置简单，主要缺点在于：不允许用户移动，一旦用户移动到一个新的位置，网络管理员必须配置新的 VLAN。不过这一点可以通过灵活的网络管理软件来弥补。

2. 按 MAC 地址划分 VLAN

这种划分 VLAN 的方法是根据每个主机的 MAC 地址来划分，即对每个 MAC 地址的主机都配置它属于哪个 VLAN。如图 5-27 所示，主机 A 的 MAC 地址被划分到虚拟网 VLAN 10，主机 B 和 C 的 MAC 地址被划分到虚拟网 VLAN 20，主机 D 的 MAC 地址被划分到虚拟网 VLAN 30。这种方式的虚拟局域网，交换机对终端的 MAC 地址和交换机端口进行跟踪，在新终端入网时根据已经定义的虚拟局域网——MAC 对应表将其划归至某一个虚拟局域网。

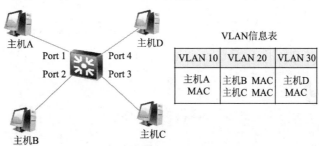

图 5-27　基于 MAC 划分的 VLAN

基于硬件 MAC 地址层的虚拟局域网具有不同的优点和缺点。这种划分 VLAN 方法的最大优点就是当用户物理位置移动时，由于硬件的地址是连接到工作站网卡上的，所以基于硬件地址的虚拟局域网使网络管理者能够把网络上的工作站移动到不同的实际位置。即从一个交换机换到其他的交换机时，可以让这台工作站自动地保持它原有的虚拟局域网成员资格，而且 VLAN 不用重新配置，所以，可以认为这种根据 MAC 地址的划分方法是基于用户的虚拟局域网。例如，图 5-27 中主机 A 和主机 B 交换位置，互换连接端口后，因为它们的 MAC 地址不会变，所以主机 A 还是属于 VLAN 10，主机 B 还是属于 VLAN 20，无须重新配置 VLAN。这种划分方式减少了网络管理员的日常维护工作量。

　　但是这种方法的缺点是初始化时，所有的终端必须被明确地分配在一个具体的虚拟局域网，任何时候增加终端或者更换网卡，都要对虚拟局域网数据库调整，以实现对该终端的动态跟踪。然而，这种不得不在一开始先用人工配置虚拟局域网的方法，其缺点在一个非常大的网络中变得非常明显：几千个用户必须逐个地分配到各自特定的虚拟局域网中，配置是非常累的，所以这种方法比较适用于小型局域网。某些供应商已经减少了初始手工配置基于硬件地址的虚拟局域网的繁重任务，它们采用根据网络的当前状态生成虚拟局域网的工具，也就是说为每一个子网生成一个基于硬件地址的虚拟局域网。而且这种划分的方法也导致了交换机执行效率的降低，因为在每一个交换机的端口都可能存在很多个 VLAN 组的成员，保存了许多用户的 MAC 地址，查询起来不容易，这样就无法限制广播包了。

3．按网络层划分

　　基于网络层划分的虚拟局域网使用协议（如果网络中存在多协议的话）或网络层地址（如 TCP/IP 中的子网段地址）来确定网络成员。

　　1）按 IP 子网划分 VLAN

　　这种划分 VLAN 的方法是根据每个主机的网络层地址划分的，可按照 IPv4 和 IPv6 方式来划分 VLAN。其每个 VLAN 都是和一段独立的 IP 网段相对应的，将 IP 的广播组和 VLAN 的冲突域一对一地结合起来，在划分时，根据数据帧所属的子网决定一个帧所属的 VLAN。如图 5-28 所示的 VLAN 划分，把 IP 地址属于 1.1.1.0/24 子网的主机划到 VLAN 10，把 IP 地址属于 1.1.2.0/24 子网的主机划到 VLAN 20，把 IP 地址属于 1.1.3.0/24 子网的主机划到 VLAN 30。

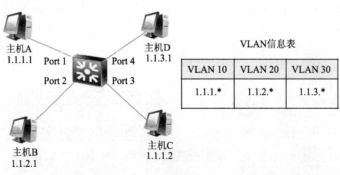

VLAN 10	VLAN 20	VLAN 30
1.1.1.*	1.1.2.*	1.1.3.*

图 5-28　基于 IP 子网划分的 VLAN

　　这种方式有利于在 VLAN 交换机内部实现路由，也有利于将动态主机配置（DHCP）技术结合起来，而且，用户可以移动工作站而不需要重新配置网络地址，便于网络管理。这种方法的缺点是效率低，因为检查每一个数据包的网络层地址是需要消耗处理时间的，查看三层 IP 地址比查看二层 MAC 地址所消耗的时间多，一般的交换机芯片都可以自动检查网络上数据包的以太网帧头，但要让芯片能检查 IP 帧头，需要更高的技术，同时也更费时。当然，这与各个厂商的实现方法有关。

2）按网络协议划分 VLAN

这种划分 VLAN 的方法是根据网络协议类型（如果支持多协议）划分的，可分为 IP、IPX、DECnet、AppleTalk、Banyan 等 VLAN 网络。如图 5-29 所示的 VLAN 划分，就是把运行 IP 协议的主机划分到 VLAN 10，把运行 IPX 协议的主机划分到 VLAN 20。

这种按网络层协议来组成的 VLAN，可使广播域跨越多个 VLAN 交换机，这对于希望针对具体应用和服务来组织用户的网络管理者来说是非常具有吸引力的；而且，这种方法用户可以在网络内部自由移动，但其 VLAN 成员身份仍然保留不变；还有，这种方法不需要附加的帧标签来识别 VLAN，这样可以减少网络的通信量。

这种方式不足之处在于，可使广播域跨越多个 VLAN 交换机，容易造成某些 VLAN 站点数目较多，产生大量的广播包，使 VLAN 交换机的效率降低。

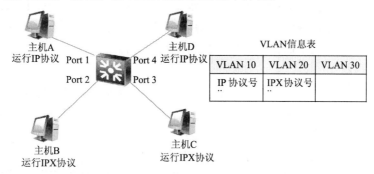

图 5-29　基于协议划分的 VLAN

总结上面基于 IP 子网和基于协议类型划分虚拟局域网的方法，可以看出基于网络层定义虚拟局域网有以下几点优势。第一，这种方式可以按传输协议划分网段。其次，用户可以在网络内部自由移动而不用重新配置自己的工作站。第三，这种类型的虚拟网可以减少由于协议转换而造成的网络延迟。这种方式看起来是最为理想的方式，但是在采用这种划分之前，要明确两件事情：一是 IP 盗用，二是对设备要求较高，不是所有设备都支持这种方式。

4．基于策略的划分

基于策略的划分是最灵活的 VLAN 划分方法，具有自动配置的能力，能够把相关的用户连成一体，在逻辑划分上称为"关系网络"。基于策略组成的 VLAN 能实现多种分配方法，包括交换机端口、MAC 地址、IP 地址、网络层协议等。如图 5-30 就是根据交换机端口、MAC 地址、IP 地址综合划分的虚拟局域网。网络管理员可根据自己的管理模式和本单位的需求来决定选择哪种类型的 VLAN，在网管软件中确定划分 VLAN 的规则（或属性），那么当一个站点加入网络中时，将会被学习到，并被根据规则自动地划到正确的 VLAN 中。同时，对站点的移动和改变也可自动识别和跟踪。

采用这种方法，整个网络可以非常方便地通过路由器扩展网络规模。有的产品还支持一个端口上的主机分别属于不同的 VLAN，这在交换机与共享式 Hub 共存的环境中显得尤为重要。自动配置 VLAN 时，交换机中软件自动检查进入交换机端口的广播信息的 IP 源地址，然后软件自动将这个端口分配给一个由 IP 子网映射成的 VLAN。

第 5 章　局域网技术

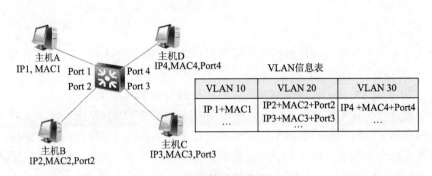

图 5-30　基于策略划分的 VLAN

5. 按 IP 组播的划分

IP 组播实际上也是一种 VLAN 的定义，即认为一个组播组就是一个 VLAN，这种划分的方法将 VLAN 扩大到了广域网，因此这种方法具有更大的灵活性，而且也很容易通过路由器进行扩展，当然这种方法不适合局域网，主要是效率不高。

6. 按用户的划分

基于用户定义、非用户授权来划分 VLAN，是指为了适应特别的 VLAN 网络，根据具体的网络用户的特别要求来定义和设计 VLAN，而且可以让非 VLAN 群体用户访问 VLAN，但是需要提供用户密码，在得到 VLAN 管理的认证后才可以加入一个 VLAN。

以上划分 VLAN 的方式中，基于端口的 VLAN 划分方式建立在物理层上；基于 MAC 的划分方式建立在数据链路层上；基于 IP 子网和协议的划分方式建立在第三层网络层上。

5.4.5　VLAN 技术原理

在交换式以太网中引入了 VLAN 后，在一台交换机上可以存在多个 VLAN，一个 VLAN 也可以跨越多台交换机来构建。也就是说，交换机之间或者交换机和路由器之间的每一条连接上都可能传输着多个 VLAN 的数据报文，那么这些交换机如何识别不同的 VLAN 数据对它们进行正确的转发控制呢？

这就必须采用一种机制来帮助交换机识别不同 VLAN 的数据，但是传统的以太帧是没有提供相应的字段来标识 VLAN 的，那个时候还没有 VLAN 技术。虚拟局域网技术为了隔离广播域，实现控制转发，就引入了 VLAN 帧标签，通过在数据链路层的以太网帧中添加 VLAN 标签，标签中 VLAN ID 标识数据帧属于哪一个 VLAN，用 VLAN ID 把用户划分为更小的工作组，限制不同工作组间的用户二层互访，每个工作组就是一个虚拟局域网。然后设置交换机的端口对该标签和帧的处理方式，处理方式包括：丢弃帧；转发帧；添加标签；删除标签。

转发帧时，通过检查以太网报文携带的 VLAN 标签是否为该端口允许通过的标签，可判断出该以太网帧是否能够从端口转发。图 5-31 中，假设有一种方法，将 A 发出的所有以太帧网都加上标签 5，此后查询交换机上的 MAC 地址转发表，根据目的 MAC 地址将该帧转发到 B 连接的端口。由于该端口上配置了仅允许 VLAN 标签 1 通过，所以收到的 A 发出的帧将被丢弃。以上意味着支持 VLAN 技术的交换机，转移以太网帧时不再仅仅依据目的 MAC 地址，同时还要考虑该端口的 VLAN 配置情况，从而实现对二层转发的控制。

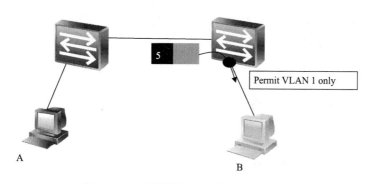

图 5-31　虚拟局域网通过标签控制转发

1. VLAN 的帧格式

引入 VLAN 后，通过中继链路，一个 VLAN 也可以跨越多台交换机来构建。为提高处理效率，交换机内部所有数据帧均携带 VLAN 标签，以统一方式处理。故需对输入交换机的数据帧进行标签检查或按需加上标签。添加 VLAN 标签的方法，最具有代表性的是 IEEE802.1Q。

虚拟局域网协议 IEEE802.1Q 对标准以太网帧的结构进行了添加，在原结构的源 MAC 地址（SA）和协议类型字段（TYPE）之间加入了 VLAN 标识信息，共计 4 字节。在数据帧中添加了 4 字节的内容，那么 FCS 的校验码 CRC 值自然也会有所变化。这时数据帧上的 CRC 是插入 TPID、TCI 后，对包括它们在内的整个数据帧重新计算后所得的值。

IEEE802.1Q 附加的 VLAN 标识信息，就像在传递物品时附加的标签。因此，在虚拟局域网环境中，以太网的帧有两种格式：添加了 VLAN 标识信息的帧被称作"带标签的帧（Tagged Frame）"；而没有添加 VLAN 标识信息的标准以太网帧称为"未带标签的帧（Untagged Frame）"

如图 5-32 所示的 VLAN 帧结构，VLAN 标签的具体内容为 2 字节的标签协议标识（Tag Protocol Identifier，TPID）和 2 字节的标签控制信息（Tag Control Information，TCI）。

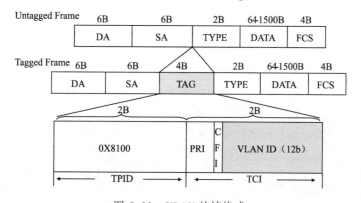

图 5-32　VLAN 的帧格式

（1）TPID 是 IEEE 定义的新的类型，表明这是一个加了 802.1Q 标签的帧。TPID 包含了一个固定的值 0x8100。

（2）TCI 包含帧的控制信息，它包含了下面的一些元素：

Priority（PRI）：这 3 位指明帧的优先级。一共有 8 种优先级，0~7。IEEE 802.1P 为 3 比特的用户优先级位定义了操作。最高优先级为 7，应用于关键性网络流量，如路由选择信息协议（RIP）和开放最短路径优先（OSPF）协议的路由表更新。优先级 6 和 5 主要用于延迟敏感（Delay-sensitive）应用程序，如交互式视频和语音。优先级 4 到 1 主要用于受控负载（Controlled-Load）应用程序，如流式多媒体（Streaming Multimedia）和关键性业务流量（Business-Critical traffic），例如 SAP 数据和"loss eligible"流量。优先级 0 是默认值，并在没有设置其他优先级值的情况下自动启用。

Canonical Format Indicator（CFI）：CFI 值为 0 说明是规范格式，1 为非规范格式。它被用在令牌环/源路由 FDDI 介质访问方法中来指示封装帧中所带地址的比特次序信息。

VLAN Identified（VLAN ID）：这是一个 12 位的域，指明 VLAN 的 ID，取值范围为 0~4095，一共 4096 个，由于 0 用于识别帧优先级，4095 为协议保留取值，所以 VLAN ID 的取值范围为 1~4094。每个支持 802.1Q 协议的交换机发送出来的数据帧都会包含这个域，以指明自己属于哪一个 VLAN。

2．VLAN 的转发流程

VLAN 技术通过以太网帧中的标签，结合交换机端口的 VLAN 配置，实现对报文转发的控制。假设交换机有两个端口 A 和 B，如果从 A 端口接收到以太网帧，查询 MAC 地址表发现帧头中的目的 MAC 地址对应的就是端口 B。在虚拟局域网 VLAN 中，该帧是否能从 B 端口转发出去，需要看以下两个关键问题：

（1）交换机是否已经创建该帧携带的 VLAN ID？

只有交换机里已经创建了该帧携带的 VLAN ID，携带该 VLAN ID 的帧才可能被转发。

（2）目标端口有没有设置允许携带该 VLAN ID 的帧通过？

只有目标端口允许通过的列表里已经设置有该 VLAN ID，携带该 VLAN ID 的帧才能从该端口被转发出去。

VLAN 中的帧转发流程参考图 5-33。

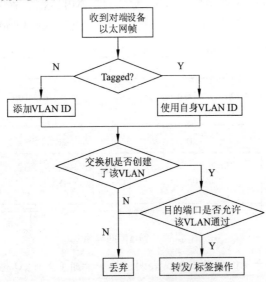

图 5-33　VLAN 的帧转发流程

在转发过程中，对标签的操作有两种类型：

（1）添加标签：交换机接收到终端发送过来的未带标签的帧，对帧进行添加标签操作，使其成为带标签的帧，方便目标端口根据帧携带的标签中的 VLAN ID 进行转发控制。

（2）删除标签：端口在把数据帧转发到目的终端之前，进行删除标签操作，使其变回最初的未带标签的帧，即标准以太网帧，方便终端接收处理。

注意，添加或删除 VLAN 标签时均会对数据帧重新计算 FCS 字段的 CRC。

5.4.6 VLAN 链路与端口

1. VLAN 链路类型

VLAN 内的链路可分为：

（1）接入链路（Access Link，或称访问链路）：将没有也无法识别 VLAN 标签的设备（如用户主机）连接到配置 VLAN 的交换机端口。它只能传送不带标签的以太网帧，且只与一个 VLAN 关联。

（2）中继链路（Trunk Link，或称干道链路、汇聚链路）：连接两个能够识别 VLAN 标签的设备（如交换机），可传输发往多个 VLAN 的带标签帧，可与多个 VLAN 相关联，如图 5-34 所示。

（3）混合链路（Hybrid Link）：既可传送不带标签的帧，也可传送带标签的帧。但对于一个特定 VLAN，传送的所有帧必须类型相同，即对于一个 VLAN，传送的帧要么不带标签，要么携带相同标签。

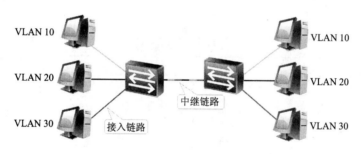

图 5-34　VLAN 接入链路和中继链路

2. VLAN 端口类型

根据对 VLAN 帧的识别情况，交换机以太网端口的类型分为 Access 端口、Trunk 端口及 Hybrid 端口。

（1）Access 端口：交换机上连接用户主机的端口，只能连接接入链路。Access 端口只属于一个 VLAN，且仅向该 VLAN 转发数据帧。该 VLAN 的 VID =端口 PVID（PVID 即 Port VLAN ID，指端口的默认 VLAN ID），故 VLAN 内所有端口都处于 untagged 状态。Access 端口在从主机接收帧时，给帧加上 Tag 标签；在向主机发送帧时，将帧中的 Tag 标签剥掉。

（2）Trunk 端口：交换机上与其他交换机或路由器连接的端口，只能连接中继链路。Trunk 端口允许多个 VLAN 的带标签帧通过，在收发帧时保留 Tag 标签。在它所属的这些 VLAN 中，对于 VID=端口 PVID 的 VLAN，它处于 Untagged port 状态；对于 VID≠端口 PVID 的 VLAN，它处于 Tagged port 状态。

（3）Hybrid 端口：交换机上既可连接用户主机又可连接其他交换机的端口，它既可连接接入链路又可连接中继链路。Hybrid 端口允许多个 VLAN 的帧通过，并可在出端口方向将某些 VLAN 帧的 Tag 标签剥掉。

注意，Access、Trunk 和 Hybrid 端口是厂家对某种端口的称谓，并非 IEEE802.1Q 协议标准定义。

Access 端口只属于一个 VLAN，PVID 就是其所在 VLAN，故不用设置；Trunk 和 Hybrid 端口属于多个 VLAN，故需要设置 PVID（默认为 1）。若设置端口 PVID，则当端口收到不带 VLAN Tag 的数据帧时，对该帧加上 Tag 标记（VID 设置为端口所属的默认 VLAN 编号）并转发到属于 PVID 的端口；当端口发送 VLAN Tag 的数据帧时，若收帧的 VLAN Tag 和端口 PVID 相同，剥除 VLAN Tag 后再发送该帧。

Hybrid 端口与 Trunk 端口在接收数据时处理方法相同，区别在于发送数据时：Hybrid 端口允许多个 VLAN 的数据帧发送时不带标签，而 Trunk 端口只允许默认 VALN 的数据帧发送时不带标签。在同一交换机上 Hybrid 端口和 Trunk 端口不能并存，实际使用中可用 Hybrid 代替 Trunk。

某交换机 Hybrid 端口的 PVID 和相连的对端交换机 Hybrid 端口的 PVID 必须一致。

由于端口类型不同，交换机对帧的处理过程也不同。表 5-2 根据不同的端口类型分别介绍。

表 5-2 Access、Trunk 和 Hybrid 端口的比较

端口类型	收 发	Tag 标签	处 理 方 式
Access	收	有	丢弃（默认） 某些高端交换机在收帧的 VLAN Tag 和端口 PVID 相等时转发,否则丢弃;或者不管是否相同均直接转发
		无	标记上端口的 PVID，转发
	发	有*	剥除帧的 VLAN Tag 后发送出去
Trunk	收	有	判断端口是否允许该 VLAN 帧进入。允许则转发，否则丢弃
		无	标记上端口的 PVID，转发
	发	有*	若收帧的 VLAN Tag 和端口 PVID 相等则剥除 VLAN Tag 后发送，否则直接发送
Hybrid	收	有	判断端口是否允许该 VLAN 帧进入。允许则转发，否则丢弃
		无	标记上端口的 PVID，转发
	发	有*	判断 VLAN 在端口是 Untagged 还是 Tagged。若是 Untagged，剥除帧的 VLAN Tag 后发送；若是 Tagged，则直接发送

注*：从交换机内部向外发送的帧，在 Untagged/Tagged 处理前必定携带 VLAN Tag。

3. VLAN 端口状态

交换机端口可配置为属于某个或某几个 VLAN。端口状态指其在某个 VLAN 中的状态，该状态决定端口接收到 Tagged 或 Untagged 帧时对该帧的处理方式。针对每个 VLAN，端口有两种状态，即 Tagged port 和 Untagged port。同一端口可根据不同 VLAN ID 设置 Tagged 或 Untagged。

当为该端口配置其所属的 VLAN 时，若该 VLAN 的 VID=端口 PVID 时，则端口在此 VLAN 中处于 Untagged port 状态；若 VID≠端口 PVID，则端口在此 VLAN 中处于 Tagged port 状态。

PVID 只与报文的入口方向有关，对于进入交换机的无标签帧会打上进入端口的 PVID 标签；交换机内每个数据帧都带标签。Tagged/Untagged 只与帧的出口方向有关，对于出端口为 Untagged port 的，转发帧时要剥除帧中的标签，否则保留标签。

5.4.7　VLAN 间的通信

VLAN 是为解决以太网的广播问题和安全性而提出的，它在以太网帧的基础上增加了 VLAN 标签，用 VLAN ID 把用户划分为更小的工作组，限制不同工作组间的用户二层互访，每个工作组就是一个虚拟局域网。虚拟局域网的好处是可以限制广播范围，并能够形成虚拟工作组，动态管理网络。

既然 VLAN 隔离了广播风暴，同时也隔离了各个不同的 VLAN 之间的通信，这背离了网络互连互通的原则，如图 5-35 所示。所以不同的 VLAN 之间的通信是需要通过一些技术手段来完成的。

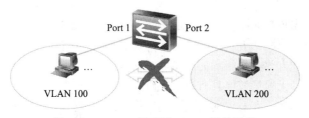

图 5-35　VLAN 隔离了 VLAN 间的通信

一个 VLAN 就是一个广播域，就是一个局域网，不同的 VLAN 之间的通信就是局域网之间的通信，是不同网络之间的通信，要实现不用网络间的通信，即必须采用三层路由技术。我们将在下一章学习了路由技术和路由设备之后，再来实现不同 VLAN 间的通信。

5.5　无线局域网

5.5.1　无线局域网概念

在无线局域网发明之前，人们要想通过网络进行联络和通信，必须先用物理线缆——铜绞线组建一个电子运行的通路，为了提高效率和速度，后来又发明了光纤。当网络发展到一定规模后，人们又发现，这种有线网络无论组建、拆装还是在原有基础上进行重新布局和改建，都非常困难，且成本和代价也非常高，于是无线局域网的组网方式应运而生。

1. 无线局域网的简介

无线局域网（Wireless Local Area Networks，WLAN）是利用无线通信技术，在一定的局部范围内建立的网络，是计算机网络与无线通信技术相结合的产物。它以无线传输媒体作为传输介质，提供传统有线局域网的功能，并能使用户实现随时、随地的网络接入，是相当便利的数据传输系统。

从专业的角度讲，它是利用射频（Radio Frequency，RF）的技术，使用电磁波，取代双绞线所构成的局域网络，在空中进行通信连接，使得无线局域网络能利用简单的存取架构让用户透过它，达到"信息随身化、便利走天下"的理想境界。

无线局域网不仅可以作为有线数据通信的补充及延伸，而且还可以与有线网络环境互为备份。如图 5-36 为无线局域网的典型应用。

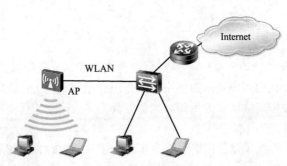

图 5-36　无线局域网实例

2. 无线局域网的特点

无线局域网的数据传输速率现在已经能够达到百兆甚至千兆比特每秒，传输距离可远至20 km 以上。它是对有线联网方式的一种补充和扩展，使网上的计算机具有可移动性，能快速方便地解决使用有线方式不易实现的网络联通问题。

与有线网络相比，无线局域网具有以下优点：

（1）灵活性和移动性。在有线网络中，网络设备的安放位置受网络位置的限制，而无线局域网在无线信号覆盖区域内的任何一个位置都可以接入网络。无线局域网另一个最大的优点在于其移动性，连接到无线局域网的用户可以移动且能同时与网络保持连接。

（2）安装便捷。无线局域网可以免去或最大程度地减少网络布线的工作量，一般只要安装一个或多个接入点设备，就可建立覆盖整个区域的局域网络。

（3）易于进行网络规划和调整，经济节约。对于有线网络来说，办公地点或网络拓扑的改变通常意味着重新建网。重新布线昂贵且浪费，是一个费时和琐碎的过程，无线局域网可以避免或减少以上情况的发生。

（4）易于维护，容易定位故障。有线网络一旦出现物理故障，尤其是由于线路连接不良而造成的网络中断，往往很难查明，而且检修线路需要付出很大的代价。无线网络则很容易定位故障，只需更换故障设备即可恢复网络连接。

（5）易于扩展。无线局域网有多种配置方式，可以很快从只有几个用户的小型局域网扩展到上千用户的大型网络，并且能够提供结点间"漫游"等有线网络无法实现的特性。

WLAN 开始是作为有线局域网络的延伸而存在的，由于无线局域网有以上诸多优点，因此其发展十分迅速。各团体、企事业单位广泛地采用了 WLAN 技术来构建其办公网络。但随着应用的进一步发展，WLAN 正逐渐从传统意义上的局域网技术发展成为"公共无线局域网"，成为国际互联网宽带接入手段。

无线局域网在能够给网络用户带来便捷和实用的同时，也存在着一些缺陷。无线局域网的不足之处体现在以下几个方面：

（1）易被干扰。无线局域网是依靠无线电波进行传输的。这些电波通过无线发射装置进行发射，而建筑物、车辆、树木和其他障碍物都可能阻碍电磁波的传输，电磁波一旦被干扰，直接会影响无线网络的性能。

（2）速率较低。无线信道的传输速率与有线信道相比要低得多。另外无线局域网为共享速率，只适合于个人终端和小规模网络应用。

（3）安全性。本质上无线电波不要求建立物理的连接通道，无线信号是发散的，开放的。从理论上讲，很容易监听到无线电波广播范围内的任何信号，造成通信信息泄漏。当然，我们可以采取一些安全技术来防范。

总之，无线网络作为有线网络的一个重要补充和扩展，将越来越成为企业接入网络中的重要组成部分。随着无线认证和加密技术的提高，无线网络的安全性得到了很大的提升，已能满足商业接入网络的需求，加上引入集中控制方式的管理模式，将进一步提升无线网络的安全性、稳定性、可扩展性和可管理性。

5.5.2　无线局域网技术标准

由于 WLAN 是基于计算机网络与无线通信技术，在计算机网络结构中，逻辑链路控制（LLC）层及其之上的应用层对不同的物理层的要求可以是相同的，也可以是不同的，因此，WLAN 标准主要是针对物理层和数据链路层的介质访问控制（MAC）层，涉及所使用的无线频率范围、空中接口通信协议等技术规范与技术标准。

1. IEEE 802.11x 协议簇

目前，WLAN 领域主要使用 IEEE 802.11x 协议簇与 HiperLAN/x（欧洲无线局域网）系列两种标准。这里主要介绍最主流的 IEEE 802.11x 协议标准。

1990 年 IEEE802 标准化委员会成立 IEEE802.11WLAN 标准工作组。802.11 协议簇是国际电工电子工程学会（IEEE）为无线局域网络制定的标准。其中 IEEE802.11 是最早制定完成的无线局域网技术标准，是无线局域网技术发展的里程碑。在随后的二十多年里，IEEE802.11 标准工作组不断改进和完善 WLAN 技术，提出了很多新标准。目前 IEEE 802.11x 协议簇是有二十多个成员的大家庭。下面按照完成时间介绍其中几个主要的标准。

1）IEEE 802.11

IEEE 802.11，即 Wi-Fi（Wireless Fidelity，无线保真），是在 1997 年 6 月由大量的局域网以及计算机专家审定通过的标准，该标准定义物理层和介质访问控制层规范。物理层定义了数据传输的信号特征和调制，定义了两个 RF 传输方法和一个红外线传输方法，RF 传输标准是跳频扩频和直接序列扩频，工作在 2.4 ~ 2.4835 GHz 频段。

IEEE 802.11 是 IEEE 最初制定的一个无线局域网标准，主要用于解决办公室局域网和校园网中用户与用户终端的无线接入，业务主要限于数据访问，速率最高只能达到 2 Mbit/s。由于它在速率和传输距离上都不能满足人们的需要，所以 IEEE 802.11 标准被 IEEE 802.11b 所取代了。

2）IEEE 802.11b

1999 年 9 月 IEEE 802.11b 被正式批准，该标准规定 WLAN 工作频段在 2.4 ~ 2.4835 GHz，数据传输速率达到 11 Mbit/s，传输距离控制在 50 ~ 150 英尺。该标准是对 IEEE 802.11 的一个补充，采用补偿编码键控调制方式，采用点对点模式和基本模式两种运作模式，在数据传输速率方面可以根据实际情况在 11 Mbit/s、5.5 Mbit/s、2 Mbit/s、1 Mbit/s 的不同速率间自动切换，它改变了 WLAN 设计状况，扩大了 WLAN 的应用领域。

IEEE 802.11b 已成为当前主流的 WLAN 标准，被多数厂商所采用，所推出的产品广泛应用于办公室、家庭、宾馆、车站、机场等众多场合，但是由于许多 WLAN 新标准的出现，IEEE 802.11a 和 IEEE 802.11g 更是倍受业界关注。

3）IEEE 802.11a

1999 年，IEEE 802.11a 标准制定完成，该标准规定 WLAN 工作频段在 5 GHz，数据传速率达到 54 Mbit/s 或 72 Mbit/s，传输距离控制在 10~100 m。该标准也是 IEEE802.11 的一个补充，扩充了标准的物理层，采用正交频分复用（OFDM）的独特扩频技术，采用 QFSK 调制方式，可提供 25 Mbit/s 的无线 ATM 接口和 10 Mbit/s 的以太网无线帧结构接口，支持多种业务如话音、数据和图像等，一个扇区可以接入多个用户，每个用户可带多个用户终端。

IEEE 802.11a 标准是 IEEE 802.11b 的后续标准，其设计初衷是取代 802.11b 标准，然而，工作于 2.4 GHz 频带是不需要执照的，该频段属于工业、教育、医疗等专用频段，是公开的，工作于 5 GHz 频带需要执照的。所以就有了后面的混合标准——802.11g。

4）IEEE 802.11g

IEEE 2003 年推出 IEEE 802.11g 认证标准，在 2.4 GHz 频段使 802.11a 中采用的 OFDM 与 IEEE 802.11b 中采用的 CCK，使数据传输速率提高到 20 Mbit/s 以上；该标准提出拥有 IEEE 802.11a 的传输速率，安全性较 IEEE 802.11b 好，做到与 802.11a 和 802.11b 兼容。这样使原有的 WLAN 系统可以平滑地向高速 WLAN 过渡，延长了 IEEE 802.11b 产品的使用寿命，降低了用户的投资。

5）IEEE 802.11n

802.11n 是在 802.11g 和 802.11a 之上发展起来的一项技术，可工作在 2.4 GHz 和 5 GHz 两个频段。最大的特点是速率提升。

它是将 MIMO（多入多出）与 OFDM（正交频分复用）技术相结合而应用的 MIMO OFDM 技术，提高了无线传输质量，也使传输速率得到极大提升。理论速率最高可达 600 Mbit/s（目前业界主流为 300 Mbit/s）。

802.11n 采用 MIMO 技术，通过多组独立天线组成的天线阵列，可以动态调整波束，保证让 WLAN 用户接收到稳定的信号，并可以减少其他信号的干扰。因此其覆盖范围可以扩大到好几平方公里，使 WLAN 移动性极大提高。

6）IEEE 802.11ac

802.11ac 是 802.11n 的继承者，它也通过 5 GHz 频带进行通信。它采用并扩展了源自 802.11n 的空中接口概念，包括：更宽的 RF 带宽（提升至 160 MHz），更多的 MIMO 空间流（增加到 8），多用户的 MIMO，以及更高阶的调制（达到 256QAM）。理论上，它能够提供最多 1 Gbit/s 带宽进行多站式无线局域网通信，或是最少 500 Mbit/s 的单一连接传输带宽。

虽然 802.11ac 标准草案提高了传输速度并增加了带宽，可以支持企业网络中数量越来越庞大的设备，但是企业开始发现，这个标准需要依赖于更高频率的传输频道，因此会影响 Wi-Fi 信号覆盖范围。

虽然 801.11ac 无线协议（千兆 Wi-Fi）承诺能够提供 1.3 Gbit/s 吞吐量，并且支持并发高清流媒体，但是这个协议只能运行在 5 GHz 频道上。这个宽大的频道给 802.11ac 提供了足够在设备与接入端之间实现更高传输速度的空间，但是 5 GHz 频道的覆盖范围小于通常使用的 2.4 GHz 频道。

后续 IEEE 还分别在 2012 年提案了 802.11ad，在 2015 年发布了 802.11ax，还没有得到广泛的使用。在以上标准中，目前使用最广泛的是 802.11n 标准，工作在 2.4 GHz 或 5 GHz 频段，可达 600 Mbit/s（理论值）。

表 5-3 给出了 IEEE 802.11x 系列协议标准的性能参数。

表 5-3　IEEE 802.11x 系列协议标准的性能参数

协　议	发 布 日 期	频　带	最大传输速度
802.11	1997	2.4 GHz	2 Mbit/s
802.11a	1999	5 GHz	54 Mbit/s
802.11b	1999	2.4 GHz	11 Mbit/s
802.11g	2003	2.4 GHz	54 Mbit/s
802.11n	2009	2.4 GHz/5 GHz	600 Mbit/s (40 MHz*4 MIMO)
802.11ac	2011.2	5 GHz	433Mbit/s/67Mbit/s/73Gbit/s/3.47/Gbit/s/6.93Gbit/s (8 MIMO, 160 MHz)
802.11ad	2012.12	60 GHz	7 Gbit/s
802.11ax	2015.5	5 GHz	10 Gbit/s

2. 关键技术

802.11 标准主要对无线局域网的物理层和介质访问控制层做了规定，保证各厂商的产品在同一物理层上可以互操作，逻辑链路控制层是一致的，介质访问控制层以下对网络应用是透明的。针对物理层和介质访问控制层这两层，我们简单介绍其关键技术

1）物理层

随着无线局域网的应用越来越广泛，用户对数据传输速率需求也越来越高。而且现实存在着较为复杂的电磁环境，信号的衰落和其他干扰源的干扰使得实现无线信道中的高速、高质量的传输比在有线网络中更加困难，无线局域网需要采取合适有效的编码、调制和复用技术。其几个关键技术有如下几种：跳频技术（Frequency-Hopping Spread Spectrum，FHSS），直接序列展频技术（Direct Sequence Spread Spectrum，DSSS），正交频分复用技术（Orthogonal Frequency Division Multiplexing，OFDM），多入多出技术（Multiple-Input Multiple-Output，MIMO）。其中 FHSS 和 DSSS 是常用的扩频技术，MIMO 经常和 OFDM 一起合用，能增加系统容量、提高频谱利用率和有效对抗频率选择性衰落。

2）介质访问控制层

无线局域网也是一种共享介质的网络。无线局域网标准 802.11 介质访问控制 MAC 层和 802.3 中的 MAC 层非常相似，都是多个用户通过一个共享介质来实现信息共享和交互，发送者在发送之前先要进行网络可用性的检测。802.3 中采用 CSMA/CD 介质访问控制方法，这个协议解决了在 Ethernet 上的各个工作站如何在线缆上进行传输的问题，利用它检测和避免多个网络设备同时进行数据传送时网络上的冲突。而在无线局域网协议中，冲突的检测存在一定的问题，这是由于要检测冲突，设备必须能够一边接收数据信号一边传送数据信号，而这是无线网络设备无法做到的。802.11 根据无线局域网的差异对 CSMA/CD 进行了一些调整，采用了新的载波监听多路访问/冲突防止协议（Carrier Sense Multiple Access with Collision Avoidance，CSMA/CA）。CSMA/CA 利用 ACK 信号来避免冲突的发生，也就是说，只有当客户端收到网络上返回的 ACK 信号后才确认送出的数据已经正确到达目的。

在 CSMA/CA 中，当一个工作站希望在无线局域网中发送数据，如果探测到网络中正在传输数据，则等待一段时间，再随机选择一个时间片继续探测；如果无线局域网空闲，就将数据发送出去。接收端的工作站如果收到发送端的完整数据就回发一个 ACK 数据报，如果这个 ACK 数据报被发送端收到，则这个数据发送过程完成，否则数据报会在发送端等待一段时间后重传。

因传输介质不同，CSMA/CD 与 CSMA/CA 的检测方式也不同。CSMA/CD 通过电缆中电压

的变化来检测，当数据发生碰撞时，电缆中的电压就会随着发生变化；而 CSMA/CA 采用能量检测（ED）、载波检测（CS）和能量载波混合检测 3 种检测信道空闲的方式。

5.5.3　无线局域网传输介质和常用设备

1. 无线局域网传输介质

无线局域网的基础还是传统局域网，它只是在有线局域网的基础上通过无线网卡、无线 AP 和天线等设备实现无线通信。与有线网络一样，无线局域网一样也需要传输介质，只是传输介质不是有线的，而是通过无线信号在空气中传输，部分或全部代替传统局域网中的有线传输介质，实现了移动计算机网络中移动结点的物理层与数据链路层功能，并为移动计算机网络提供物理接口。无线信号是能够在空气中进行传播的电磁波，无线信号不需要任何物理介质，它在真空环境中也能够传输，就如同在办公室大楼的空气中传播一样。无线电波不仅能够穿透墙体，还能够覆盖比较大的范围，所以无线技术成为一种组建网络的通用方法。

无线局域网中主要采用无线电波和红外线作为传输介质，前者使用居多。红外线局域网有较强的方向性，适于近距离通信。而采用无线电波作为媒体的局域网，覆盖范围大，而且，这种局域网多采用扩频技术，发射功率比自然背景的噪声低，有效地避免了信号被偷听和窃取，使通信非常安全，具有很高的实用性。常用的几种无线传输介质在第 2 章有详细介绍。

无线局域网中所有的波都以光速传播，这个速度可以被精确地称为电磁波速度。所有的波都遵循公式：频率×波长=光速。各种电磁波之间的区别就是频率。如果频率低，那么波长就长；如果频率高，那么波长就短。

无线局域网常使用的频段有三个：L 频段、S 频段、C 频段。目前大多数产品使用 S 频段（2.4 GHz~ 2.4835 GHz），在这些波段内的 WLAN 的产品大多数采用扩频调制方式。

2. 无线局域网常用设备

无线局域网可以单独存在，比如临时组建的对等网络，这时只需要每个计算机配置有无线网卡即可。也可以接入到有线局域网中，这时需要的无线设备就有无线网卡、无线接入点（AP）和无线天线等。

1）无线网卡

无线网卡的作用和以太网中的网卡作用基本相同，是操作系统和无线 AP 之间的接口，可以创建透明的网络连接，实现无线局域网各主机之间的连接与通信。无线网卡就像标准的网卡一样工作，无需其他无线功能。

无线网卡根据接口类型的不同，主要分为三种类型，即 PCMCIA 无线网卡、PCI 无线网卡和 USB 无线网卡。

PCMCIA 无线网卡仅适用于笔记本电脑，支持热插拔，可以非常方便地实现移动无线接入。

PCI 无线网卡适用于普通的台式计算机使用。其实 PCI 无线网卡只是在 PCI 转接卡上插入一块普通的 PCMCIA 卡。

USB 接口无线网卡适用于笔记本电脑和台式机，支持热插拔，如果网卡外置有无线天线，那么，USB 接口就是一个比较好的选择。图 5-37 是一种 USB 接口无线网卡。

2）无线 AP

AP 是 Access Point 的简称，无线 AP 就是无线局域网的接入点、无线网关。AP 相当于基站，是在介质访问控制层中作为无线工作站和无线网络之间的桥梁。图 5-38 是一种吸顶式无线 AP。

AP 的主要作用是将无线网络接入以太网；其次要将各无线网络客户端连接到一起，相当于以太网的集线器，使装有无线网卡的 PC 可以通过 AP 共享有线局域网络甚至广域网络的资源。在同时具有有线和无线网络的情况下，AP 可以通过标准的 Ethernet 电缆与传统的有线网络相联，作为无线网络和有线网络的连接点。无线局域网的终端用户可通过无线网卡等访问网络，无线 AP 在无线局域网和有线局域网之间转发数据，支持它所覆盖范围内的一组无线设备。

图 5-37　无线网卡

图 5-38　吸顶式无线 AP

通常，一个 AP 能够在几十至上百米的范围内连接多个无线用户。根据技术、配置和使用情况，一个接入点可以支持 15~250 的用户。大多数无线 AP 还带有接入点客户端模式（AP client），可以和其他 AP 进行无线连接，增加"热点"，可以轻松地延展网络的覆盖范围。

无线 AP 与无线路由器的区别：

（1）功能不同：

无线 AP 的功能是把有线网络转换为无线网络。形像点说，无线 AP 是无线网和有线网之间沟通的桥梁。其信号范围为球形，搭建的时候最好放到比较高的地方，可以增加覆盖范围，无线 AP 也就是一个无线交换机，接入在有线交换机或是路由器上，接入的无线终端和原来的网络是属于同一个子网。

无线路由器就是一个带路由功能的无线 AP，例如，无线路由器接入在 ADSL 宽带线路上，通过路由器功能实现自动拨号接入网络，并通过无线功能，建立一个独立的无线家庭组网。

（2）应用不同：

无线 AP 应用于大型公司比较多，大的公司需要大量的无线访问结点实现大面积的网络覆盖，同时所有接入终端都属于同一个网络，也方便公司网络管理员简单地实现网络控制和管理。

无线路由器一般应用于家庭和 SOHO 环境网络，这种情况一般覆盖面积和使用用户都不大，只需要一个无线 AP 就够用了。无线路由器可以实现网络的接入，同时转换为无线信号，比起买一个路由器加一个无线 AP，无线路由器是一个更为实惠和方便的选择。

（3）连接方式不同：

无线 AP 不能与 MODEM 相连，要用一个交换机或是集线器或者路由器作为中介。

无线路由器可以直接和 MODEM 相连接入网络。

3）无线天线

在无线网络中，无线天线可以理解为无线信号的放大器。当计算机与无线 AP 或其他计算机相距较远时，随着信号的减弱，或者传输速率明显下降，或者根本无法实现与 AP 或其他计算机之间通信，此时，就必须借助于无线天线对所接收或发送的信号进行增益（放大）。

第 5 章　局域网技术

无线天线分类多种多样，不过常见的有两种：一种是室内天线，优点是方便灵活，缺点是增益小，传输距离短；一种是室外天线，室外天线的优点是传输距离远，比较适合远距离传输。室外天线的类型比较多，一种是锅状的定向天线，一种是棒状的全向天线。

5.5.4　无线局域网的组网模式

无线局域网无论采用哪种技术，其基本的组网模式可以分为两种：对等模式和基础结构模式。

1. 对等模式

对等模式，就是 Ad-hoc 模式，也称无中心对等网模式，是点对点的对等结构。对等网由若干工作站组成，每个工作站都配有无线网卡，可以没有中心结点，也无需 AP，不接入到有线网络，互相之间通过无线网卡进行通信，如图 5-39 所示。

无中心对等模式的组网方式快捷、灵活、方便，比较适合在没有基础设施的地方，临时组建一个小规模、小范围的 WLAN 系统。

图 5-39　无线局域网对等模式

2. 基础结构模式

基础结构模式，就是 Infrastructure 模式，是目前最常见的一种无线局域网结构。这种结构需要一个无线 AP 作为接入点，多个配置有无线网卡的终端。无线接入点通过线缆与有线网络连接，通过无线电波与无线终端连接，这样无线终端之间可以互相通信，无线终端和有线网络之间也可以通信，如图 5-40 所示。

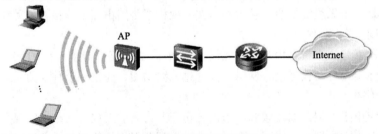

图 5-40　无线局域网基础结构模式

基础结构模式是目前最常见的无线局域网组网模式，通过这种模式的扩张，可以构建一个多无线 AP 接入点互相连接的更大的无线局域网，满足某些局域网大规模无线访问网的需求。这种含多 AP 接入点的基础结构组网模式也称为多 AP 模式，如图 5-41 所示。可以组建多种复杂的无线局域网接入网络，实现无线移动办公的接入。

这里我们了解在基础结构模式网络中常用的几个概念。

基本服务集（BBS）：一个无线 AP 结点包括其所覆盖的终端组成的局域网称为一个基本服务集 BBS。一个 BBS 内部的终端互相之间可以直接通信，如果要和所在 BBS 之外的结点终端通信（漫游），则必须通过本 BBS 的基站。

基本服务集标识（BBSID）：基本服务集标识用来区分不同的 BSS，在 802.11 中，BBSID 是该 BBS 中唯一 AP 的 MAC 地址。

扩展服务集（ESS）：一个 BSS 可以扩张成多个 AP 接入的多 BBS 网络，这种多个 BBS 接入到有线网络形成的无线局域网称为扩展服务集 ESS。

扩展服务集标识（ESSID）：ESSID 其实就是无线局域网的标识，EES 内部共享一个 ESSID。在基础结构模式中，每个 AP 必须配置一个 ESSID，每个客户端必须与 AP 所配置的 ESSID 一致才被允许接入到无线网络中。

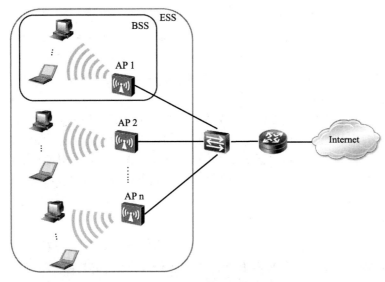

图 5-41　多 AP 模式组网实例

5.5.5　其他无线通信技术

1. 蓝牙

1998 年包括 IBM、Intel、诺基亚、东芝、三星等所有世界著名 IT 厂商共同组成了"蓝牙友好协会"，目的是制定短距离无线数据传输标准，这项标准就是"蓝牙"（Bluetooth）。

蓝牙技术以无线局域网的 IEEE 802.11 标准技术为基础，是一种用于替代便携或固定电子设备上使用的电缆或连线的短距离无线连接技术。设备使用无需许可申请的 2.45GHz 频段，可实时进行数据和语音传输，传输速率可达到 1Mbit/s，在支持 3 个话音频道的同时还支持高达 723.2 kbit/s 的数据传输速率。

蓝牙面向的是移动设备间的小范围连接，蓝牙收发器的一般有效通信范围为 10 m，最多可以达到 100 m 左右，因而本质上说它是一种代替线缆的技术。它用来在较短距离内取代目前多种线缆连接方案，并且克服了红外技术的缺陷，可穿透墙壁等障碍，通过统一的短距离无线链路，在各种数字设备之间实现灵活、安全、低成本、小功耗的话音和数据通信。也就是说，在办公室、家庭和旅途中，无需在任何电子设备间布设专用线缆和连接器，通过蓝牙遥控装置可以形成一点到多点的连接，即在该装置周围组成一个"微网"，网内任何蓝牙收发器都可与该装置互通信号。而且，这种连接无需复杂的软件支持。

蓝牙技术能够提供数字设备之间的无线传输功能。不仅可以使得 PC、鼠标、键盘、打印机告别电缆连线，而且可以实现将家中的各种电器设备如空调、电视、冰箱、微波炉、安全设备及移动电话等无线连网。还可以使智能移动电话与笔记本电脑、掌上电脑以及各种数字化的信息设备能不再用电缆，而是用这种小型的、低成本的无线通信技术连接起来，进而形成无线个人网（Wireless Personal AreaNetwork，WPAN），实现资源无缝共享。

2. HomeRF

HomeRF 是适合家庭区域范围内在 PC 和用户电子设备之间实现无线数字通信的开放性工业标准。

HomeRF 工作在 2.4 GHz 频段，采用数字跳频扩频技术，速率为 50 跳/秒，并有 75 个带宽为 1MHz 跳频信道。调制方式为 2FSK 与 4FSK。数据的传输速率在 2FSK 方式下为 1Mbit/s，在 4FSK 方式下为 2 Mbit/s。在新版 HomeRF2.x 中，采用了宽带频率群（Wide Band Frequency Hopping，WBFH）技术把跳频带宽增加到了 3 MHz 和 5 MHz，跳频速率也增加到 75 跳/秒，数据传输速率达到了 10 Mbit/s。

HomeRF 工作组制订了共享无线访问协议（SWAP）无线通信规范，定义了一个新的通用空中接口，此接口支持家庭范围内语音、数据的无线通信。用户使用符合 SWAP 规范的电子产品可实现在 PC 的外设、无线电话等设备之间建立一个无线网络，以共享语音和数据；在家庭区域范围内的任何地方，可以利用便携式微型显示设备浏览因特网；在 PC 和其他设备之间共享同一个 ISP 连接等多项共享功能。

3. HiperLAN

IEEE 在美国及世界其他地区主推 802.11x 系列标准，而在欧洲，欧洲电信标准学会 ETSI 则推出另一无线局域网系列标准 HiperLAN1（高性能无线局域网），其地位相当于 802.11b，但二者互不兼容。HiperLAN 在欧洲得到了广泛支持和应用。

HiperLAN 系列包含以下 4 种标准：

HiperLANl：用于高速 WLAN 接入，工作在 5.3 GHz 频段。

HiperLAN2：用于高速 WLAN 接入，工作在 5 GHz 频段。

HiperLink（HiperLAN3）：用于室内无线主干系统。

HiperAccess（HiperLAN4）：用于室外对有线通信设施提供固定接入。

其中，HiperLAN2 速率高达 54 Mbit/s，因为技术上的优点，它被认为是目前最先进的 WLAN 技术。

（1）为了实现 54 Mbit/s 高速数据传输，物理层采用 OFDM 调制，MAC 子层则采用 1 种动态时分复用的技术来保证最有效地利用无线资源。

（2）为使系统同步，在数据编码方面采用了数据串行排序和多级前向纠错，每一级都能纠正一定比例的误码。

（3）数据通过移动终端和接入点之间事先建立的信令链接来进行传输，面向链接的特点使得 HiperLAN2 可以很容易地实现 QoS 支持。每个链接可以被指定一个特定的 QoS，如带宽、时延、误码率等，还可以给每个链接预先指定一个优先级。

（4）自动进行频率分配。接入点监听周围的 HiperLAN2 无线信道，并自动选择空闲信道。这一功能消除了对频率规划的需求，使系统部署变得相对简便。

（5）为了加强无线接入的安全性，HiperLAN2 网络支持鉴权和加密。通过鉴权，使得只有合法的用户才能接入网络，而且只能接入通过鉴权的有效网络。

其协议栈具有很大的灵活性，可以适应多种固定网络类型。它既可以作为交换式以太网的无线接入子网，也可以作为第 3 代蜂窝网络的接入网，并且这种接入对于网络层以上的用户部分来说是完全透明的。当前在固定网络上的任何应用都可以在 HiperLAN 网上运行。相比之下，IEEE 802.11 的一系列协议都只能由以太网作为支撑，不如 HiperLAN 灵活。

目前，ETSI 的 BRAN 项目组还在开发新的 HiperLAN 标准，如：用于无线 ATM 远程接入主干网的 HiperLAN3（后更名为 HiperAccess）；速率超过 20 Mbit/s 用于无线 ATM 互连的 HiperLAN4（后更名为 HiperLink），工作于 17GHz，速率最高可达 150 Mbit/s。

思考与练习

1. 简答题

（1）什么是计算机局域网？决定局域网的有哪几个主要技术要素？

（2）局域网 IEEE802 参考模型为什么没有网络层以上的层次？数据链路层为什么分成逻辑链路控制子层和介质访问控制子层？

（3）简述介质访问控制方法 CSMA/CD 的基本工作原理。

（4）简述令牌环介质访问控制方法 Token Ring 的基本工作原理。

（5）简述以太网与局域网的区别与联系。

（6）简述网卡的功能及网卡地址的作用。分析为什么有网卡地址还要 IP 地址？

（7）简述共享式以太网和交换式以太网的区别

（8）有 10 个站连接到以太网上。试计算以下三种情况每个站所能得到的带宽：①10 个站都连接到一个 10 Mbit/s 以太网集线器；②10 个站都连接到一个 100 Mbit/s 以太网集线器；③10 个站都连接到一个 10Mbit/s 以太网交换机。

（9）什么是冲突域？什么是广播域？

（10）为什么局域网采用广播通信方式而广域网不采用呢？

（11）请画出以太网帧结构，描述各字段含义。

（12）集线器与交换机的区别？

（13）相对共享式局域网，交换式局域网有什么优势?阐述局域网交换机的工作原理

（14）什么是 VLAN?什么情景下需要创建虚拟局域网?为什么?VLAN 有哪几种实现方式及其区别？

（15）简述二层交换机、三层交换机和路由器的基本工作原理和三者之间的主要区别。

（16）无线局域网相对有线局域网有哪些优缺点? 无线局域网有哪几种组网方式和网络结构？

2. 选择题

（1）表示局域网的英文缩写是（　　　）。

A. WAN   B. LAN

C. MAN   D. USB

（2）计算机网络中广域网和局域网的分类是以（　　　）来划分的。

A. 信息交换方式   B. 传输控制方法

C. 网络使用者   D. 网络覆盖范围

（3）以下（　　　）介质访问控制机制不能完全避免冲突。

A. 令牌环   B. TDMA

C. FDDI   D. CSMA/CD

（4）集线器连接的网络属于同一个（　　　）。

A. 冲突域　　　　　　　　　　B. 管理域

C. 广播域　　　　　　　　　　D. 控制域

（5）二层交换机连接的网络属于同一个（　　　　）。

A. 冲突域　　　　　　　　　　B. 管理域

C. 广播域　　　　　　　　　　D. 控制域

（6）交换式网络的核心设备是（　　　）。

A. 集线器　　　　　　　　　　B. 路由器

C. 交换机　　　　　　　　　　D. 中继器

（7）下列关于交换机端口定义的虚拟局域网，说法错误的是（　　　）。

A. 从逻辑上将端口划分为独立虚拟子网

B. 可以跨越多个交换机

C. 同一端口可以属于多个虚拟局域网

D. 端口位置移动后，必须重新配置成员

（8）以下不属于无线局域网的传输介质的是（　　　）。

A. 微波　　　　　　　　　　　B. 双绞线

C. 激光　　　　　　　　　　　D. 红外线

（9）网卡通过（　　　）接口来连接传输介质。

A. RJ-45　　　　　　　　　　B. AUI

C. F/O　　　　　　　　　　　D. BNC

（10）以太网的标准是（　　　）。

A. IEEE 802.2　　　　　　　　B. IEEE 802.3

C. IEEE 802.4　　　　　　　　D. IEEE 802.5

（11）在物理结构上属于星状拓扑结构，实际上属于总线拓扑结构的局域网是（　　　）。

A. 共享式以太网　　　　　　　B. 交换式以太网

C. 令牌环网　　　　　　　　　D. 令牌环总线网

（12）以下关于集线器设备的描述中，错误的是（　　　）。

A. 集线器是共享介质式以太网的中心设备

B. 集线器在物理结构上采用的是环状拓扑结构

C. 集线器在逻辑结构上是典型的总线结构

D. 集线器通过广播方式将数据发送到所有端口

（13）以太网中，交换机是利用（　　　）进行数据交换的。

A. 端口/MAC 地址映射表　　　B. 路由表

C. 虚拟文件表　　　　　　　　D. 虚拟存储器

（14）从介质访问控制方法的角度，局域网可分为两类即共享局域网与（　　　）。

A. 交换局域网　　　　　　　　B. 高速局域网

C. ATM 网　　　　　　　　　　D. 总线局域网

（15）以下关于 CSMA/CD 方法的描述中，错误的是（　　　）。

A. CSMA/CD 是 Toking Ring 使用的介质访问控制方法

B. CSMA/CD 是一种随机争用型的介质访问控制方法

C. CSMA/CD 定义是带有冲突侦测的载波侦听多路访问

D. CSMA/CD 解决多个结点同时发送数据的冲突问题

（16）在传统以太网中，（　　）是共享介质型的连接设备。

A. 路由器　　　　　B. 交换机　　　　　C. 服务器　　　　　D. 集线器

（17）无线局域网采用的协议标准是（　　）。

A. 802.2　　　　　B. 802.3　　　　　C. 802.11　　　　　D. 802.1Q

（18）局域网的协议一般不包含（　　）。

A. 物理层　　　　　B. LLC 层　　　　　C. MAC 层　　　　　D. 网络层

（19）以下关于局域网交换机的描述中，错误的是（　　）。

A. 交换机是交换式局域网的中心设备

B. 交换机可以实现多个端口的并发连接

C. 交换机端口可以分为全双工与半双工

D. 交换机仍采用 CSMA/CD 介质访问方法

（20）在 IEEE 802 参考模型中，（　　）层定义局域网的介质访问控制方法。

A. LLC　　　　　B. ATM　　　　　C. MAC　　　　　D. VLAN

（21）以下关于 IEEE802.3 标准的描述中，错误的是（　　）。

A. IEEE802.3 标准是以太网的协议标准

B. IEEE802.3 标准只定义以太网的物理层

C. IEEE802.3 采用 CSMA/CD 介质访问控制方法

D. IEEE802.3 标准涉及的传输介质有多种类型

3. 填空题

（1）决定局域网的主要技术要素为：＿＿＿＿＿＿、＿＿＿＿＿＿和＿＿＿＿＿＿。

（2）5 类双绞线由＿＿＿＿＿＿对＿＿＿＿＿＿根线组成，分为无屏蔽双绞线（UTP）和＿＿＿＿＿＿，光纤分为＿＿＿＿＿＿模光纤和多模光纤。

（3）CSMA/CD 工作过程可以概括为＿＿＿＿＿＿，边听边发，冲突停发，＿＿＿＿＿＿。

（4）在 IEEE802 标准中，局域网体系结构由物理层、＿＿＿＿＿＿子层和＿＿＿＿＿＿子层组成。

（5）交换式局域网的核心设备是＿＿＿＿＿＿。

（6）交换机以太网端口的类型分为＿＿＿＿＿＿端口、＿＿＿＿＿＿端口及＿＿＿＿＿＿端口。

（7）以太网交换机的帧转发方式可分为三类：＿＿＿＿＿＿、＿＿＿＿＿＿和＿＿＿＿＿＿。

（8）介质访问控制方法用于控制网络结点如何向传输介质发送数据与接收数据，即解决信道如何分配使用的问题。常用的局域网介质访问控制方法有：＿＿＿＿＿＿、＿＿＿＿＿＿、＿＿＿＿＿＿三种。

（9）802.11 标准主要对无线局域网的＿＿＿＿＿＿层和＿＿＿＿＿＿层做了规定。

（10）无线局域网有＿＿＿＿＿＿和＿＿＿＿＿＿两种组网模式。

（11）无线局域网也是一种共享介质的网络，采用的介质访问控制方法是＿＿＿＿＿＿。

4. 判断题

（1）CSMA/CD 可以发现冲突，但是没有先知的冲突检测和阻止功能，不能避免冲突，只能缓解冲突。（　　）

（2）局域网和以太网是同一个概念。（　　　）

（3）交换式局域网的核心设备是路由器。（　　　）

（4）具有 5 个 10M 端口的集线器的总带宽可以达到 50M。（　　　）

（5）以太网交换机中的端口/MAC 地址映射表交换机在数据转发过程中通过学习动态建立的。（　　　）

（6）交换式局域网的核心设备是路由器。（　　　）

（7）二层交换机能完成 VLAN 之间数据传递。（　　　）

5．实践题

请设计并实施一个家庭无线局域网。

第6章

➡ 网络互连与广域网技术

局域网解决了网络内部主机之间的数据通信链路的建立，数据帧的转发，实现了小范围内的数据通信。随着计算机网络技术的迅速发展和计算机网络应用的日益多元化，人们已经不满足在局域网环境下进行数据通信和资源共享。要将通信范围扩大，利用公用网络或互连设备将远距离的局域网连接起来，构建广域网，实现远程数据通信，这样网络和网络之间的互连就显得很重要。广域网要解决的是远程网络的数据通信，主要问题就是要如何将源网络的数据包经过通信网络送到目的网络，传送过程涉及路径的确定、数据包的拆分和重组、流量的控制等。

本章介绍网络互连和广域网的概述，路由器及 IP 路由原理，静态路由和动态路由，解决虚拟局域网之间通信的三层交换技术。最后还介绍了常见的广域网技术。

 学习目标

- 掌握网络互连和广域网的概念
- 掌握路由器及 IP 路由原理
- 掌握静态路由和动态路由
- 掌握三层交换技术
- 了解广域网技术

6.1 网络互连与广域网概念

6.1.1 广域网的基本概念

当主机之间的距离较远时，例如，相隔几十或几百千米，甚至几千千米，局域网显然就无法完成主机之间的通信任务。这时就需要另一种结构的网络，即广域网。

广域网（Wide Area Network，WAN）也称远程网（Long Haul Network），并没有严格的定义。广域网通常跨接很大的物理范围，所覆盖的范围从几十千米到几千千米，覆盖的范围比局域网和城域网都广，它能连接多个城市或国家，或横跨几个洲并能提供远距离通信，形成国际性的远程网络。因特网（Internet）就是世界范围内最大的广域网。

广域网通常由两个或多个局域网互连而成。分布在不同地区的局域网常常使用电信运营商提供的设备作为信息传输平台，例如通过公用网，如电话网，连接到广域网，也可以通过专线或卫星连接，达到资源共享和信息交互的目的。

1. 广域网的结构和特点

局域网解决了网络内部主机之间的数据通信链路的建立，完成数据帧的转发，实现了小范围内的数据通信。当某个局域网要和远程的另一个局域网之间传送数据时，就要利用公用网络或互连设备将远距离的局域网连接起来，构建广域网，实现远程数据通信，这样网络和网络之间的互连就显得很重要。

从层次上考虑，广域网和局域网的区别很大，因为局域网使用的协议主要在数据链路层（还有少量物理层的内容），而广域网要解决的是远程网络的数据通信，使用的协议都在网络层，网络层中传递的基本数据单元是数据包，要如何将源网络的数据包经过通信网络送到目的网络，传送过程涉及路径的确定、数据包的拆分和重组、流量的控制等。这就是广域网要解决的问题。

广域网分为通信子网与资源子网两部分，资源子网就是位于网络末梢的不同地理位置的局域网，通信子网由一些结点交换机以及连接这些交换机的链路组成，也泛称为广域网。如图 6-1 所示。在广域网中，结点交换机是核心设备，执行分组转发的功能。结点之间都是点到点连接，但为了提高网络的可靠性，通常一个结点交换机往往与多个结点交换机相连。受经济条件的限制，广域网不使用局域网普遍采用的多点接入技术。在广域网中的一个重要问题就是分组的转发机制。

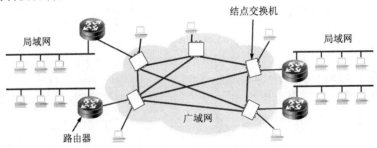

图 6-1　广域网结构

广域网与局域网本质区别在于采用的网络协议不同：局域网使用的协议主要在物理层和数据链路层上，采用 IEEE 802 协议；广域网采用的是 TCP/IP 协议，网络可划分为通信子网和资源子网，广域网通信子网主要工作在物理层、数据链路层和网络层。局域网主要考虑的是资源共享，通常由用户组建，而广域网则是提供优良的数据传输业务及接入服务，由国家组建和管理。

广域网的特点具体概括如下：

（1）覆盖范围广，可达数千千米甚至全球。

（2）广域网没有固定的拓扑结构，但通信子网多为复杂的网状拓扑结构。

（3）广域网通常使用高速光纤作为传输介质。

（4）局域网可以作为广域网的终端用户与广域网连接。

（5）广域网主干带宽大，但提供给单个终端用户的带宽小。

（6）数据传输距离远，往往要经过多个广域网设备转发，延时较长。

（7）广域网管理、维护困难。

2. 广域网所提供的的服务

广域网通信子网为广域网上的局域网或者主机之间的数据提供传送服务。从层次上看，广域网中的最高层次就是网络层。网络层为广域网上的主机所提供的传送服务可以分为两大类：面向无连接的网络服务和面向连接的网络服务。

1）面向连接的服务

面向连接的服务即是虚电路服务，在源主机与目的主机间进行可靠的数据传输，这种方式有建立连接、传送数据和拆除连接三个步骤。

首先需要在主机间建立一个虚电路，建立过程是：源主机的传输层向网络层发出连接请求，网络层通过虚电路访问协议向目的主机的传输层提出连接请求，目的主机的传输层接受请求后，目的主机的网络层发回响应信息，虚电路建立。

在虚电路建立后，网络向用户提供的服务就好像在两个主机之间建立了一对穿过网络的数字管道。主机的网络层对传输的数据进行分组（一次通信的所有分组都通过虚电路顺序传送，因此分组不必自带目的地址、源地址等信息），所有发送的分组都按顺序进入管道，然后按照先进先出的原则沿着此管道传送到目的站主机，目的主机对传输的数据分组进行校验，校验成功再进行高层转换，若校验不成功则需重新发送。数据传输完毕，拆除连接因为是全双工通信，所以每一条管道只沿着一个方向传送分组。这样，到达目的站的分组不会因网络出现拥塞而丢失（因为在结点交换机中预留了缓存），而且这些分组到达目的站的顺序与发送时的顺序一致，因此网络提供虚电路服务就是对通信的服务质量（Quality of Service，QoS）有较好的保证。

如图 6-2 所示的虚电路服务，主机 H_1 先向主机 H_2 发出一个特定格式的控制信息分组，要求进行通信，同时寻找一条合适路由。若主机 H_2 同意通信就发回响应，然后双方就建立了虚电路；然后 H_1 对数据进行分组，所有发送的分组都按顺序进入虚电路，有序到达主机 H_2；数据传送完毕，拆除连接。

虚电路服务是一种可靠的服务，保证服务质量，具有路由固定，数据转发开销小，服务质量稳定等特点。但是对于小批量突发式的数据通信，建立连接和拆除连接相对费时不经济，所以虚电路服务适于长时间、大批量数据传输。

图 6-2　虚电路服务

虚电路服务的思路来源于传统的电信网，电信网将其用户终端电话机做得非常简单，而电信网负责保证可靠通信的一切措施。但是需要注意的是，当我们占用一条虚电路进行主机通信时，由于采用的是存储转发的分组交换，所以只是断续地占用一段又一段的链路，这只是一条逻辑上的链路，分组都沿着这条逻辑链路按照存储转发方式传送，而并不是真正建立了一条物理链路。建立虚电路的好处是可以在有关的交换结点预先保留一定数量的缓存，作为对分组的存储转发之用。而电路交换的电话通信是先建立了一条真正的物理电路。因此分组交换的虚连接和电路交换的连接只是类似，但并不完全一样。

2）面向无连接的服务

面向无连接的服务即是数据报服务，是与虚电路服务完全不同的思路：数据报服务力求使网络生存性好和使对网络的控制功能分散，因而只能要求网络提供尽最大努力的服务。如需可靠的通信，可由上层的协议 TCP 或用户终端的程序来实现。

采用数据报服务的网络层将主机上待传输的数据进行分组，形成若干长度相等的数据报，每个数据报都附加有目的地址和序号等信息，网络层为每个数据报独立地选择路由，网络只是尽力地将数据报交付到目的主机，但对源主机没有任何承诺：网络不保证所传送的分组不丢失；不保证按源主机发送分组的先后顺序；也不保证在时限内必须将分组交付给目的主机；当网络发生拥塞时，网络中的结点可根据情况将一些分组丢弃。当各个数据报到达目的主机时需先进行存储，等待其他沿不同路径到达的数据报，然后将各数据报进行重新排序组合，当然也存在失败的情况。

如图 6-3 所示的数据报服务，主机 H_1 有数据要发送给主机 H_2，不用和目的主机建立联系，直接对要发送的数据进行分组发送到通信网络。沿途的结点交换机根据数据报中的目的地址，以及链路的状态，动态地决定把数据报转发到某个输出链路上，分组后的多个数据报就沿着不同路径到达目的主机 H_2。

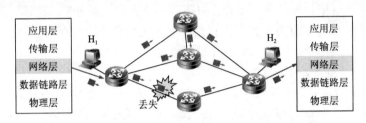

图 6-3　数据报服务

数据报提供的服务是不可靠的，它不能保证服务质量，实际上"尽最大努力交付"的服务就是没有质量保证的服务，一般要求使用较复杂且有相当智能的主机作为用户终端。但数据报服务可以分组自行选择路径，具有高度灵活性；不用在源主机和目的主机之间建立连接，网络资源利用率较高，传输效率高。数据报服务适用于小批量、短时间的突发式通信。

虚电路服务与数据报服务的主要区别归纳如表 6-1 所示。

表 6-1　虚电路服务与数据报服务的区别

对比的方面	虚电路服务	数据报服务
思路	可靠通信应当由网络来保证	可靠通信应当由用户主机来保证
连接的建立	必须有	不需要
目的站地址	仅在连接建立阶段使用，每个分组使用短的虚电路号	每个分组都有目的站的全地址
分组的转发	属于同一条虚电路的分组均按照同一路由进行转发	每个分组独立选择路由进行转发
当结点出故障时	所有通过出故障的结点的虚电路均不能工作	出故障的结点可能会丢失分组，一些路由可能会发生变化
分组的顺序	总是按发送顺序到达目的站	到达目的站时不一定按发送顺序
端到端的差错处理和流量控制	可以由分组交换网负责也可以由用户主机负责	由用户主机负责

3. 广域网与局域网的比较

广域网是由多个局域网相互连接而成的。局域网可以利用各种网间互连设备，如中继器、网桥、交换机、路由器等，构成复杂的网络，并扩展成广域网。

局域网与广域网不同之处如下所示。

1）作用范围

局域网的网络通常分布在一座办公大楼、实验室或者宿舍大楼中，为一个部门所有，涉及范围一般在几千米以内。广域网的网络通常分布在一个地区、一个国家甚至全球的范围。

2）结构

局域网的结构简单，计算机数量少，一般是规则的结构，可控性、可管理性以及安全性都比较好。广域网由众多异构、不同协议的局域网连接而成，包括众多各种类型的计算机，以及上面运行的种类繁多的业务。因此广域网的结构往往是不规则的，且管理和控制复杂，安全性也比较难于保证。

3）通信方式

局域网多数采用广播式的通信方式，采用数字基带传输。广域网通常采用分组点到点的通信方式，无论是电话线传输、还是借助卫星的微波通信以及光纤通信采用的都是模拟传输方式。

4）通信管理

局域网信息传输的时延小、抖动也小，传输的带宽比较宽，线路的稳定性比较好，因此通信管理比较简单。在广域网中，由于传输的时延大、抖动大，线路稳定性比较差，同时，通信设备多种多样，通信协议也种类繁多，因此通信管理非常复杂。

5）通信速率

局域网的数据传输速率比较高，一般能达到 100 Mbit/s、1000 Mbit/s，甚至能够达到万兆比特每秒，而且传输误码率比较低。而在广域网中，传输的带宽与多种因素相关。同时，由于经过了多个中间链路和中间结点，传输的误码率也比局域网高。

6）工作层次

广域网是由结点交换机以及连接这些交换机的链路组成。结点交换机执行分组存储转发的功能。结点之间都是点到点的连接。从层次上看，局域网和广域网主要区别是：局域网使用的协议主要在数据链路层，广域网技术主要体现在 OSI 参考模型的下 3 层：物理层、数据链路层和网络层，重点在网络层。

6.1.2　网络互连概念

随着计算机网络技术的迅速发展和计算机网络应用的日益多元化，人们已经不满足在局域网环境下进行数据通信和资源共享。不同部门、不同单位、不同地区，甚至不同国家计算机网络之间互连，实现更大范围的数据通信和资源共享，已成为计算机网络发展的必然趋势。网络互连成为网络技术中一个重要的组成部分。

网络互连是将分布在不同地理位置的网络连接起来，以构成更大规模的网络系统，通过兼容的网络协议更大程度地实现网络间的资源共享、数据通信及协同工作。

网络互连实际上就是实现网络之间、网络上的主机间的互连、互通、互操作。互连是指在两个网络之间至少存在一条物理连接线路，这是两个网络之间逻辑连接的物质基础。如果

第 6 章　网络互连与广域网技术

两个网络的通信协议相互兼容，则两个网络之间就能够进行数据交换，称为互通。互操作是指网络中不同的计算机系统之间具有访问对方资源的能力，互操作是建立在互通的基础上。简单说网络间或主机间的互连是基础，互通是手段，互操作是目的。

1. 网络互连的层次

由于网络体系结构上的差异，网络互连可在不同的层次上进行。按 OSI 模型的层次划分，可将网络互连划分为四个层次：物理层互连、数据链路层互连、网络层互连、高层互连，互连层次模型如图 6-4 所示。

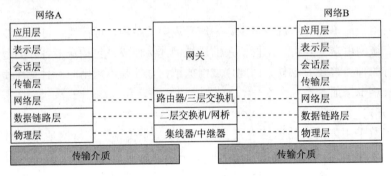

图 6-4　网络互连的层次

1）物理层互连

物理层互连指不同地理范围内的网段的互连。互连设备有集线器或中继器。中继器在物理层的不同电缆段之间对网络物理信号进行复制和放大位信号，从而使得它们能够在网络上传输更长的距离，主要解决局域网距离的延伸问题。集线器与中继器很相似，是网络中各个设备的通用连接点，它通常用于连接 LAN 的分段。集线器含有多个端口。每一个分组到达某个端口时，都会被整形放大并复制到其他所有端口，以便所有的 LAN 分段都能看见所有的分组。集线器并不识别信号、地址或数据中任何信息模式。

中继器与集线器的区别在于连接设备的线缆的数量：一个中继器通常只有两个端口，而一个集线器通常有 4 ~ 20 个或更多的端口，被称为多端口中继器（Multiport Repeater）。

物理层互连的特点是：不需要进行协议转换，只需要对物理信号进行再生放大，将两个以上距离较远的物理网络连接在一起，构成一个物理局域网。

2）数据链路层互连

数据链路层互连指两个或多个同一类局域网互连，之间传输数据帧。工作在数据链路层的网间互连设备是网桥（Bridge）或交换机。网桥（Bridge）在局域网之间存储并转发数据帧，主要用于局域网与局域网互连问题，即将两个以上独立的物理网段连接在一起，构成一个逻辑局域网。而交换机功能类似于网桥，但是具有更多的端口，因此可以把一个逻辑局域网划分成为更多的物理网段，这样使得整个网络系统具有更高的带宽，更快的传输速率。

数据链路层的特点是：数据链路层上互连的网络物理层、数据链路层的类型可以不同，互连设备在数据链路层上进行协议转换。通过数据链路层上的互连可以扩大网络的距离，过滤信息流，减轻网络的负担。

3）网络层互连

网络层互连主要用于广域网的互连中，工作在网络层的网间设备是三层交换机和路由器。路由器在不同的网络之间存储转发数据分组，提供网络层的协议转换，进行路由选择，解决了网络之间存储转发与分组问题。网络层互连包括路由选择、拥塞控制、差错处理与分段技术等。

网络层互连特点是：允许互连网络的网络层及以下各层协议可以相同也可以不同。通过网络层互连可以有效地隔离多个局域网的广播通信量，每一个局域网都是独立的子网。

4）高层互连

传输层及以上层次之间的互连统称为高层互连，常用的互连设备是网关（Gateway）。网关又称网间连接器、协议转换器。网关是最复杂的网络互连设备，通过在网络的高层使用协议转换完成网络的互连，实现传输层及以上各层协议不同的网络之间的互连。网关既可以用于广域网互连，也可以用于局域网互连。

说明：由于历史的原因，许多有关 TCP/IP 的文献曾经把网络层使用的路由器称为网关，在今天很多局域网都是采用路由来接入网络，因此通常指的网关就是路由器的 IP。

高层互连的特点是：高层互连允许两个网络的网络层及以下各层网络协议是不同的。高层互连实现不同类型、差别较大的网络系统之间的互连，或同一个物理网络而在逻辑上不同的网络之间互连，以及不同大型主机之间和不同数据库之间的互连。

2. 网络互连类型

网络互连就是实现不同地理位置、不同类型网络的互连。由于网络的类型和规模不同，从网络互连的角度考虑，这里仅仅讨论广域网、局域网的互连。网络互连可分为以下四种主要类型。

1）局域网—局域网互连（LAN-LAN）

局域网通常由使用单位组建管理，为了实现单位内部管理要求和资源共享，将各部门的局域网连接起来，形成这个单位范围内的计算机网络。例如大学各个学院的计算机局域网和各行政管理部门的局域网相互连接起来，组建整个大学的校园网，实现学校内部信息资源共享和管理。

局域网与局域网的互连是最多、最常见的互连类型，由于局域网种类较多（如令牌环网、以太网等），使用的软件也较多，因此局域网的互连较为复杂，这种局域网之间的互连又可以分为同种局域网互连和异型局域网互连。

同种局域网互连是使用相同协议的局域网之间的互连，这种互连比较简单，使用集线器、交换机等即可实现互连。例如，两个以太网之间的互连，或两个令牌环网之间的互连。

异型局域网互连是指具有不同协议的局域网之间的互连，这种互连需要互连设备在网络间进行协议转换，可使用网桥、交换机、路由器来实现。如一个以太网和一个令牌环网之间的互连就属于这种情况。

2）局域网—广域网互连（LAN-WAN）

局域网与广域网的互连是指将局域网通过网间设备连接到广域网上，其目的是局域网用户能够从广域网上获取资源和服务，或者是向外部用户提供局域网资源，如将一个大学的校园网互连到中国教育科研网上。

局域网与广域网的互连也是常见的互连方式之一，它们之间的连接可以通过路由器或者网关来实现。例如，目前不少企事业都已建好了内部局域网，但随着 Internet 的迅速发展，仅搭建局域网已经不能满足众多企业的需要，有更多的用户需要在 Internet 上发布信息，或

第 6 章　网络互连与广域网技术

进行信息检索，将企业内部局域网接入 Internet 已经成为众多企业的迫切要求。

3）局域网—广域网—局域网互连（LAN–WAN–LAN）

局域网—广域网—局域网的互连是指将两个分布在不同地理位置的局域网通过广域网实现互连，这也是常见的网络互连类型之一。局域网—广域网—局域网互连也可以通过路由器或者网关来实现。

局域网—广域网—局域网互连模式正在改变传统的接入模式，即主机通过广域网的通信子网的传统接入模式，而大量的主机通过组建局域网的方式接入广域网将是接入广域网的重要方法。

4）广域网—广域网互连（WAN–WAN）

广域网是一个国家或地区的信息高速公路，一般由国家投资建设和管理，为全社会提供数据通信和信息资源服务，一个国家通常有多个广域网络，这些广域网络需要相互连接起来，构成整个国家的信息高速公路。

同样，广域网与广域网互连可以通过路由器或者网关来实现。广域网与广域网互连也是目前常见的一种网络互连的方式，如帧中继与 X.25 网、DDN 均为广域网，它们之间的互连属于广域网的互连。再例如我国的中国公用计算机互联网和中国教育与科研计算机网之间的互连也属于广域网的互连。通常广域网的互连比以上的互连要容易，因为广域网的协议层次常处于 OSI 七层模型的低层，不涉及高层协议，目前没有公开的统一标准。

6.2　路由原理

6.2.1　路由的概念

在广域网中，主要是通过网络层来实现网络互连，核心设备是结点交换设备，最主要的问题是要如何通过结点交换机来实现对数据报分组的路由和转发。

在 IP 网络中，路由就是在网络层指导 IP 数据报文发送的路径信息，有了路径信息才能指导信息转发到目的网络。如图 6-5 所示，在 TCP/IP 协议网络，路由器根据 IP 地址进行路由和转发来实现不同网络之间的远程通信。

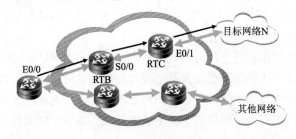

图 6-5　路由过程

路由和交换虽然非常相似，但却是不同的概念。交换发生在 OSI 参考模型的第二层数据链路层，而路由发生在第三层网络层。两者都是对数据进行转发，但是所利用的信息和处理方式都是不同的。

1. 路由器

在 TCP/IP 协议的网络中进行路由选择所使用的结点交换设备，或者说，实现路由的设备，我们称之为路由器（Router）。路由器工作在网络层，用于互连不同类型的网络。路由器互连两个或多个逻辑上相互独立的网段，每个网段可以采用不同的拓扑结构、传输介质和网络协议，网络结构层次分明。

路由器是互联网络的枢纽、"交通警察"。目前路由器已经广泛应用于各行各业，各种不同档次的产品已成为实现各种主干网内部连接、主干网间互连和主干网与互连网互连互通业务的主力军。路由和交换机之间的主要区别就是交换机发生在 OSI 参考模型第二层（数据链路层），而路由发生在第三层，即网络层，如图 6-6 所示。这一区别决定了路由和交换机在移动信息的过程中需使用不同的控制信息，所以说两者实现各自功能的方式是不同的。

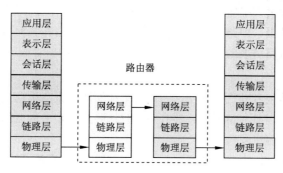

图 6-6　路由器工作在数据链路层

2. 路由器功能

路由器是工作在 IP 协议网络层实现不同网络之间转发数据的设备，路由器通过路由协议交换网络的拓扑结构信息，依照拓扑结构动态生成路由表。路由器利用网络层定义的"逻辑"上的网络地址（即 IP 地址）来区别不同的网络，实现网络的互连和隔离，保持各个网络的独立性。路由器不转发广播消息，而把广播消息限制在各自的网络内部。发送到其他网络的数据应先被送到路由器，再由路由器转发出去。一般说来，异种网络互连与多个子网互连都应采用路由器来完成。在局域网和广域网的互连中路由器是最关键、最重要的设备。

当数据从一个子网传输到另一个子网时，可通过路由器来完成。因此，路由器具有判断网络地址和选择路径的功能，路由器的主要工作就是为经过路由器的每个数据帧寻找一条最佳传输路径，并将该数据有效地传送到目的站点。它能在多网络互连环境中，建立灵活的连接，可用完全不同的数据分组和介质访问方法连接各种子网。

路由器只接收源站或其他路由器的信息，属于网络层互连设备，它不关心各子网使用的硬件设备，但要求运行与网络层协议相一致的软件。

路由器是在不同的网络之间存储转发分组，不仅具有网桥的功能，而且还具有路由选择、协议转换、多路重发和错误检测等功能。路由器的网络互连能力、网络安全控制能力和隔离广播信息的能力等方面都强于网桥，并能有效隔离各个子网。路由器和网桥的区别还在于它拥有自己的 IP 地址，路由器之间是按照内部的网间连接协议来交换路由信息，具有路由协议处理功能。路由器大多提供多种协议，提供多种不同的网络接口，从而可以使不同厂家、不同规格的网络产品以及不同协议的网络之间进行有效的互连。

路由器的关键功能如下：

（1）路由：路由表的建立和维护，根据目的地址选择最佳的路径。

（2）转发：在网络之间转发分组数据。

第 6 章　网络互连与广域网技术

（3）异种网络互连：路由器是一种多端口设备，它可以连接不同传输速率并运行于各种环境的局域网和广域网，也能支持各种不同协议网络，实现不同网络互相通信。

其中路由器核心作用是路由和转发。还提供诸如拆分和包装数据包、分组转发、分组过滤和防火墙等数据处理功能，及路由器配置管理、性能管理、容错管理和流量控制等网络管理功能。

6.2.2　路由的原理

路由器是根据路由表来确定转发路径的，为了完成"路由"的工作，在路由器中保存着各种传输路径的相关数据，即路由表（Routing Table），供路由选择时使用。要了解路由的原理和过程，首先要了解路由表的组成。

1.　路由表

路由表是指路由器或者其他互联网网络设备上存储的一张路由信息表，该表中存有到达特定网络终端的路径，在某些情况下，还有一些与这些路径相关的度量。

路由表中的表项内容主要包括：

目的网络地址（Destination）：用来标识 IP 包的目的地址或者目的网络。

掩码（Mask）：与目的地址一起标识目的主机或者路由器所在的网段的地址。

协议（Proto）：用来生成、维护路由的协议或者方法，如：DIRECT、STATIC、RIP、OSPF、BGP 等。

优先级（Pre）：标识路由加入 IP 路由表的优先级。可能到达一个目的地有多条路由，但是优先级的存在让他们先选择优先级高的路由进行利用。

路由开销（Cost）：当到达一个目的地的多个路由优先级相同时，路由开销最小的将成为最优路由。

下一跳 IP 地址（NextHop）：说明 IP 包所经由的下一个路由器。

输出接口（Interface）：说明 IP 包将从该路由器哪个接口转发。

其中不能缺少的信息有三个字段：目的网络地址、下一跳和输出接口。图 6-7 是查询华为路由器中路由表的显示结果。当路由器检查到包的目的 IP 地址时，它就可以根据路由表的内容决定包应该转发到哪个下一跳地址上去。路由表被存放在路由器的 RAM 上。

```
[Huawei]display ip routing-table
Route Flags: R - relay, D - download to fib
------------------------------------------------------------------------
Routing Tables: Public
        Destinations : 6      Routes : 6
Destination/Mask    Proto    Pre  Cost  Flags  NextHop         Interface
1.1.1.1/32          Direct   0    0     D      127.0.0.1       InLoopBack0
192.168.1.0/24      Direct   0    0     D      192.168.1.1     Ethernet1/0/0
192.168.1.1/32      Direct   0    0     D      127.0.0.1       InLoopBack0
192.168.2.0/24      Static   60   0     RD     192.168.1.254   Ethernet1/0/0
        .....
```

图 6-7　路由表实例

2. 路由的过程

路由的过程就是路由器对数据包的存储转发过程：路由器从一个接口接收到数据包，根据路由表进行路由，确定了应用哪条路径后，将数据包转发到能反映到目的地的最优路径的另一个接口或端口。路由发生在网络层，路由选择功能使得路由器能够确定目的地的可用路径，建立包的首选路径。路由过程如下：

（1）路由器接收来自它连接的某个网站的数据。

（2）路由器将数据向上解封到协议的第三层网际层，去除网络层的信息，并且重新组合IP数据报。

（3）路由器检查IP报头中的目的地址。如果目的地址位于发出数据的那个网络，那么路由器就放下被认为已经达到目的地的数据。

（4）如果数据要送往另一个网络，那么路由器就查询路由表，以确定数据要转发到的目的地。

（5）根据路由表中所查到的下一跳IP地址，将IP数据包送往相应的输出链路层，被封装上相应的链路层报头，最后转化成物理信号经输出网络物理接口发送出去。

下面以两台不同网段的主机间的通信为实例说明数据包路由的过程，如图6-8所示。

目标网络	下一跳	出接口
10.1.2.0	10.1.2.1	E0
10.2.1.0	10.1.2.2	E0
10.3.1.0	10.3.1.1	E1
10.4.1.0	10.1.2.2	E0

目标网络	下一跳	出接口
10.1.2.0	10.1.2.2	E1
10.2.1.0	10.2.1.1	E0
10.3.1.0	10.1.2.1	E1
10.4.1.0	10.2.1.2	E0

目标网络	下一跳	出接口
10.1.2.0	10.2.1.1	E1
10.2.1.0	10.2.1.2	E1
10.3.1.0	10.2.1.1	E1
10.4.1.0	10.4.1.1	E0

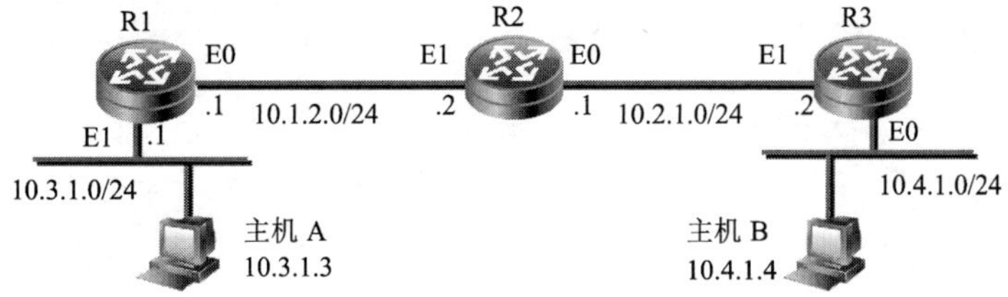

图6-8　路由过程实例

10.3.1.0/24网段的主机A，IP地址为10.3.1.3，有数据发往10.3.1.0/24网段的主机B，IP地址为10.4.1.4。主机A根据自己的IP地址与子网掩码计算得到自己所在的网络地址，比较目的主机地址，发现目的主机与自己不在同一网段。所以主机A将数据发送给默认网关——路由器的本地接口：R1的E1接口的IP地址10.3.1.1。

路由器R1在接口E1上接收到一个以太网数据帧，检查其目的MAC地址是否为本接口的MAC地址，符合后将数据链路层封装去掉，解封装成IP数据包，送上一层网络层处理。

路由器R1检查IP数据包中的目的IP地址，发现此地址不是路由器任何一个接口直连网段的IP地址，路由器知道此数据包不是发送给路由器本身的而是需要被转发的，所以路由器根据目的地址在路由表中查找匹配的最长的条目10.4.1.0，并且根据此条目转发数据包。

本例中，路由器R1找到目的网段的路由信息决定从接口E0转发此数据包，转发前要做相应的三层的处理与新的数据链路层的封装。数据包被转发至R2后会经历与R1相同的过程，在 R2 的路由表中查找目的网段的条目，决定从接口 E0 转发。数据包被转发至 R3 后会经历与 R1、R2 相同的处理过程，在 R3 的路由表中查找目的网段的条目，发现目的网段为其接口 E0 的直连网段，最终数据包由 E0 被转发至目的主机 B。

6.2.3　路由的来源

路由表是指导路由的关键信息表。路由表从何而来？建立了之后又是怎么维护的呢？路由表中路由来源主要有三类：直连路由、静态路由、动态路由。

1）直连路由

路由器接口所连接的子网的路由方式称为直连路由（Direct Route）。直连路由是由链路层协议发现的，一般指去往路由器的接口地址所在网段的路径。该路径信息不需要网络管理员维护，也不需要路由器通过某种算法进行计算获得，只要该接口配置了网络协议且处于活动状态（Active），路由器就会把接口上配置的网段地址自动填写到路由表中并与接口关联，并随接口的状态变化在路由表中自动出现或消失，如图 6-9 所示。

直连路由无法使路由器获取与其不直接相连的路由信息。

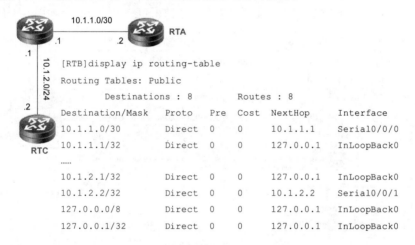

图 6-9　直连路由实例

2）静态路由

静态路由是由管理员在路由器中手动配置的固定路由，路由明确地指定了数据包到达目的地必须经过的路径，除非网络管理员干预，否则静态路由不会发生变化。静态路由使用简单，易于实现；不占用系统和网络资源，可精准控制路由走向；不占用链路带宽，对系统性能没有影响。但是静态路由完全取决于管理员的配置；网络规模扩大时，配置的繁杂度会加大；而且也不能对网络的改变或者故障作出反应进行修正。所以一般说静态路由用于网络规模不大、拓扑结构相对固定的网络。静态路由也常常应用于路径选择的控制，即人为控制某些目的网络的路由走向。

在路由表中，Proto 字段显示为 Static 的路由就是静态路由，如图 6-10 所示。

```
[RTA] display ip routing-table
Routing Tables: Public
            Destinations : 8          Routes : 8
Destination/Mask    Proto    Pre    Cost    NextHop        Interface
2.2.2.2/32          Static   60     0       10.1.2.2       Ethernet0
10.1.1.0/30         Direct   0      0       10.1.1.1       Serial0
10.1.1.1/32         Direct   0      0       127.0.0.1      InLoopBack0
10.1.1.2/32         Direct   0      0       10.1.1.2       Serial0
127.0.0.0/8         Direct   0      0       127.0.0.1      InLoopBack0
127.0.0.1/32        Direct   0      0       127.0.0.1      InLoopBack0
```

图 6-10　静态路由实例

3）动态路由

动态路由是指动态路由协议（如 RIP、OSPF 协议）自动建立的路由，当你去掉一条连线时，它会自动去掉其路由。动态（Dynamic）路由表是路由器根据网络系统的运行情况而自动调整的路由表。路由器根据路由选择协议（Routing Protocol）提供的功能，自动学习和记忆网络运行情况，在需要时自动计算数据传输的最佳路径，维护正确的路由信息。虽然动态协议会占用系统和网络资源，但是由于动态路由结点增删时工作量少，能根据网络拓扑变化自动学习和更新路由表，对网络扩容性好，所以大中型网络都会选择动态协议来生成路由表。

在路由表中，动态路由的 Proto 字段显示为具体的动态协议 OSPF、RIP 等，如图 6-11所示。

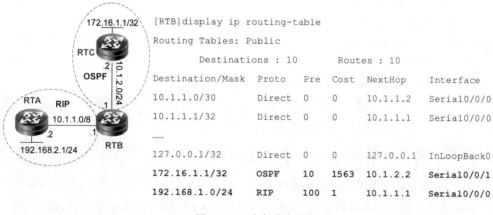

```
[RTB]display ip routing-table
Routing Tables: Public
            Destinations : 10        Routes : 10
Destination/Mask    Proto    Pre    Cost    NextHop        Interface
10.1.1.0/30         Direct   0      0       10.1.1.2       Serial0/0/0
10.1.1.1/32         Direct   0      0       10.1.1.1       Serial0/0/0
......
127.0.0.1/32        Direct   0      0       127.0.0.1      InLoopBack0
172.16.1.1/32       OSPF     10     1563    10.1.2.2       Serial0/0/1
192.168.1.0/24      RIP      100    1       10.1.1.1       Serial0/0/0
```

图 6-11　动态路由实例

路由器的每一个接口对应不同网络，而一条连接两个路由器连线的两个端点 IP 应该属于同一网络。设置的 IP 地址时，如果路由器的其他端口已有这个网络了，则提示已有这个网络，并显示对应的端口。

6.2.4 路由优先级

路由优先级在有的文献中也被称为路由的"管理距离"，是一个正整数，范围为0~255，它用于指定路由协议的优先级，值越小优先级越高。当存在多个路由来源时，具有较高优先级的路由来源提供的路由将被激活，用于指导报文的转发。

一台路由器上可以同时运行多个路由协议。不同的路由协议都有自己的标准来衡量路由的好坏，并且每个路由协议都把自己认为是最好的路由送到路由表中。这样到达一个同样的目的地址，可能有多条分别由不同路由选择协议学习来的不同路由。虽然每个路由选择协议都有自己的度量值，但是不同协议间的度量值含义不同，也没有可比性。路由器必须选择其中一个路由协议计算出来的最佳路径作为转发路径加入到路由表中。

实际的应用中，路由器选择路由协议的依据就是路由优先级。给不同的路由协议赋予不同的路由优先级，数值小的优先级高。当有到达同一个目的地址的多条路由时，可以根据优先级的大小，选择其中一个优先级数值最小的作为最优路由，并将这条路由写进路由表中。不同厂商对于优先级值的规定各不相同，以华为路由器为例，常见的路由优先级如表 6-2 所示。

表 6-2　常见的路由优先级（华为设备）

路由协议	外部优先级	路由协议	外部优先级
DIRECT	0	RIP	100
OSPF	10	IBGP	255
STATIC	60	EBGP	255

路由优先级赋值原则为：

（1）直连路由具有最高优先级，优先级的值为0。

（2）人工设置的路由条目优先级高于动态学习到的路由条目。

（3）度量值算法复杂的路由协议优先级高于度量值算法简单的路由协议。

例如，OSPF路由协议和RIP路由协议都发现了一条去往同一个目的地的路由，因为OSPF的优先级为10，RIP的优先级为100，OSPF的优先级值更小，具有更高的优先级，路由器将会优先选择由OSPF协议发现的路由，并将其放入路由表中。

需要注意的是，不同厂商之间的定义可能不太一样，但是各种路由协议的优先级都可由用户通过特定的命令手工进行修改（直连路由的优先级一般不能修改）。

6.2.5 路由选路匹配原则

最长匹配原则是路由器默认的路由查找方式。最长匹配路由的查找过程：当路由器收到一个IP数据报时，会将数据报的目的IP地址与自己本地路由表中最长的掩码字段做"与"操作，"与"操作后的结果和目的地址做比较，相同则匹配上，否则就是没有匹配上；若未匹配上，路由器则将目的IP地址与自己本地路由表中第二长的掩码字段做"与"操作，重复刚才的过程，依次类推；直到找到掩码匹配度最长的条目，称为最长匹配原则。如果没有匹配条目，就会找默认路由，默认路由都没有，则丢弃。匹配过程如图6-12所示。

如目的地址为9.1.2.1的数据报，查询如图6-13所示的本地路由表，有 0.0.0.0/0、9.0.0.0/8 和 9.1.0.0/16 三个可以匹配的路由条目，匹配的位数分别为 0 位、8 位和 16 位，根据最长匹配原则将选中 9.1.0.0/16 的这条路由。

下面我们总结一下路由器关于路由查找的几个重点内容：

（1）不同的路由前缀（注意路由前缀包含网络号+掩码，缺一不可），在路由表中属于不同的路由。

（2）相同的路由前缀，通过不同的协议获取，先比优先级，优先选优先级小的，后比 cost，这是一般情况，有时也需要看特定的环境和特定的路由协议。

（3）默认采用最长匹配原则，匹配，则转发；无匹配，则找默认路由，默认路由都没有，则丢弃。

（4）路由器的行为是逐跳的，到目标网络的路径中，沿途的每个路由器都必须有关于目的地的路由。

（5）数据是双向的，考虑流量的时候，要关注流量的往返。

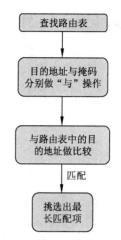

图 6-12　路由最长匹配原则

```
[huawei] display ip routing-table
Routing Tables:
Destination/Mask proto    pref   Metric Nexthop      Interface
0.0.0.0/0        Static   60     0      120.0.0.2    Serial0/0
8.0.0.0/8        RIP      100    3      120.0.0.2    Serial0/1
9.0.0.0/8        OSPF     10     50     20.0.0.2     Ethernet0/0
9.1.0.0/16       RIP      100    4      120.0.0.2    Serial0/0
11.0.0.0/8       Static   60     0      120.0.0.2    Serial0/1
20.0.0.0/8       Direct   0      0      20.0.0.1     Ethernet0/2
20.0.0.1/32      Direct   0      0      127.0.0.1    LoopBack0
```

图 6-13　路由选路匹配实例

6.2.6　特殊路由

在路由表中，有时会根据需要配置一些特殊路由，如默认路由、主机路由、黑洞路由等。

1. 默认路由

默认路由即缺省路由，指的是当路由表中与包的目的地址之间没有匹配的表项时路由器能够做出的选择。如果没有默认路由，那么目的地址在路由表中没有匹配表项的包将被丢弃，并向源结点发回一个 ICMP 报文，告知目的地址或目的网络不可达。默认路由在某些时候非常有效，当存在末梢网络时，默认路由会大大简化路由器的配置，减轻管理员的工作负担，提高网络性能。

默认路由的网络地址和子网掩码全部为 0，如图 6-14 的粗体部分所示。

默认路由与网关的区别与联系：默认路由是在路由器中当没有其他路由表项时可以选择的路由表项，也称为最后的路由。而网关是主机的 IP 参数之一，顾名思义，网关是一个网络的出入关口。所有进入这个网络或到其他网络中去的数据都要经过网关的处理，网关也常常用来指此种功能的网络设备。

```
[Huawei]display ip routing-table
Route Flags: R - relay, D - download to fib
Destination/Mask  Proto  Pre Cost Flags  NextHop      Interface
0.0.0.0/0         Static 60  0    RD     192.168.1.1  Ethernet0/0/0
127.0.0.0/8       Direct 0   0    D      127.0.0.1    InLoopBack0
127.0.0.1/32      Direct 0   0    D      127.0.0.1    InLoopBack0
```

图 6-14　默认路由实例

现在，路由器集成了网关的功能，所以路由器也具有网关的功能。末梢网络通过路由器某端口接入 Internet，那该网络主机的网关常常就配置为该路由器这个连接端口的 IP 地址，该路由器就是此网络的网关路由器。

默认路由和网关的关系，可以理解为：网关根据路由或者默认路由上的信息来处理数据的存储转发。通常情况下，路由信息，包含默认路由，是存储于充当网关的网络设备上的。

2. 主机路由

主机路由是对特定的目的主机指明的一个路由。因特网所有的分组转发都是基于目的主机所在的网络，但在大多数情况下都允许有这样的特例，即对特定的目的主机指明一个路由。采用特定主机路由可使网络管理人员能够更方便地控制网络和测试网络，同时也可在需要考虑某种安全问题时采用这种特定主机路由。在对网络的连接或路由表进行排错时，指明到某一主机的特定路由就十分有用。

主机路由的掩码是 32 位，如图 6-15 的粗体部分所示。

```
[Huawei]display ip routing-table
Route Flags: R - relay, D - download to fib
Routing Tables: Public
        Destinations : 8        Routes : 8
Destination/Mask Proto  Pre  Cost  Flags NextHop      Interface
1.1.1.1/32       Static 60   0     RD    192.168.1.1  Ethernet0/0/0
127.0.0.1/32     Direct 0    0     D     127.0.0.1    InLoopBack0
……
```

图 6-15　主机路由实例

3. 黑洞路由

黑洞路由是一条指向 NULL0 的路由条目，将所有无关路由吸入其中，使它们有来无回的路由。NULL0 口一般用于管理，admin 建立一个路由条目，将接到的某个源地址转向 NULL0 接口，这样对系统负载影响非常小。凡是匹配该路由的数据报都会在这个路由器上被终结。

在路由器中配置黑洞路由通常是用于防环或流量过滤，有时是出于安全因素，设有黑洞的路由会默默地抛弃掉数据报而不指明原因。

黑洞路由为如图 6-16 所示的黑体部分。

```
[Huawei]display ip routing-table
Route Flags: R - relay, D - download to fib

Destination/Mask Proto   Pre  Cost  Flags NextHop    Interface
192.168.1.0/24   Static  60   0     RD    0.0.0.0    NULL0
127.0.0.0/8      Direct  0    0     D     127.0.0.1  InLoopBack0
127.0.0.1/32     Direct  0    0     D     127.0.0.1  InLoopBack0
```

图 6-16　黑洞路由实例

6.3　VLAN 间通信

6.3.1　VLAN 间通信问题

回顾上一章，VLAN 是为解决以太网的广播问题和安全性而提出的，它在以太网帧的基础上增加了 VLAN 标签，用 VLAN ID 把用户划分为更小的工作组，限制不同工作组间的用户二层互访，每个工作组就是一个虚拟局域网。虚拟局域网的好处是可以限制广播范围，并能够形成虚拟工作组，动态管理网络。

既然 VLAN 隔离了广播风暴，同时也隔离了各个不同的 VLAN 之间的通信，这背离了网络互联互通的原则。所以不同的 VLAN 之间的通信是需要通过一些技术手段来完成。如图 6-17所示。

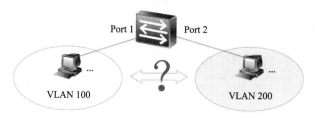

图 6-17　VLAN 间通信问题

一个 VLAN 就是一个广播域，就是一个局域网，不同的 VLAN 之间的通信就是局域网之间的通信，是不同网络之间的通信，要实现不用网络间的通信，即必须采用路由技术。

VLAN 间通信最直接的方式就是用路由器为每一个 VLAN 分配一个单独的路由器接口，每个路由器接口就是相对应 VLAN 的网关，VLAN 间的通信就通过路由器的三层路由转发来实现，这是直连路由的一种最简单和典型的应用。但是随着 VLAN 数目的增多，对路由器接口的需求增大，出于成本的考虑，一般不采用这种方法来解决 VLAN 间的通信问题。

常用的实现 VLAN 间路由的方式有单臂路由和三层交换技术。

6.3.2　单臂路由技术

为了节省成本，解决 VLAN 数据增大对路由器物理接口需求增大的问题，在 VLAN 技术的发展过程中，出现了单臂路由技术，来实现 VLAN 间的通信问题。单臂路由可以在一个以太网接口上创建多个子接口，作为 VLAN 的网关，实现不用 VLAN 间的路由转发。

如图 6-18 所示，路由器的物理接口 E0 可以创建多个逻辑子接口 E0.100、E0.200 和 E0.300，称为三层逻辑子接口，分别作为 VLAN 100、VLAN 200 和 VLAN 300 的网关，交换机和网关相接的端口一般设置为 Trunk 类型。当某个 VLAN 的结点有数据要发送到其他 VLAN，就把数据送到所在 VLAN 的网关，网关接收到数据帧后，修改 VLAN 标签后再转发到目的主机所在的 VLAN，实现 VLAN 间的路由转发。

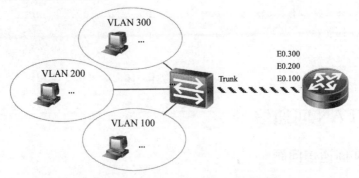

图 6-18　单臂路由实现 VLAN 间通信

　　这种方法大大节省了路由器物理接口的需求和开销。但是传统路由器是三层设备，属于远程网络设备，除了路由功能还有很多其他的功能，用传统路由器进行 VLAN 间路由在性能上存在一定的不足：由于路由器采用通用 CPU，转发完全依靠软件处理，同时支持各种通信接口，给软件带来较大负担。软件要处理包括报文接收、校验、查找路由、选项处理、报文分片等，导致性能不可能很高。用于 VLAN 间通信设备时，传统路由器和交换机之间的链路常常成为网络的瓶颈，不能满足近距离通信的速度需求。

6.3.3　三层交换技术

　　如上所述，单纯使用路由器来实现 VLAN 网间互连，不但由于端口数量有限，而且路由速度较慢，从而限制了网络的规模和通信速度。基于这种情况三层交换技术便应运而生。

1. 三层交换机

　　三层交换技术的核心设备是三层交换机。三层交换机就是具有部分路由器功能的交换机，三层交换机的最重要目的是加快大型局域网内部的数据交换，所具有的路由功能也是为实现这个目的服务的，能够做到一次路由，多次转发。对于数据包转发等规律性的过程由硬件高速实现，而像路由信息更新、路由表维护、路由计算、路由确定等功能，由软件实现。

　　三层交换技术就是二层交换技术+三层路由技术，三层交换机可简单理解为二层交换机和路由器在功能上的集合，实现了 VLAN 的划分、VLAN 内部的二层交换和 VLAN 间路由的功能，如图 6-19 所示。

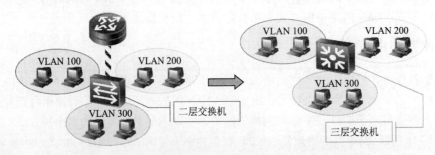

图 6-19　三层交换机是二层交换机和路由器的功能集合

传统交换技术是在 OSI 网络标准模型第二层——数据链路层进行操作的，而三层交换技术是在网络模型中的第三层实现了数据包的高速转发，既可实现网络路由功能，又可根据不同网络状况做到最优网络性能。

在企业网和教学网中，一般会将三层交换机用在网络的核心层，用三层交换机上的千兆端口或百兆端口连接不同的子网或 VLAN。不过应清醒认识到三层交换机最重要的目的是加快大型局域网内部的数据交换，所具备的路由功能也多是围绕这一目的而展开的，所以它的路由功能没有同一档次的专业路由器强。毕竟在安全、协议支持等方面还有许多欠缺，并不能完全取代路由器工作。

在实际应用过程中，典型的做法是：处于同一个局域网中的各个子网的互连以及局域网中 VLAN 间的路由，用三层交换机来代替路由器，而只有局域网与公网之间互联要实现跨地域的网络访问时，才通过专业路由器。

2. 三层交换机工作原理

三层交换机内部由二层交换模块和三层路由模块一起来实现数据转发。用如图 6-20 的一个最简单的例子来介绍三层交换机的工作过程。

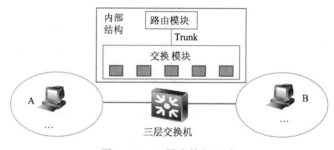

图 6-20　三层交换机互连

比如 A 要给 B 发送数据，已知目的 IP，那么 A 就用子网掩码取得网络地址，判断目的 IP 是否与自己在同一网段。

如果在同一网段，但不知道转发数据所需的 MAC 地址，A 就发送一个 ARP 请求，B 返回其 MAC 地址，A 用此 MAC 封装数据包并发送给交换机，交换机启用二层交换模块，查找 MAC 地址表，将数据包转发到相应的端口。

如果目的 IP 地址显示不是同一网段，那么 A 要实现和 B 的通信，在流缓存条目中没有对应 MAC 地址条目，就将第一个正常数据包发送向一个缺省网关，这个缺省网关一般在操作系统中已经设好，对应第三层路由模块，所以对于不是同一子网的数据发送前封装在帧头的目的 MAC 地址是缺省网关的 MAC 地址；然后就由三层模块接收到此数据包，查询路由表以确定到达 B 的路由，将构造一个新的帧头，其中以缺省网关的 MAC 地址为源 MAC 地址，以主机 B 的 MAC 地址为目的 MAC 地址。通过一定的识别触发机制，确立主机 A 与 B 的 MAC 地址及转发端口的对应关系，并记录进流缓存条目表，以后的 A 到 B 的数据，就直接交由二层交换模块完成。这就是通常所说的一次路由多次转发。

以上就是三层交换机工作过程的简单概括。表面上看，三层交换机是二层交换机与路由器的合二为一，然而这种结合并非简单的物理结合，而是各取所长的逻辑结合。其重要表现是，当某一信息源的第一个数据流进行三层交换后，其中的路由系统将会产生一个 MAC 地址与 IP 地址的映射表，并将该表存储起来，当同一信息源的后续数据流再次进入交换环境时，交换机将根据第一次产生并保存的地址映射表，直接从第二层由源地址传输到目的地址，不再经过三层路由系统处理，从而消除了路由选择时造成的网络延迟，提高了数据包的转发效率，解决了网间传输信息时路由产生的速率瓶颈。所以说，三层交换机既可完成二层交换机的端口交换功能，又可完成部分路由器的路由功能。即三层交换机的交换机方案，实际上是一个能够支持多层次动态集成的解决方案，虽然这种多层次动态集成功能在某些程度上也能由传统路由器和二层交换机搭载完成，但这种搭载方案与采用三层交换机相比，不仅需要更多的设备配置、占用更大的空间、设计更多的布线和花费更高的成本，而且数据传输性能也要差得多，因为在海量数据传输中，搭载方案中的路由器无法克服路由传输速率瓶颈。

总结三层交换的特点：

（1）由硬件结合实现数据的高速转发。这不是简单的二层交换机和路由器的叠加，而是三层路由模块直接叠加在二层交换的高速背板总线上，突破了传统路由器的接口速率限制，速率可达几十 Gbit/s。算上背板带宽，这些是三层交换机性能的两个重要参数。

（2）简洁的路由软件使路由过程简化。大部分的数据转发，除了必要的路由选择交由路由软件处理，都是由二层模块高速转发，路由软件大多都是经过处理的高效优化软件，并不是简单照搬路由器中的软件。

3. 三层交换机实现 VLAN 间通信

在 VLAN 的实际组建中，一般采用三层交换技术来实现 VLAN 间的通信。使用路由器连接时，一般需要在 LAN 接口上设置对应各 VLAN 的逻辑子接口；三层交换机则是在内部生成 VLAN 接口（VLAN Interface，VLANIF），用于各 VLAN 收发数据。

如图 6-21 所示，三层交换机分别为 VLAN 100、VLAN 200 和 VLAN 300 创建逻辑接口 VLANIF 100、VLANIF 200 和 VLANIF 300，在 VLANIF 100 上设置 VLAN 100 的网关，在 VLANIF 200 上设置 VLAN 200 的网关，在 VLANIF 300 上设置 VLAN 300 的网关。这三个 VLAN 就分别通过各自逻辑接口配置的网关来实现 VLAN 间的路由和转发。

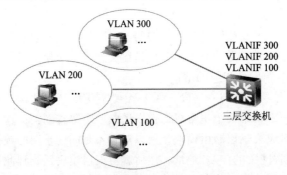

图 6-21　三层交换实现 VLAN 间通信

6.4　路由协议

6.4.1　动态路由协议

路由来源除了直连路由，还有静态路由和动态路由。静态路由是由网络管理员手动配置的固定路由，不能对网络的改变或者故障自动作出反应进行修正，网络规模扩大时，配置的繁杂度会加大。静态路由一般用于网络规模不大、拓扑结构相对固定的网络。

对于较大规模的网络，如果采用静态路由策略，不仅给网络管理员带来繁杂的工作量，而且在网络表的管理和维护问题上也变得困难。为了解决较大规模网络的路由表的生成和维护，动态路由协议应运而生。

动态路由协议是运行在路由器上的软件进程，与其他路由器上相同路由协议之间交换路由信息，学习非直连网络的路由信息，加入路由表，并且在网络拓扑结构变化时自动调整，维护正确的路由信息，并计算最佳路由的协议，如图 6-22 所示。

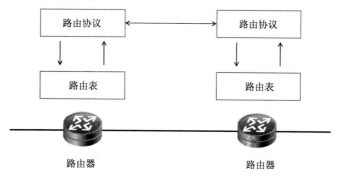

图 6-22　路由协议生成和维护路由表

路由器之间的路由信息交换是基于路由协议实现的。交换路由信息的最终目的在于形成路由转发表，进而通过此表找到一条数据交换的"最佳"路径。每一种路由算法都有其衡量"最佳"的一套原则。大多数算法使用一个量化的参数来衡量路径的优劣，一般说来，参数值越小，路径越好。

常用的衡量动态路由协议的一些性能指标：

（1）正确性。能够正确找到最优的路由，且无自环。

（2）快收敛。当网络的拓扑结构发生变化后，能够迅速在自治系统中作相应的路由改变。

（3）低开销。协议自身的开销（内存、CPU、网络带宽）最小。

（4）安全性。协议自身不易受攻击，有安全机制。

（5）普适性。适应各种拓扑结构和规模的网络。

6.4.2　动态路由协议的分类

因特网采用分层次的路由选择协议，之所以采用分层次的路由选择协议主要基于以下两点考虑。第一，因特网的规模非常大，如果让所有的路由器知道所有的网络应怎样到达，则这种路由表将非常大，处理起来也太花时间。而且所有这些路由器之间交换路由信息所需的带宽也会使因特网的通信链路饱和。第二，许多单位基于保密性的需要，不希望外界了解自己单位网络的布局细节和本部门所采用的路由选择协议（这属于本部门内部的事情），但同时还希望连接到因特网上。

为了能够采用分层的路由协议，因特网引入了自治系统 AS（Autonomous System）的概念。自治系统 AS 的定义：在单一的技术管理下的一组路由器，而这些路由器使用一种 AS 内部的路由选择协议和共同的度量以确定分组在该 AS 内的路由，同时还使用一种 AS 之间的路由选择协议用以确定分组在 AS 之间的路由。需要注意的是，因为现实中出现了内部多种路由协议的 AS，因此现在一般认为 AS 尽管内部有可能使用多种内部路由选择协议和度量，但是一个 AS 对其他 AS 表现出的是一个单一的和一致的路由选择策略。一个自治系统将会分配一个全局的唯一的 16 位号码，取值范围在 1~65 535，我们把这个号码称为自治系统号。

在 AS 的基础上，因特网引入了两大类路由选择协议：

（1）内部网关协议 IGP（Interior Gateway Protocol）：即在一个自治系统内部使用的路由选择协议。目前这类路由选择协议使用得最多，如路由信息协议（Routing Information Protocol，RIP）、开放式最短路径优先（Open Shortest Path First，OSPF）、中间系统到中间系统的路由选择协议（Intermediate System to Intermediate System Routing Protocol，IS–IS）、Internet 组管理协议（Internet Group Management Protocol，IGMP）等。

（2）外部网关协议（External Gateway Protocol，EGP）：若源站和目的站处在不同的自治系统中，当数据报传到一个自治系统的边界时，就需要使用一种协议将路由选择信息传递到另一个自治系统中。这样的协议就是外部网关协议 EGP。在外部网关协议中目前使用最多的是边界网关协议 BGP-4。

关于 AS、IGP、EGP 的一个简单的示意图，如图 6-23 所示。

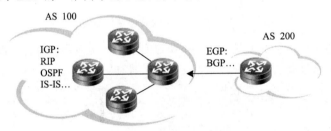

图 6-23　IGP 和 EGP 作用范围

如果依据路由器间交换路由信息的内容及路由算法，又可以将路由协议分为：

（1）距离矢量路由协议。距离矢量路由协议是基于距离矢量算法，这类协议有 RIPv1/v2、BGP。

（2）链路状态路由协议。链路状态路由协议一般是基于 SPF（Shortest Path First）算法，OSPF 和 IS–IS 属于这类协议。

6.4.3　RIP

路由信息协议（RIP）是基于距离矢量的路由选择协议，是最早的动态路由协议，原理简单，配置方便，广泛应用于小型网络。RIP 通过 UDP 报文进行路由信息的交换，使用的端口号是 520。

RIP 协议中的距离也称为"跳数"，它利用跳数来作为计量单位，因此在 RIP 协议中，路由表不但要记录到达目的网络的下一站信息，还要记录到达目的网络的距离（跳数）。

RIP 协议工作原理描述如下：

1）距离矢量的计算

RIP 利用度量来表示它和所有已知目的地间的距离。RIP 度量的单位是跳数，其单位是 1，也就是规定每一条链路的成本为 1，而不考虑链路的实际带宽、时延等因素，如果从源网络到目的网络存在多个路径，认为跳数最少即距离最短的路由就是最优路由。每增加一个路由器，跳数就加 1，如果路由器 A 和网络 B 直接相连，那么路由器 A 到网络 B 的距离就是 1。如果从路由器 A 出发，到达网络 B 中间需要经过 N 个路由器，那么路由器 A 到网络 B 的距离就是 N+1。RIP 协议允许一条路径上最多包含 15 个路由器，即最多允许 15 跳，因此距离的最大值为 16，大于 16 就表示目的网络不可达，所以 RIP 协议只适合于小型的网络。

2）路由表的建立

路由器运行 RIP 时，初始路由表仅仅包含本路由器的一些直连路由；RIP 启动后，会向各个接口广播发送一个路由更新请求报文（Request），收到请求报文的邻居路由器会把自己的 RIP 路由形成响应报文（Response），向该接口对应的网络广播；收到邻居路由器发送过来的响应报文，本地路由器把报文中路由项的度量值和自己的 RIP 路由表中的每一路由项度量值进行比较，并按照距离矢量路由算法对自己的 RIP 路由表进行修正；网络稳定后，RIP 协议会让路由器周期性用 Response 报文广播自己的路由表。路由表的建立过程如图 6-24 所示。

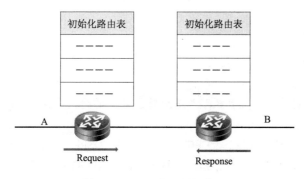

图 6-24　RIP 路由表的建立

3）路由表的更新

收到邻居路由器的路由表信息后，每个路由器都要更新自己的路由表：

（1）对于路由表中不存在的表项，且度量值小于 16 时，直接添加该表项。

（2）如果路由表中已存在该表项：当该路由项的下一跳是邻居路由器时，无论度量值是减少还是增大，都要更新该路由项；当该路由项的下一跳不是邻居路由器时，只有在度量值减少的情况下，才更新该路由项。这样下一次就可以将更新后的路由表告诉自己的邻居。图 6-25 是一个路由表的更新过程。

如果 180 s 内没有收到某个路由器的路由表信息，就认为这个路由器出了故障，路由表中所有以这个路由器为下一站的表项中的距离修改为 16，表示目的网络不可达，路由项变为不可达后，周期性发布 4 次 120 s 后从路由表中清除。经过一段时间后，每个路由器都会知道到达每个网络的路由，构建出完整的路由表。网络稳定后，每个路由器每隔 30 s 给自己的所有的邻居路由器广播 RIP 报文，报文的内容是这个路由器当前的路由表信息。

RIP 协议仅仅和邻居交换信息，交换的内容只是自己的路由表，算法简单易用，但是也有自己显而易见的缺点：由于 15 跳为最大值，RIP 只能应用于小规模网络；收敛速度慢；会存在路由环路问题；定期广播路由表会耗费比较大的网络资源；根据跳数选择的路由，不一定是最优路由。

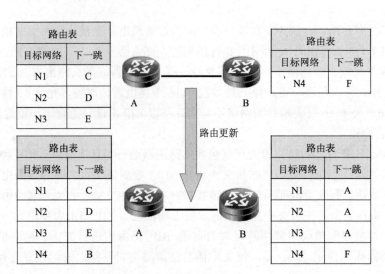

图 6-25　RIP 路由表的更新过程

6.4.4　OSPF

前面介绍路由协议根据算法可以分为距离矢量路由协议和链路状态算法路由协议。已经介绍的 RIP 路由协议是属于距离矢量路由协议的一种，只能满足小规模网络的需求，不能适应大规模网络的路由计算。下面介绍基于链路状态算法的路由协议 OSPF。

开放的最短路径优先 OSPF 协议（Open Shortest Path First）是基于链路状态算法的常用 IGP 路由协议之一，由 IETF 开发，支持中大型的网络。OSPF 直接运行于 IP 协议之上，使用 IP 协议号 89。OSPF 发展经过了几个版本，OSPFv1 在 RFC1131 中定义，该版本一直处于实验阶段没有公开使用；目前针对 IPv4 使用 OSPFv2。OSPFv2 最早在 RFC1247 中定义，RFC2328 是其最新标准文档；OSPFv3 是针对 IPv6 技术的版本。若没有特别说明，下文中所提到的 OSPF 均指 OSPFv2。

对于一个路由器而言，链路可以视为路由器上的接口，链路状态是有关接口及其同邻接路由器关系的描述，是指这个路由器与哪些路由器相邻，以及它们之间链路的"度量"。OSPF 使用带宽、延时、负载、距离和费用等多种因素来考虑度量，度量越小，代价越低。链路状态不包含路由信息，只是表明了两个路由器之间的连接状态。每个路由器都有一个链路状态数据库，记录当前网络的连接状况。

在 OSPF 域内路由器之间交换的就是链路状态信息，所有的链路状态信息集合成链路状态信息库，路由器通过 SPF 算法计算出到达目的地的最短路由。由于通过 SPF 算法可以生成一棵无环的最短路径树，因此 OSPF 路由协议没有环路问题。同 RIP 协议相比，OSPF 协议更适合大规模网络应用。

OSPF 具有很多显著的特点，因此得到了广泛应用。特点如下：

（1）支持 CIDR：早期的路由协议如 RIPv1 并不支持 CIDR，而 OSPF 可以支持 CIDR，同时在发布路由信息时携带了子网掩码信息，使得路由信息不再局限于有类网络。

（2）支持区域划分：OSPF 协议允许自治系统内的网络被划分成区域来管理。通过划分区域来实现更加灵活的分级管理。

（3）无路由自环：OSPF 从设计上保证了无路由环路。OSPF 支持区域的划分，区域内部的路由器都使用 SPF 最短路径算法保证了区域内部的无环路。OSPF 利用区域的连接规则保证了区域之间无路由自环。

（4）路由变化收敛速度快：OSPF 被设计为触发式更新方式。当网络拓扑结构发生变化，新的链路状态信息会立刻泛洪。OSPF 对拓扑变化敏感，因此路由收敛速度快。

（5）使用 IP 组播收发协议数据：OSPF 路由器使用组播和单播收发协议数据。因此占用的网络流量很小。

（6）支持多条等值路由：在路由方面，OSPF 还支持多条等值路由。当到达目的地有多条等值开销路径时，流量被均衡地分担在这些等开销路径上，实现了负载分担。更好地利用了链路带宽资源。

（7）支持协议报文的认证：在某些安全级别较高的网络中，OSPF 路由器可以提供认证功能。OSPF 路由器之间的报文可以配置成必须经过验证才能交换。通过验证可以提高网络的安全性。

对比 OSPF 与 RIP 协议，不难发现 OSPF 是一种更高级的内部网关协议。虽然都是 IGP 路由协议，但两者却存在着根本的区别。OSPF 协议基于链路状态算法，而不是距离矢量算法。通过对比距离矢量 RIP 路由协议的学习可以得出距离矢量路由协议的路由选路原则只是简单的基于跳数，而无法根据链路带宽等资源进行选择，这样就会导致一条高带宽的路径反而没有被选择，而 OSPF 会根据链路状态来综合考虑，进行选路，从而完全解决了这个问题。由于 OSPF 路由收敛快、无跳数限制、通告有关链路的信息、不定期发送路由表更新，因此更适合大规模网络使用。

1. OSPF 的几个概念

1）Router ID

一台路由器如果要运行 OSPF 协议，必须具有一个 Router ID。LSDB 描述的是整个网络的拓扑结构，包括网络内所有的路由器。所以网络内每个路由器都需要有一个唯一的标识，用于在 LSDB 中标识自己，Router ID 就是在 OSPF 中是作为路由器唯一标识的。

每个运行 OSPF 的路由器都有一个 Router ID。这个标识 Router ID 的格式和 IP 地址的格式是一样的，是一个 32 位的二进制数。

Router ID 一般如下产生：可以通过手工配置路由器的 Router ID；如果没有手工配置，一般推荐使用路由器 Loopback 环回口的 IP 地址作为路由器的 Router ID；如果没有创建环回口，则选用物理接口的 IP 地址，如果有多个地址，选择 IP 地址最大的作为 Router ID。

2）链路状态数据库

链路状态数据库（Link State Database，LSDB）汇集了网络中所有路由器的链路状态通告（Link State Advertisement，LSA），包含了网络中所有路由器的链接状态。它表示着整个路由域内详细的网络拓扑结构。在同一个区域内，所有路由器上的链路状态数据库 LSDB 是相同的。

3）邻居和邻接

运行 OSPF 的路由器之间需要交换链路状态信息和路由信息，在交换这些信息之前路由器之间首先需要建立邻接关系。邻接关系是建立在邻居关系之上的。

邻居路由器（Neighbor）：OSPF 路由器启动后，便会通过 OSPF 接口向外发送 Hello 报文用于发现邻居。收到 Hello 报文的 OSPF 路由器会检查报文中所定义的一些参数，如果双方一致就会形成邻居关系。

邻接（Adjacency）：形成邻居关系的双方不一定都能形成邻接关系，这要根据网络类型而定。只有当双方成功交换链路状态信息数据库报文，才形成真正意义上的邻接关系。路由器在发送 LSA 之前必须先发现邻居并建立邻居关系，形成邻居关系的路由器不一定是邻接关系。

4）DR 和 BDR

当多台 OSPF 路由器连到同一个多路访问网段时，如果每两台路由器之间都相互交换 LSA，那么该网段将充满众多 LSA 条目，这是没有必要的，也浪费了宝贵的带宽资源。

为了减少在局域网上的 OSPF 协议报文的流量，为了能够尽量减少 LSA 的传播数量，通过在多路访问网段中选择出一个核心路由器，称为 DR（Designated Router），网段中所有的 OSPF 路由器都和 DR 互换 LSA，这样一来，DR 就会拥有所有的 LSA，并且将所有的 LSA 转发给每一台路由器；DR 就像是该网段的 LSA 中转站，所有的路由器都与该中转站互换 LSA，如果 DR 失效后，那么就会造成 LSA 的丢失与不完整，所以在多路访问网络中除了选举出 DR 之外，还会选举出一台路由器作为 DR 的备份，称为 BDR（Backup Designated Router），BDR 在 DR 不可用时，代替 DR 的工作，而既不是 DR，也不是 BDR 的路由器称为 DR other，事实上，DR other 除了和 DR 互换 LSA 之外，同时还会和 BDR 互换 LSA。

其实不难看出，DR 与 BDR 并没有任何本质与功能的区别，只有在多路访问的网络环境中，才需要 DR 和 BDR，DR 与 BDR 的选举是在一个二层网段内选举的，即在多个路由器互连的接口范围内，与 OSPF 区域没有任何关系，一个区域可能有多个多路访问网段，那么就会存在多个 DR 和 BDR，但一个多路访问网段，只能有一个 DR 和 BDR。

在一个网段中，因为所有路由器都能与 DR 和 BDR 互换 LSA，所以所有路由器都与 DR 和 BDR 是邻接关系，而 DR other 与 DR other 之间无法互换 LSA，所以 DR other 与 DR other 之间只是邻居关系。

网段内的 DR 和 BDR 不是人为制定的，而是本网段内所有路由器共同选举出来的。选举 DR 和 BDR 的规则为：

（1）先比较路由器优先级：优先级数值大的优先级高，被选为 DR，优先级次之的被选为 BDR。路由优先级可以人工设置，取值范围在 0~255 之间，默认值为 1，值为 0 的不参与 DR 和 BDR 的选举。

（2）再比较 Router ID 大小：如果路由器的路由优先级相同，则比较 Router ID，值大的被选为 DR，次之的被选为 BDR。

2. OSPF 工作过程

OSPF 最显著的特点是使用链路状态算法，区别于早先的路由协议使用的距离矢量算法。每个路由器向外发布本地链路状态信息，并收集其他路由器发布的链路状态信息，形成一个描述网络拓扑结构的链路状态数据库，通过此数据库使用最短路径优先算法计算出一个最短路径树，最短路径树给出了到网络中每个结点的路由。

OSPF 的具体工作过程如图 6-26 所示，描述如下：

（1）每个 OSPF 路由器通过泛洪链路状态通告 LSA 即向外发布本地链路状态信息（例如可用的端口，可到达的邻居以及相邻的网段信息等）。泛洪是指 OSPF 路由器之间发送及同步连接状态数据库的过程。

（2）每个路由器通过收集其他路由器发布的链路状态通告以及自身生成的本地链路状态通告，形成一个链路状态数据库（LSDB）。LSDB描述了路由域内详细的网络拓扑结构。

（3）通过LSDB，每台路由器以SPF算法计算出一棵以自己为根，以网络中其他结点为叶的最短路径树。SPF算法生成的是一棵无环的最短路径树。

（4）每台路由器计算的最短路径树相当于到网络中其他结点的路由表。这样OSPF路由器就能知道如何到达其他路由器。

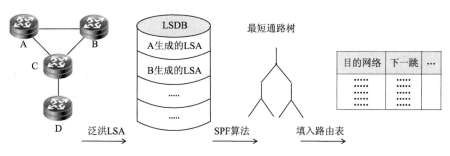

图 6-26　OSPF 工作过程

3. OSPF 报文

OSPF有五种报文类型，每种报文都使用相同的OSPF报文头。OSPF路由器使用以下五种报文来发现和维护邻居关系，实现LSDB的同步和交互信息，保证OSPF协议正常运行。

（1）Hello报文：最常用的一种报文，用于发现、维护邻居关系。并在广播和NBMA类型的网络中选举DR和BDR。

（2）DD报文（Database Description）：两台路由器进行LSDB数据库同步时，用DD报文来描述自己的LSDB。内容包括LSDB中每一条LSA的Header头部（LSA的Header可以唯一标识一条LSA）。LSA Header只占一条LSA的整个数据量的一小部分，这样可以减少路由器之间的协议报文流量，对端路由器根据LSA Header就可以判断出是否已有这条LSA。

（3）LSR报文（Link State Request）：两台路由器互相交换过DD报文之后，知道对端的路由器有哪些LSA是本地的LSDB所缺少的，这时需要发送LSR报文向对方请求缺少的LSA。内容包括所需要的LSA的摘要。

（4）LSU报文（Link State Update）：用来向对端路由器发送所需要的LSA，内容是多条LSA（全部内容）的集合。

（5）LSAck报文（Link State Acknowledgment）：用来对接收到的LSU报文进行确认。

OSPF的整个工作的过程就是由该五类报文完成：

每个路由器会周期性地向相邻路由器发送探测报文，检测其是否可达。如果邻站给与应答，说明链路正常；否则说明链路出了故障。如果一个路由器检测到某条链路状态发生了变化，该路由器就发送链路状态更新报文，使用泛洪法对全网更新链路状态。

即便链路状态没有发生变化，每隔30分钟路由器要向网络中的其他路由器广播链路状态信息，以确保链路状态数据库与全网保持一致。

每个路由器收到其他路由器的链路状态信息后，更新链路状态数据库，构建整个网络的拓扑图，利用Dijkstra的最短路径算法SPF计算出到达每个网络的最短路径。

4. OSPF 区域划分

随着网络规模日益扩大，网络中的路由器数量不断增加，当一个大型网络中的路由器都运行 OSPF 路由协议时，就会遇到如下问题：

（1）路由器数量的增多会导致 LSDB 非常庞大，占用大量的存储空间。

（2）LSDB 的庞大会使得运行 SPF 算法的复杂度增加，导致 CPU 负担很重。

（3）在网络规模增大之后，拓扑结构发生变化的概率也增大，网络会经常处于"动荡"之中，造成网络中会有大量的 OSPF 协议报文在传递，降低了网络的带宽利用率。更为严重的是，每一次变化都会导致网络中所有的路由器重新进行路由计算。

（4）LSDB 的庞大也会使路由器之间的 LSDB 同步的时间大大增加，效率低下。

OSPF 协议通过将自治系统划分成不同的区域（Area）来解决上述问题。区域是从逻辑上将路由器划分为不同的组，每个组用区域号（Area ID）来标识，取值范围在 0~31。每个网段必须属于一个区域，即每个运行 OSPF 的接口必须指明属于某一个特定的区域。

基于链路状态的路由在设计时要求需要一个层次性的网络结构。OSPF 网络分为以下 2 个级别的层次：骨干区域（Backbone or Area 0）和非骨干区域（Nonbackbone Areas）。

小规模的 OSPF 网络可以只有一个区域，即单区域。单区域指所有运行 OSPF 协议的路由器划被分到同一个区域，这个区域就是骨干区域。单区域如图 6-26 所示。一个 OSPF 互联网络，无论有没有划分区域，总是至少有一个骨干区域。骨干区域有一个 ID 0.0.0.0，也称之为区域 0。

对于规模较大的 OSPF 区域就要进行多区域划分，如图 6-27 所示。

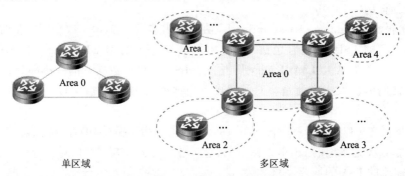

单区域　　　　　　　　　　　　　　　多区域

图 6-27　OSPF 单区域和多区域

在一个 OSPF 区域中只能有一个骨干区域，而且骨干区域必须是连续的（也就是中间不会越过其他区域）在一个 OSPF 区域中可以有多个非骨干区域，为了避免区域间路由环路，非骨干区域之间不允许直接相互发布区域间路由信息，他们只有与骨干区域相连，通过骨干区域相互交换信息。因此，所有区域边界路由器 ABR 都至少有一个接口属于 Area 0，即每个区域都必须连接到骨干区域。

骨干区域作为区域间传输通信和分布路由信息的中心，负责在非骨干区域之间发布由区域边界路由器汇总的路由信息（并非详细的链路状态信息），区域间的通信先要被路由到骨干区域，然后再路由到目的区域，最后被路由到目的区域中的主机。这些汇总通告在区域内路由器泛洪，通告给区域内每台路由器。

在一个 OSPF 区域中可以有多个非骨干区域。为了避免区域间路由环路，非骨干区域之间不允许直接相互发布区域间路由信息，他们只有与骨干区域相连，通过骨干区域相互交换信息。因此，所有区域边界路由器都至少有一个接口属于 Area 0，即每个区域都必须连接到骨干区域。

总结区域划分的规则：

（1）每一个网段必须属于一个区域，即每个运行 OSPF 协议的接口必须指定属于某一个特定的区域；

（2）区域用区域号（Area ID）来标识，区域号是一个从 0 开始的 32 位整数；

（3）骨干区域（area 0）不能被非骨干区域分割开；

（4）非骨干区域（非 area 0）必须和骨干区域相连（不建议使用虚链接）。

骨干区域和非骨干区域的划分，缩小每个区域的 LSDB 规模，大大降低了区域内工作路由的负担，只有同一区域内的路由器之间会保持 LSDB 的同步，网络拓扑结构的变化首先在区域内更新，减少网络流量。区域内的详细拓扑信息不向其他区域发送，区域间传递的是抽象的路由信息，而不是详细的描述拓扑结构的链路状态信息。每个区域都有自己的 LSDB，不同区域的 LSDB 是不同的。路由器会为每一个自己所连接到的区域维护一个单独的 LSDB。由于详细链路状态信息不会被发布到区域以外，因此 LSDB 的规模大大缩小了。

划分区域后，可以在区域边界路由器上进行路由聚合，以减少通告到其他区域的 LSA 数量，还可以将网络拓扑变化带来的影响最小化。

5. OSPF 路由器的角色

OSPF 根据路由器在自治系统中不同的位置定义了一系列类型的路由器，主要有 4 种，如图 6-28 所示。

1）内部路由器（Internal Router，IR）

内部路由器是指所有接口网段都在一个非骨干区域内的路由器。属于同一个区域的 IR 维护相同的 LSDB。

2）区域边界路由器（Area Border Router，ABR）

区域边界路由器是指连接到多个区域的路由器，这里通常指非骨干区域和骨干区域之间相连的路由。ABR 为每一个所连接的区域维护一个 LSDB。只有 ABR 记载了各区域的所有路由表，各非骨干区域内的非 ABRs 只记载了本区域内的路由表，若要与外部区域中的路由相连，只能通过本区域的 ABRs，由 ABRs 连到骨干区域的 BR，再由骨干区域的 BR 连到要到达的区域。

由于 ABR 担负骨干区域和非骨干区域之间交换路由信息的重任，被认为是任务最繁重的路由器，需要有性能高的路由器来担任。在一台 ABR 上尽量不要配置太多的区域，一般是一个骨干区域加上一个或两个非骨干区域。

3）骨干路由器（Backbone Router，BR）

骨干区域内的路由器称为骨干路由，是指至少有一个端口（或者虚连接）连接到骨干区域的路由器。包括所有的 ABR 和所有端口都在骨干区域的路由器。由于非骨干区域必须与骨干区域直接相连，因此骨干区域中路由器（即骨干路由器）往往会处理多个区域的路由信息。

4）AS 边界路由器（AS Boundary Router，ASBR）

AS 边界路由器是指和其他 AS 中的路由器交换路由信息的路由器，这种路由器负责向整个 AS 通告 AS 外部路由信息。AS 内部路由器通过 ASBR 与 AS 外部进行通信。AS 边界路由器可以是内部路由器 IR，或者是 ABR，可以属于骨干区域也可以不属于骨干区域。

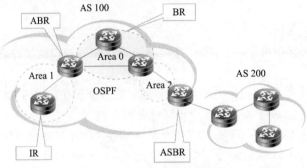

图 6-28　OSPF 路由器的角色

6.4.5　BGP

BGP 是不同自治系统的路由器之间交换路由信息的协议。BGP 较新版本是 2006 年 1 月发表的 BGP-4（BGP 第 4 个版本），可以将 BGP-4 简写为 BGP。因特网的规模太大，使得自治系统之间路由选择非常困难。对于自治系统之间的路由选择，要寻找最佳路由是很不现实的。当一条路径通过几个不同 AS 时，要想对这样的路径计算出有意义的代价是不太可能的。比较合理的做法是在 AS 之间交换"可达性"信息，力求寻找一条能够到达目的网络且比较好的路由（不能兜圈子），而并非要寻找一条最佳路由。

每一个自治系统的管理员要选择至少一个路由器作为该自治系统的"BGP 发言人"。一般说来，两个 BGP 发言人都是通过一个共享网络连接在一起的，而 BGP 发言人往往就是 BGP 边界路由器，但也可以不是 BGP 边界路由器。一个 BGP 发言人与其他自治系统中的 BGP 发言人要交换路由信息，就要先建立 TCP 连接，然后在此连接上交换 BGP 报文以建立 BGP 会话（Session），利用 BGP 会话交换路由信息。BGP 所交换的网络可达性的信息就是要到达某个网络所要经过的一系列 AS。当 BGP 发言人互相交换了网络可达性的信息后，各 BGP 发言人就根据所采用的策略从收到的路由信息中找出到达各 AS 的较好路由。

BGP-4 共使用四种报文来完成 AS 之间的会话，分别是：

（1）打开报文（OPEN）：用来与相邻的另一个 BGP 发言人建立关系。

（2）更新报文（UPDATE）：用来发送某一路由的信息，以及列出要撤销的多条路由。

（3）保活报文（KEEPALIVE）：用来确认打开报文和周期性地证实邻站关系。

（4）通知报文（NOTIFICATION）：用来发送检测到的差错。

在 RFC 2918 中增加了 ROUTE-REFRESH 报文，用来请求对等端重新通告。

BGP 具有以下特点：可靠的路由更新机制；丰富的 Metric 度量方法；从设计上避免了环路的发生；支持 CIDR（无类别域间选路）；丰富的路由过滤和路由策略；周期性发送 keep alive 报文效验 TCP 的连通性；无需周期性更新，路由更新只发送增量路由。

6.5　广域网技术

6.5.1　广域网的类型

广域网是将地理位置上相距较远的多个计算机系统，通过通信线路按照网络协议连接起来，实现计算机之间相互通信的计算机系统的集合。

广域网的重要组成部分是通信子网。由于广域网常用于互连相距很远的局域网，所以在许多广域网中，一般由公用网络系统充当通信子网，如公用电话交换网（Public Switch Telephone Network，PSTN）、数字数据网（Digital Data Network，DDN）、分组交换数据网（X.25）、帧中继（Frame Relay，FR）、综合业务数据网（Integrated Services Digital Network，ISDN）、异步传输模式（Asynchronous Transfer Mode，ATM）等。公用通信网络系统包括传输线路和交换结点两个部分。对照 OSI 参考模型，这些公用通信网一般工作在 OSI 参考模型的低 3 层，即物理层、数据链路层和网络层。

广域网的连接方式主要是通过公共网络来实现的。公共网络的类型包括：传统的电话网络、租用专线、分组交换数字网络等。如果以建立广域网的方法对广域网进行分类，广域网可以被划分为：线路交换网、分组交换网、专用线路网等。

1. 线路交换网

电路交换是广域网所使用的一种交换方式。可以通过运营商网络为每一次会话过程建立，维持和终止一条专用的物理电路。电路交换也可以提供数据报和数据流两种传送方式。电路交换在电信运营商的网络中被广泛使用，其操作过程与普通的电话拨叫过程非常相似。线路交换网是面向连接的网络，在数据需要发送时，发送设备必须建立并保持一个连接，直到数据被发送；线路交换网只在每个通话过程中建立一个专用信道；线路交换网有模拟线路和数字线路两种交换服务。公用交换电话网（Public Switch Telephone Network，PSTN）和综合业务数字网（Integrated Services Digital Network，ISDN）就是典型的采用电路交换技术的广域网技术。

2. 分组交换网

分组交换网（Packet Switched Data Network，PSDN），是一种以分组（Packet）为基本数据单元进行数据交换的通信网络。在通信过程中，通信双方以分组为单位、使用存储-转发机制实现数据交互的通信方式，被称为分组交换（Packet Switching，PS）。

分组交换网诞生于 20 世纪 70 年代，是最早被广泛应用的广域网技术。著名的 ARPANET 就是使用分组交换技术组建的。通过公用分组交换数据网不仅可以将相距很远的局域网互连起来，也可以实现单机接入网络。

分组交换也称为包交换，它将用户通信的数据划分成多个更小的等长数据段，在每个数据段的前面加上必要的控制信息作为数据段的首部，每个带有首部的数据段就构成了一个分组。首部指明了该分组发送的地址，当交换机收到分组之后，将根据首部中的地址信息将分组转发到目的地，这个过程就是分组交换。能够进行分组交换的通信网被称为分组交换网。

分组交换的本质就是存储转发，它将所接受的分组暂时存储下来，在目的方向路由上排队，当它可以发送信息时，再将信息发送到相应的路由上，完成转发。

分组交换的思想来源于报文交换，报文交换也称为存储转发交换，它们交换过程的本质都是存储转发，所不同的是分组交换的最小信息单位是分组，而报文交换则是一个个报文。由于以较小的分组为单位进行传输和交换，所以分组交换比报文交换快。报文交换主要应用于公用电报网中。

典型的分组交换网，如 X.25 网、帧中继网、ATM 网等。早期的公用分组交换数据网多使用 X.25 协议标准，故通常也称它为 X.25 网。帧中继是由 X.25 发展起来的快速分组交换技术，它是对 X.25 分组交换网络的扩展和简化。

3. 点到点专用线路网

点到点专用线路是两个点之间的一个安全永久的信道，它是电信运营商为两个用户点提供专用的连接通信通道，是一种永久式的专用物理通道，比如 DDN（Digital Data Network）。专用线路网不需要经过任何建立或拨号进行连接，它是无连接的点到点连接的网络。典型的专用线路网采用专用模拟线路、T1 线路、T2 线路。其中，T1、T2 线路是调制数字电话的线路，是目前最流行的专用线路类型。在这样的点到点的连接线路上数据链路层封装的协议主要有 PPP 和 HDLC。

下面介绍几种典型的、常用的广域网。

6.5.2 公用电话交换网 PSTN

所谓公用电话交换网（Public Switched Telephone Network，PSTN），即我们日常生活中常用的电话网。众所周知，PSTN 是一种以模拟技术为基础的电路交换网络。

PSTN 提供的是一个模拟的专有通道，通道之间经由若干个电话交换机连接而成。当两个主机或路由器设备需要通过 PSTN 连接时，在两端的网络接入侧（即用户回路侧）必须使用调制解调器（Modem）实现信号的模/数和数/模转换。从 OSI 七层模型的角度来看，PSTN 可以看成是物理层的一个简单的延伸，没有向用户提供流量控制、差错控制等服务。而且，由于 PSTN 是一种电路交换的方式，所以一条通路自建立直至释放，其全部带宽仅能被通路两端的设备使用，即使他们之间并没有任何数据需要传送。因此，这种电路交换的方式不能实现对网络带宽的充分利用。

公用电话交换网已经有一个多世纪的历史了，是世界上覆盖最为广泛的通信网络。使用电话网络的优点是不用电话公司铺设本地线路，因为电话网的本地线路本身就已经铺设到局域网附近了。在众多的广域网互连技术中，通过 PSTN 进行互连所要求的通信费用最低，但其数据传输质量及传输速度也最差（56 Kbit/s），同时 PSTN 的网络资源利用率也比较低，这些是很多局域网互连放弃这个方案的重要原因。

6.5.3 ISDN

综合业务数字网（Integrated Services Digital Network，ISDN）是一个数字电话网络国际标准，是一种典型的电路交换网络系统。在 ITU 的建议中，ISDN 是一种在数字电话网 IDN 的基础上发展起来的通信网络，ISDN 能够支持多种业务，包括电话业务和非电话业务。

ISDN 从字面上解释是 Integrated Services Digital Network 的缩写，即综合业务数字网。也可把 IS 理解为 Standard Interface for all Services（一切业务的标准接口）。把 DN 理解为 Digital End to End Connectivity（数字端到端连接）。换句话说，ISDN 是利用数字通信技术，综合各种单一独立的电子通信服务，使之成为一个完整的多功能网络服务系统。图 6-29 表达了 ISDN 的基本概念，多业务终端接入到 ISDN，ISDN 交换设备可以把业务转发到其他公用电话网、分组交换网等。

ISDN 的最重要特征是能够支持端到端的数字连接，并且可实现传统话音业务和分组数据业务的综合，使数据和话音能够在同一网络中传递。ISDN 与数字公用电话交换网（PSTN）有着非常紧密的联系，可认为是在 PSTN 上为支持数据业务扩展形成的。ISDN 的最基本功能与 PSTN 一样，提供端到端的 64 Kbit/s 的数字连接以承载话音或其他业务。在此基础上，ISDN 还提供更高带宽的 N*64 Kbit/s 电路交换功能。ISDN 的综合交换结点还应具有分组交换功能，以支持数据分组的交换。

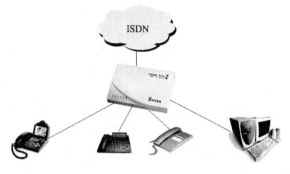

图 6-29　ISDN 概念图

ISDN 的发展分为两个阶段：第一代为窄带 ISDN，即 N–ISDN，简称 ISDN。第二代 ISDN 为宽带 ISDN，即 B–ISDN。

1. N–ISDN

ISDN 为语音、视频和数据提供综合传输业务，能够使语音、视频和数据信息分别在不同的数据通道上实现同时传输。

1984 年，CCITT 对 ISDN 定义了交换设备和用户设备之间的两种数字管道接口，基本速率接口（Basic Rate Interface，BRI）和一次群速率接口（Primary Rate Interface，PRI）如图 6–30 所示。两种接口都能同时提供声音和数据服务，能在同一个传输管道上进行电路交换和分组交换，能以不同速率和专用网互连。

基本速率接口 BRI：包括 2 个能独立工作的 B 信道（64 Kbit/s）和 1 个 D 信道（16 Kbit/s），管道传输速率达 144 Kbit/s。其中 B 信道是"传输信道 Bearer Channel"术语的简称，一般用来传输话音、数据和图像；D 信道则是术语"Delta Channel"的简称，用来传输信令或分组信息。B 代表承载，D 代表控制。基本速率接口的接入也被称为"一线通"。

一次群速率接口 PRI：包括 23 个 B 通道和 1 个 64 Kbit/s 的 D 通道（北美和日本标准），或 30 个 B 通道和 1 个 64 Kbit/s 的 D 通道（我国和欧洲标准），管道传输速率达到 T1 系统的 1.554 Mbit/s 或 E1 系统的 2.048 Mbit/s。

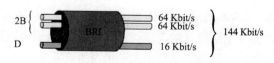

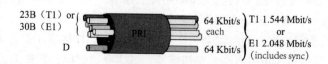

图 6–30　基本速率接口和一次群速率接口

对于小型办公室的广域网连接，BRI ISDN 能够提供理想的解决方案。这是因为 BRI ISDN

不用更换原来的电话线路，连接方便。尤其是对于办公地点可能变动的局域网，使用 BRI ISDN 不用电话公司安装和拆除专门的线路。

我国的 BRI 的 D 信道为电话公司传输信令使用，目前不提供给用户，因此用户只能使用两个 B 信道。当流量小的时候，可以使用其中一个 B 信道，得到 64 Kbit/s 的传输带宽。此时，语音通信可以使用另外一个 B 信道同时进行。当流量较大时，可以同时使用两个 B 信道，得到 128 Kbit/s 的传输带宽。这个速度高于模拟 Modem 56 Kbit/s 的传输速度一倍以上。

使用 PRI ISDN，多条 B 信道同时为两点传输数据，可用于视频信号传输和其他需要宽带传输的连接。

总之，ISDN 以公用电话交换网作为通信网络，提供端到端的数字连接，可完成包括语音和非语音的多种电信业务，具有以下优点：

（1）综合的通信业务：利用一条用户线路，就可以在上网的同时拨打电话、收发传真，就像两条电话线一样。

（2）传输质量高：由于采用端到端的数字传输，传输质量明显提高。

（3）使用灵活方便：只需一个入网接口，使用一个统一的号码，就能从网络得到所需要使用的各种业务。用户在这个接口上可以连接多个不同种类的终端，而且有多个终端可以同时通信。

（4）上网速率可达 128 Kbit/s。

但是也有不少缺点，如下：

（1）相对于 ADSL 和 LAN 等接入方式来说，速度不够快。

（2）长时间在线费用会很高。

（3）设备费用并不便宜。

ISDN 相对传统的拨号上网有很大的改进，但从应用推广的情况来看，ISDN 并未达到事先所预期的结果。ISDN 主要业务仍是针对话音电话交换业务，对数据业务的支持受限于 64 Kbit/s 的信道带宽。因此，ISDN 实际上提供的是一种窄带交换业务，尚不能满足对更高带宽数据通信的要求，如高清晰图像数据传输等。相对于以后提出的使用 ATM 为基础的带宽 ISDN 来说，ISDN 通常被称为窄带 ISDN（N-ISDN）。ISDN 在结构上也不是真正意义上的综合，因为其内部同时采用了电路交换技术和分组交换技术，分别用于话音业务和数据业务，所谓综合只是在用户接口上实现，适应新业务和新技术的能力较差。

2．B-ISDN

由于 ISDN 在实践中并不尽如人意，从 20 世纪 80 年代中期开始，人们开始寻求一种新的网络体系结构，以克服 ISDN 存在的问题。在新网络体系结构的设计时，希望它能够真正实现各种业务（话音、数据、图像，甚至未来新出现的业务等）的综合，能够支持各种现有业务和未来业务的不同特性；能够灵活支持不同传输速率、突发度和时间特性的业务在一个统一网络中高效传输。显然，由于宽带化和业务综合化是这种新的网络体系结构的最主要特征，因此，它被命名为宽带综合业务综合数字网（B-ISDN），以区别于原有 ISDN。

B-ISDN 采用的传输模式主要有高速分组交换、高速电路交换、异步传输模式 ATM 和光交换方式四种，极大地提高了 ISDN 的传输速度，作为 B-ISDN 的用户，网络接口应支持不低于 134 Mbit/s 的速率，并且接口应能方便、有效地提供小于接口最大速率的任何速率的业务。B-ISDN 网络方便、有效地支持可变码速业务；提供多种质量等级服务业务和各种连接，如点对点、点对多点、多点对多点的连接等。B-ISDN 能实现语言、数据、图像等各种业务的通信。

6.5.4 X.25

X.25 网就是 X.25 分组交换网，它是在 20 世纪 70 年代根据 CCITT（即现在的 ITU-T）的 X.25 建议书实现的计算机网络。X.25 网在推动分组交换网的发展中曾做出了很大的贡献。但是，现在已经有了性能更好的网络来代替它，如帧中继网或 ATM 网。

X.25 所讨论的都是以面向连接的虚电路服务为基础，X.25 只是一个对公用分组交换网接口的规约。X.25 所规定的的接口如图 6-31 所示。图中 DTE 表示数据终端设备，X.25 网络的末端设备（如路由器、主机、终端、PC 等），一般位于用户端（故称为用户设备）；图中 DCE 表示数据电路端接设备，专用的通信设备，是数据信号转换的调制解调器，DTE 通过 DCE 接入 X.25 网络。

图 6-31 是一个数据终端设备 DTE 同时和另外两个 DTE 进行通信的情况。X.25 提供的服务是虚电路服务，图中网络中的虚线 VC_1 和 VC_2 代表两条虚电路。图中还有三个 DTE 与数据电路端接设备 DCE 的接口。X.25 所规定的正是关于这一接口的标准。

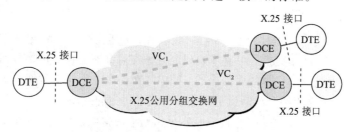

图 6-31　X.25 规定的 DTE-DCE 的接口

DTE 与 DCE 的接口实际上也就是 DTE 和公用分组交换网的接口。X.25 还规定了在经常需要进行通信的两个 DTE 之间可以建立永久虚电路。

X.25 接口分为三个层次，如图 6-32 所示。最下面是物理层，传送比特流，接口标准是 X.21，但实际中用得最多的是 RS-232 串口通信接口。第二层是数据链路层，传送数据帧，接口标准是平衡型链路接入规程 LAPB。第三层是分组层，传送数据分组，相当于 OSI 参考模型的网络层，在这一层上，在 DTE 与 DCE 之间可建立多条逻辑信道（0~4095 号）。这样可以使一个 DTE 同时和网上其他多个 DTE 建立虚电路并进行通信。

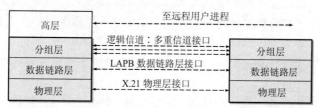

图 6-32　X.25 的层次关系

从以上的简单介绍就可看出，X.25 分组交换网和以 IP 协议为基础的因特网在设计思想上有着根本的差别。因特网是无连接的，只提供尽最大努力交付的数据报服务，无服务质量可言。而 X.25 网是面向连接的，能够提供可靠交付的虚电路服务，能保证服务质量。正因为

X.25 网能保证服务质量，它曾经是颇受欢迎的一种计算机网络。

之前，计算机的价格很贵，许多用户只用得起廉价的哑终端（连硬盘都没有）。当时基于的是传统的模拟电话网络，通信线路的传输质量一般都较差，误码率较高。X.25 网的设计思路是将智能做在网络内。X.25 网在每两个结点之间的传输都使用带有编号和确认机制的 HDLC 协议，而网络层使用具有流量控制的虚电路机制，可以向用户的哑终端提供可靠交付的服务。但是到了 20 世纪 90 年代，情况就发生了很大的变化。通信主干线路已大量使用光纤技术，数据传输质量大大提高使得误码率降低好几个数量级，而 X.25 十分复杂的数据链路层协议和分组层协议已成为多余。PC 的价格急剧下降使得无硬盘的哑终端退出了通信市场。这正好符合因特网当初的设计思想：网络应尽量简单，而智能应尽可能放在网络以外的用户端。虽然因特网只提供尽最大努力交付的服务，但具有足够智能的用户 PC 完全可以实现差错控制和流量控制，因而因特网仍能向用户提供端到端的可靠交付。

这样，到了 20 世纪末，无连接的、提供数据报服务的因特网最终演变成为全世界最大的计算机网络，而 X.25 分组交换网却退出了历史舞台。

6.5.5　帧中继

1. 帧中继的工作原理

在 20 世纪 80 年代后期，许多应用都迫切要求增加分组交换服务的速率。然而 X.25 网络的体系结构并不适合于高速交换。可见需要研制一种支持高速交换的网络体系结构。帧中继 FR（Frame Relay）就是为这一目的而提出的。帧中继在许多方面非常类似于 X.25，它被称为第二代的 X.25。在 1992 年帧中继问世后不久就得到了很大的发展。

在 X.25 网络发展初期，网络传输设施基本是借用了模拟电话线路，这种线路非常容易受到噪声的干扰而产生误码。为了确保传输无差错，X.25 在每个结点都需要作大量的处理。例如，X.25 的数据链路层协议 LAPB 保证了帧在结点间无差错传输。在网络中的每一个结点，只有当收到的帧已进行了正确性检查后，才将它交付给第三层协议。对于经历多个网络结点的帧，这种处理帧的方法会导致较长的时延。除了数据链路层的开销，分组层协议为确保在每个逻辑信道上按序正确传送，还要有一些处理开销。在一个典型的 X.25 网络中，分组在传输过程中在每个结点大约有 30 次左右的差错检查或其他处理步骤。

今天的数字光纤网比早期的电话网具有低得多的误码率，因此，我们完全可以简化 X.25 的某些差错控制过程。如果减少结点对每个分组的处理时间，则各分组通过网络的时延亦可减少，同时结点对分组的处理能力也就增大了。

帧中继就是一种减少结点处理时间的技术。帧中继的原理很简单。当帧中继交换机收到一个帧的首部时，只要一查出帧的目的地址就立即开始转发该帧。因此在帧中继网络中，一个帧的处理时间比 X.25 网约减少一个数量级。这样，帧中继网络的吞吐量要比 X.25 网络提高一个数量级以上。

那么若出现差错该如何处理呢？显然，只有当整个帧被收下后该结点才能够检测到比特差错。但是当结点检测出差错时，很可能该帧的大部分已经转发出去了。

解决这一问题的方法实际上非常简单。当检测到有误码时，结点要立即中止这次传输。当中止传输的指示到达下个结点后，下个结点也立即中止该帧的传输，并丢弃该帧。即使上述出错的帧已到达了目的结点，用这种丢弃出错帧的方法也不会引起不可弥补的损失。不管是上述的哪一种情况，源站将用高层协议请求重传该帧。帧中继网络纠正一个比特差错所用的时间当然要比 X.25 网分组交换网稍多一些。因此，仅当帧中继网络本身的误码率非常低时，帧中继技术才是可行的。

当正在接收一个帧时就转发此帧，通常被称为快速分组交换（Fast Packet Switching）。快速分组交换在实现的技术上有两大类，它是根据网络中传送的帧长是可变的还是固定的来划分。在快速分组交换中，当帧长为可变时就是帧中继；当帧长为固定时（这时每个帧称为一个信元）就是信元中继（Cell Relay），像异步传递方式 ATM 就属于信元中继。

图 6-33（a）和（b）分别是一般分组交换网络和帧中继这两种方式在层次上的对比。前者的概念已在前面讲过。这里要指出的是，对于一般的分组交换网，其数据链路层具有完全的差错控制。但对于帧中继网络，不仅其网络中的各结点没有网络层，并且其数据链路层只具有有限的差错控制功能。只有在通信两端的主机中的数据链路层才具有完全的差错控制功能。图 6-33（b）中带阴影的部分表示帧中继网络只有最低的两层。

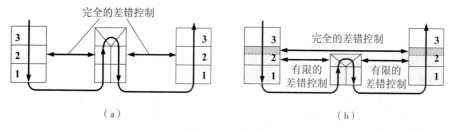

图 6-33　一般分组交换网（a）与帧中继方式（b）的层次关系比较

图 6-34 比较了两种情况下从源站到目的站传送一帧在网络的各链路上所要传送的信息。若在传送的过程中出现了差错而导致分组的重传，则二者的差别就更大。图 6-34（a）是一般分组交换网的情况，每个结点在收到一个数据帧后都要向前一个结点发回确认帧，而目的站最后还要向源站发回确认，这也要逐站进行确认（即对确认帧的确认）。图 6-34（b）是帧中继的情况，它的中间站只转发数据帧而不发送确认帧，即中间站没有逐段的链路控制能力。只有在目的站收到数据帧后才向源站发回端到端的确认。因此帧中继在数据传输的过程中省略掉了很多的确认过程。

帧中继的数据链路层也没有流量控制能力。帧中继的流量控制由高层来完成。

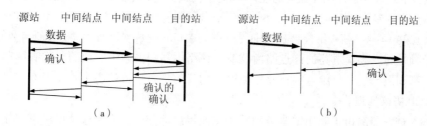

图 6-34　一般分组交换网的存储转发方式（a）与帧中继方式（b）的对比

帧中继的呼叫控制信令是在与用户数据分开的另一个逻辑连接上传送的。这点和 X.25 很不相同。X.25 使用带内信令，即呼叫控制分组与用户数据分组都在同一条虚电路上传送。

帧中继的逻辑连接的复用和交换都在第二层处理，而不是像 X.25 在第三层处理。

帧中继网络向上提供面向连接的虚电路服务。虚电路一般分为交换虚电路 SVC 和永久虚电路 PVC 两种，但帧中继网络通常为相隔较远的一些局域网提供链路层的永久虚电路服务。永久虚电路的好处是在通信时可省去建立连接的过程。图 6-35 是一个例子，帧中继网络有 4 个帧中继交换机。帧中继网络与局域网相连的交换机相当于 DCE，而与帧中继网络相连的路由器则相当于 DTE。当帧中继网络为其两个用户提供帧中继虚电路服务时，对两端的用户来说，帧中继网络所提供的虚电路就好像在这两个用户之间有一条直通的专用电路，用户看不见帧中继网络内的帧中继交换机，如图 6-36 所示。

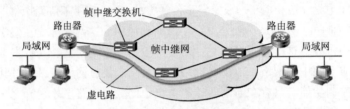

图 6-35 帧中继提供虚电路服务

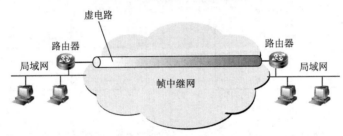

图 6-36 虚电路像一条专用电路

下面是帧中继网络的工作过程。

当用户在局域网上传送的 MAC 帧传到与帧中继网络相连接的路由器时，该路由器就剥去 MAC 帧的首部，将 IP 数据报交给路由器的网络层。网络层再将 IP 数据报交给帧中继接口卡。帧中继接口卡将 IP 数据报加以封装，加上帧中继帧的首部（其中包括帧中继的虚电路号），进行 CRC 检验和加上帧中继帧的尾部。然后帧中继接口卡将封装好的帧通过向电信公司租来的专线发送给帧中继网络中的帧中继交换机。

帧中继交换机与以太网交换机一样，拥有一个交换表。帧中继交换机在收到一个帧时，交换机从帧报头的地址字段取出 DLCI 地址，就按虚电路号查交换表就可以得知应该向哪个端口转发，若检查出有差错则丢弃。与以太网交换机不同的是，由于 DLCI 地址只在一对交换机之间的链路上有效，所以，帧中继交换机在向另外一个端口转发数据报时，需要重新封装帧报头。

当这个帧被转发到虚电路的终点路由器时，该路由器剥去帧中继帧的首部和尾部，加上局域网的首部和尾部，交付给连接在此局域网上的目的主机。目的主机若发现有差错，则报告上层的 TCP 协议处理。

图 6-37 进一步给出了帧中继服务的几个主要组成部分。用户通过帧中继用户接入电路（User Access Circuit）连接到帧中继网络，常用的用户接入电路的速率是 64 Kbit/s 和 2.048 Mbit/s（或 T1 速率 1.544 Mbit/s）。理论上也可使用 T3 或 E3 的速率。帧中继用户接入电路又称为用户网络接口 UNI（User-to-Network Interface）。UNI 有两个端口，在用户的一侧称为用户接入端口（User Access Port），而在帧中继网络一侧的称为网络接入端口（Network Access Port）。用户接入端口就是在用户屋内设备 CPE（Customer Premises Equipment）中的一个物理端口（例

如，一个路由器端口）。一个 UNI 中可以有一条或多条虚电路（永久的或交换的）。图 6-37 中的 UNI 有两条永久虚电路：PVC1 和 PVC2。从用户的角度来看，一条永久虚电路 PVC 就是跨接在两个用户接入端口之间。每一条虚电路都是双向的，并且每一个方向都有一个指派的 CIR。CIR 就是承诺的信息速率（Committed Information Rate）。为了区分开不同的 PVC，每一条 PVC 的两个端点都各有一个数据链路连接标识符 DLCI。

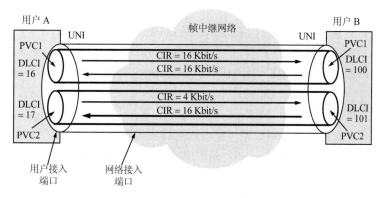

图 6-37　帧中继服务的几个主要组成部分

下面我们归纳一下帧中继的主要优点：

（1）减少了网络互连的代价。当使用专用帧中继网络时，将不同的源站产生的通信量复用到专用的主干网上，可以减少在广域网中使用的电路数。多条逻辑连接复用到一条物理连接上可以减少接入代价。

（2）网络的复杂性减少但性能却提高了。与 X.25 相比，由于网络结点的处理量减少，更加有效地利用高速数据传输线路，帧中继明显改善了网络的性能和响应时间。

（3）由于使用了国际标准，增强了可适用性。帧中继的简化链路协议实现起来不难。接入设备通常只需要一些软件修改或简单的硬件改动就可支持接口标准。现有的分组交换设备和 T1/E1 复用器都可进行升级，以便在现有的主干网上支持帧中继。

（4）协议的独立性。帧中继可以很容易地配置成容纳多种不同的网络协议（如 IP，IPX 和 SNA 等）的通信网。可以用帧中继作为公共的主干网，这样可统一所使用的硬件，也更加便于进行网络管理。

根据帧中继的特点，可以知道帧中继适用于大文件（如高分辨率图像）的传送、多个低速率线路的复用，以及局域网的互连。

2. 帧中继的帧格式

图 6-38 所示的是帧中继的帧格式。这是因为帧中继的逻辑连接只能携带用户的数据，并且没有帧的序号，也不能进行流量控制和差错控制。

下面简单介绍其各字段的作用。

图 6-38　帧中继的帧格式

（1）标志：是一个 01111110 的比特序列，用于指示一个帧的起始和结束。它的唯一性是通过比特填充法来确保的。

（2）信息：是长度可变的用户数据。

（3）帧检验序列：包括 2 字节的 CRC 检验。当检测出差错时，就将此帧丢弃。

（4）地址：一般为 2 字节，但也可扩展为 3 或 4 字节。

地址字段中的几个重要部分是：

（1）数据链路连接标识符（Data Link Channel Identifier，DLCI）：DLCI 字段的长度一般为 10 bit（采用默认值 2 字节地址字段），但也可扩展为 16 bit（用 3 字节地址字段），或 23 bit（用 4 字节地址字段），这取决于扩展地址字段的值。DLCI 的值用于标识永久虚电路、呼叫控制或管理信息。

（2）前向显式拥塞通知（Forward Explicit Congestion Notification，FECN）：若某结点将 FECN 置为 1，表明与该帧在同方向传输的帧可能受网络拥塞的影响而产生时延。

（3）反向显式拥塞通知（Backward Explicit Congestion Notification，BECN）：若某结点将 BECN 置为 1，即指示接受者，与该帧反方向传输的帧可能受网络拥塞的影响产生时延。

（4）可丢弃指示（Discard Eligibility，DE）：在网络发生拥塞时，为了维持网络的服务水平就必须丢弃一些帧。显然，网络应当先丢弃一些相对比较不重要的帧。帧的重要性体现在 DE 比特。DE 比特为 1 的帧表明这是较为不重要的低优先级帧，在必要时可丢弃。而 DE = 0 的帧为高优先级帧，希望网络尽可能不要丢弃这类帧。用户采用 DE 比特就可以比通常允许的情况多发送一些帧，并将这些帧的 DE 比特置 1（表明这是较为次要的帧）。

应当注意：数据链路连接标识符 DLCI 只具有本地意义。在一个帧中继的连接中，在连接两端的用户网络接口 UNI 上所使用的两个 DLCI 是各自独立选取的。帧中继可同时将多条不同 DLCI 的逻辑信道复用在一条物理信道中。

3. 帧中继的拥塞控制

帧中继的拥塞控制实际上是网络和用户共同负责来实现的。网络（即交换机的集合）能够非常清楚地监视全网的拥塞程度，而用户则在限制通信量方面是最有效的。帧中继使用的拥塞控制方法有以下三种：

（1）丢弃策略。当拥塞足够严重时，网络就要被迫将帧丢弃。这是网络对拥塞的最基本的响应。但在具体操作时应当对所有用户都是公平的。

（2）拥塞避免。在刚一出现轻微的拥塞迹象时可采取拥塞避免的方法。这时，帧中继网络应当有一些信令机制及时地使拥塞避免过程开始工作。

（3）拥塞恢复。在已出现拥塞时，拥塞恢复过程可阻止网络彻底崩溃。当网络由于拥塞开始将帧丢弃时（这时高层软件能够发现这一问题），拥塞恢复过程就应开始工作。

为了进行拥塞控制，帧中继采用了一个概念，称为承诺的信息速率（Committed Information Rate，CIR），其单位为 b/s。CIR 就是对一个特定的帧中继连接，用户和网络共同协商确定的关于用户信息传送速率的门限数值。CIR 数值越高，帧中继用户向帧中继的服务提供者交纳的费用也就越多。只要端用户在一段时间内的数据传输速率超过 CIR，在网络出现拥塞时，帧中继网络就可能会丢弃用户所发送的某些帧。虽然使用了"承诺的"这一名词，但当数据传输速率不超过 CIR 时，网络并不保证一定不发生帧丢弃。当网络拥塞已经非常严重时，网络可以对某个连接只提供比 CIR 还差的服务。当网络必须将一些帧丢弃时，网络将首先选择超过其 CIR 值的那些连接上的帧来丢弃。请注意：CIR 并非用来限制数据率的瞬时值。CIR 是用来限制端用户在某一段测量时间间隔 Tc 内（这段时间的长短没有国际标准，通常由帧中继网络提供者确定）所发送的数据的平均数据率。时间间隔 Tc 越大，通信量超过平均数据率的波动就可能越大。

每个帧中继结点都应使通过该结点的所有连接的 CIR 的总和不超过该结点的容量，即不能超过该结点的接入速率（access rate）。

对于永久虚电路连接，每一个连接的 CIR 应在连接建立时即确定下来。对于交换虚电路连接，CIR 的参数应在呼叫建立阶段协商确定。

当拥塞发生时，应当丢弃什么样的帧呢？这就是检查一个帧的可丢弃指示 DE 字段。若数据的发送速率超过 CIR，则结点交换机就将所收到的帧的 DE 比特都置为 1，并转发此帧。这样的帧，可能会通过网络，但也可能在网络发生拥塞时被丢弃。若结点交换机在收到一个帧时，其数据发送速率已超过网络所设定的最高速率，则立即将其丢弃。

总之，帧中继网络的拥塞控制原则是：

（1）若数据率小于 CIR，则在该连接上传送的所有帧均被置为 DE = 0（这表明在网络发生拥塞时尽量不要丢弃 DE = 0 的帧）。这在一般情况下传输是有保证的。

（2）若数据率仅在不太长的时间间隔大于 CIR，则网络可以将这样的帧置为 DE = 1，并在可能的情况下进行传送（即不一定丢弃，视网络的拥塞程度而定）。

（3）若数据率超过 CIR 的时间较长，以致注入到网络的数据量超过了网络所设定的最高门限值，则应立即丢弃该连接上传送的帧。

下面用简单数字说明 CIR 的意义。设某个结点的接入速率为 64 kb/s。该结点使用的一条虚电路被指派的 CIR = 32 kb/s，而 CIR 的测量时间间隔 Tc = 500 ms。再假定帧中继网络的帧长 L = 4000 bit。这就表示在 500 ms 的时间间隔内，这条虚电路只能够发送 CIR×Tc/L = 4 个高优先级的帧中继帧，其 DE = 0。这就是说，这 4 个高优先级帧在网络中的传输是有保证的，但由于 CIR 的数值只是接入速率的一半，因此用户在 500 ms 内还可再发送 4 个低优先级的帧，其 DE = 1。

帧中继还可利用显式信令避免拥塞。上面讲过，在帧中继的地址字段中有两个指示拥塞的比特，即前向显式拥塞通知 FECN 和反向显式拥塞通知 BECN。我们设帧中继网络的两个用户 A 和 B 之间已经建立了一条双向通信的连接。当两个方向都没有拥塞时，则在两个方向传送的帧中，FECN 和 BECN 都应为零。反之，若这两个方向都发生了拥塞，则不管哪一个方向，FECN 和 BECN 都应置为 1。当只有一个方向发生拥塞而另一个方向无拥塞时，FECN 和 BECN 中的哪一个应置为 1，则取决于帧是从 A 传送的 B 还是从 B 传送到 A。

网络可以根据结点中待转发的帧队列的平均长度是否超过门限值来确定是否发生了拥塞。用户也可以根据收到的显式拥塞通知信令采用相应的措施。当收到 BECN 信令时的处理方法比较简单。用户只要降低数据发送的速率即可。但当用户收到一个 FECN 信令时，情况就较复杂，因为这需要用户通知这个连接的对等用户来减少帧的流量。帧中继协议所使用的核心功能并不支持这样的通知，因此需要在高层来进行相应的处理。

比较经典的广域网还有 DDN、ATM 等，这里不一一详细介绍。

思考与练习

1. 简答题

（1）什么是网络互连？什么是广域网？广域网与局域网的区别在什么方面？

（2）集线器、交换机、路由器、三层交换机有哪些区别？

（3）简述路由器的主要功能和工作原理。

（4）常用的网络互连设备有哪些？它们分别工作在 OSI 参考模型的哪一层？

（5）路由表中路由来源主要有哪几类？

（6）路由表是如何建立的？

（7）在进行 IP 包转发的时候，如果路由表中有多条路由都匹配，路由器这时如何进行转发？

（8）简述 IP 路由过程中，包的解封装和再封装。

（9）简述第三层交换技术。

（10）什么是静态路由？什么是动态路由？对静态路由和动态路由进行简单比较。

（11）动态路由协议按照算法分为哪几类？每一类的代表协议是什么？

（12）简述 OSPF 的工作过程。

（13）什么时候需要对 OSPF 进行多区域划分？为什么？

（14）列举几个常见的公用数据通信网。

（15）什么是 ISDN？它给用户提供了哪几种业务？

（16）简述窄带 ISDN 和宽带 ISDN 的区别。

（17）帧中继相对 X.25 有哪些改进？

（18）帧中继为什么没有网络层及以上层次？

2. 选择题

（1）在网络系统中，中继器处于（　　　）。

A. 物理层　　　　　B. 数据链路层　　　　　C. 网络层　　　　　D. 高层

（2）在网络互连的层次中，（　　　）是在数据链路层实现互连的设备。

A. 路由器　　　　　B. 网桥　　　　　C. 集线器　　　　　D. 网关

（3）路由就是网间互连，其功能是发生在 OSI 参考模型的（　　　）。

A. 物理层　　　　　B. 数据链路层　　　　　C. 网络层　　　　　D. 以上都是

（4）如果有多个局域网需要互连，并且希望将局域网的广播信息量能够很好地隔离开，那么最简单的办法是采用（　　　）将各网络互连。

A. 路由器　　　　　B. 交换机　　　　　C. 集线器　　　　　D. 网关

（5）下列不属于广域网的是（　　　）。

A. 电话网　　　　　B. 以太网　　　　　C. ISDN　　　　　D. X.25 分组交换网

（6）X.25 数据交换网采用的是（　　　）。

A. 分组交换技术　　　　　　　　　　B. 报文交换技术

C. 帧交换技术　　　　　　　　　　　D. 电路交换技术

（7）属于距离矢量的路由协议有（　　　）？（多选题）

A. OSPF　　　　　B. RIP　　　　　C. ISIS　　　　　D. BGP

（8）RIP 的最大条数不能超过（　　　）跳。

A. 8　　　　　　　　B. 16　　　　　　　　C. 24　　　　　　　　D. 32

3. 填空题

（1）局域网的数据传输过程主要由集线器、_____来控制，而广域网则需要经过_____来进行数据转发，甚至需要经过多个广域网，延时较长。

（2）交换机是工作在 OSI 模型中_____层上的设备。

（3）从 OSI 层次模型上看，广域网最高层为_____。

（4）在网络层提供协议转换，在不同网络之间存储转发分组的网络设备是_____。

（5）路由器的路由可以分为_____和_____。

（6）使用路由选择信息协议 RIP 来维护的路由是_____路由。

（7）将局域网交换机的设计思想应用到路由器的设计中，就是_____技术，传统的路由器通过软件来实现路由选择功能，而采用第三层交换技术的路由器是通过硬件来实现路由选择功能的。

（8）窄带 ISDN 支持的两种数字管道接口是_____和_____。

4. 判断题

（1）静态路由比动态路由更适合网络拓扑结构复杂且网络规模庞大的互联网络。（　　　）

（2）路由分为静态路由和动态路由。（　　　）

（3）RIP 协议是基于距离矢量路由选择算法。（　　　）

（4）帧中继使用的是虚电路技术。（　　　）

（5）ISDN 的基本速率接口 BRI 的 D 信道一般用来传输话音、数据和图像。（　　　）

（6）OSPF 中邻接关系和邻居是一回事。（　　　）

第7章

➡ 网络安全

随着计算机应用范围的扩大和互联网技术的迅速发展，计算机网络已经渗透到我们生活的各个方面。一方面，计算机网络方便了资源的共享和信息的交互，但是同时也带来了各种安全问题。由于计算机网络具有连接形式多样性、终端分布不均匀性和网络的开放性、互连性等特征，致使网络易受黑客、恶意软件和其他不轨人员的攻击，计算机网络安全问题日益突出。在网络安全越来越受到人们重视和关注的今天，网络安全技术作为一个独特的领域越来越受到人们关注。

网络安全是很大的一个领域，可以专门开一门课程，在本章我们仅仅对网络安全做一个简单的介绍，让同学们了解网络安全的概念，了解常见的网络安全技术，如 ACL、NAT、防火墙技术和 VPN 等。

 学习目标

- 了解网络安全概念
- 了解访问控制列表 ACL
- 了解网络地址转换 NAT
- 了解防火墙技术
- 了解虚拟专用网络 VPN

7.1 网络安全概述

7.1.1 网络安全的概念

所谓网络安全是指采用各种技术和管理措施，对网络系统的硬件、软件及其系统中的数据进行保护，使网络系统不受偶然的因素或者恶意的攻击而遭到破坏、更改、泄漏，能连续、可靠、正常地运行，网络服务不中断。网络安全的本质就是网络的信息安全。

实现网络信息化系统安全最基本的出发点就是认识安全体系中的关键核心要素，然后，围绕这些要素在系统的每一个环节和系统运行中进行安全防护。因此，这里首先说明安全的五大核心要素。

（1）可控性。可控性主要表示可以控制认证（Authentication）和授权（Authorization）范围内的信息流向和行为方式。认证是安全的最基本要素。信息系统的目的就是供使用者使用的，但只能给获得授权的使用者使用，因此，首先必须知道来访者的身份。使用者可以是人、设备和相关系统，无论是什么样的使用者，安全的第一要素就是对其进行认证。认证的结果有三种：可以授权使用的对象，不可以授权使用的对象和无法确认的对象。授权就是授予合法使用者对系统资源的使用权限并且对非法使用行为进行监测。授权可以是对具体的对象进行授权，也可以是对某一组对象授权，也可以是根据对象所扮演的角色授权。来访对象的身份得到认证之后，对不可授权的对象就必须拒绝访问，对可授权的对象则进到下一步安全流程，对无法确认的对象则视来访的目的采取相应的步骤。尽管使用各种安全技术，非法使用并不是可以完全避免的，因此，及时发现非法使用并马上采取安全措施是非常重要的。例如，当病毒侵入信息系统后，如果不及时发现并采取安全措施，后果是非常严重的。

（2）保密性（Confidentiality）。认证和授权是信息安全的基础，但是光有这两项是不够的。保密是要确保信息在传送过程和存储时不被非法使用者"看"到。一个典型的例子是，合法使用者在使用信息时要通过网络，这时信息在传送的过程中可能被非法"截取"并导致泄密。一般来说，信息在存储时比较容易通过认证和授权的手段将非授权使用者"拒之门外"。但是，数据在传送过程中则无法或很难做到这一点，因此，加密技术就成为了信息保密的重要手段。保密性是指确保信息不暴露给未授权的实体或进程。即信息的内容不会被未授权的第三方所知。这里所指的信息不但包括国家秘密，而且包括各种社会团体、企业组织的工作秘密及商业秘密，个人的秘密和个人私密（如浏览习惯、购物习惯）。防止信息失窃和泄露的保障技术称为保密技术。

（3）可用性（Availability）。得到认证和授权的实体在需要时可访问资源和服务。可用性是指无论何时，只要用户需要，信息系统必须是可用的，也就是说信息系统不能拒绝服务。网络最基本的功能是向用户提供所需的信息和通信服务，而用户的通信要求是随机的，多方面的（话音、数据、文字和图像等），有时还要求时效性。网络必须随时满足用户通信的要求。攻击者通常采用占用资源的手段阻碍授权者的工作。可以使用访问控制机制，阻止非授权用户进入网络，从而保证网络系统的可用性。增强可用性还包括如何有效地避免因各种灾害（战争、地震等）造成的系统失效。

（4）完整性（Integrity）。如果说信息的失密是一个严重的安全问题，那么信息在存储和传送过程中被修改则更严重。例如，A 给 B 传送一个文件和指令。在其传送过程中，C 将信息截取并修改，并将修改后的信息传送给 B，使 B 认为被 C 修改了的内容就是 A 所传送的内容。在这种情况下，信息的完整性被破坏了。信息安全的一个重要方面就是保证信息的完整性，特别是信息在传送过程中的完整性，即信息不被偶然或蓄意地删除、修改、伪造、乱序、重放、插入等破坏的特性。只有得到允许的人才能修改实体或进程，并且能够判别出实体或进程是否已被篡改。即信息的内容不能为未授权的第三方修改。信息在存储或传输时不被修改、破坏，不出现信息包的丢失、乱序等。

（5）不可否认性（Non-repudiation）。无论是授权的使用还是非授权的使用，事后都应该是有据可查的。不可抵赖性是面向通信双方（人、实体或进程）信息真实同一的安全要求，它包括收、发双方均不可抵赖。一是源发证明，它提供给信息接收者以证据，这将使发送者谎称未发送过这些信息或者否认它的内容的企图不能得逞；二是交付证明，它提供给信息发送者以证据，这将使接收者谎称未接收过这些信息或者否认它的内容的企图不能得逞。而对于非授权的使用，必须是非授权的使用者无法否认或抵赖的，这应该是信息安全的最后一个重要环节。

7.1.2 网络安全的威胁因素

一般网络安全的威胁因素有很多，如自然灾害、意外事故、病毒的侵袭、黑客的非法闯入、数据"窃听"和拦截、拒绝服务、内部网络安全、电子商务攻击、恶意扫描、密码破解、数据篡改、垃圾邮件、地址欺骗和基础设施破坏等。概括起来可以分为以下几个方面。

1）网络系统本身的脆弱性

由于人类认识能力和技术发展的局限性，计算机专家在设计硬件和软件的过程中，难免会留下种种技术缺陷，由此造成信息安全隐患，如 Internet 作为全球使用范围最广的信息网，自身协议的开放性虽极大地方便了各种计算机入网，拓宽了共享资源。但 TCP/IP 协议在开始制定时没有考虑通信路径的安全性，缺乏通信协议的基本安全机制，没有加密、身份认证等功能；在发送信息时常包含源地址、目标地址和端口号等信息。由此导致了网络上的远程用户读写系统文件、执行根和非根拥有的文件通过网络进行传送时产生了安全漏洞。除了系统软硬件设计本身的缺陷，还存在系统配置及使用不当导致的安全问题。

2）计算机病毒

目前计算机病毒是数据安全的头号大敌，它是编制者在计算机程序中植入的损坏计算机数据或功能，对计算机软硬件的正常运行造成影响并能够自我复制的计算机程序代码或指令。计算机病毒是一个程序，一段可执行码。就像生物病毒一样，具有自我繁殖、互相传染以及激活再生等生物病毒特征。它潜伏在计算机的存储介质（或程序）里，条件满足时即被激活，通过修改其他程序的方法将自己的精确复制或者可能演化的形式放入其他程序中。从而感染其他程序，对计算机资源进行破坏，所谓的病毒就是人为造成的，对其他用户的危害性很大。计算机病毒具有触发性、破坏性、寄生性、传染性、隐蔽性等特点。因此，针对计算机病毒的防范尤为重要。

3）网络攻击

由于网络本身的脆弱性，TCP/IP 协议族中绝大部分协议是没有提供必要的安全机制的，因此总有人和组织利用网络存在的漏洞和安全缺陷对网络系统的硬件、软件及其系统中的数据进行攻击以达到某种目的。如商业、军事或工业收集情报的间谍，它们常常通过一些手段窃听并窃取感兴趣领域的网络信息。

黑客利用公开协议或各种工具，对整个网络或子网进行扫描，寻找存在系统安全缺陷的主机，然后通过木马入侵他人的系统，一旦获得了对系统的操作权后，可在系统上为所欲为，包括在系统上建立新的安全漏洞或后门或植入木马，更有甚者对传输信息和存储数据进行非法处理，对正常用户造成影响，如数据篡改、拒绝服务攻击（通过攻击使某个设备或网络无法正常工作）等。这是一种甚至比病毒更危害的安全因素。

7.1.3 常用网络安全技术

常见的影响网络安全的问题主要有病毒、黑客攻击、系统漏洞等，这就需要我们建立一套完整的网络安全体系来保障网络安全可靠地运行。

网络安全技术是一门综合的技术，随着人们网络实践的发展而发展，其涉及的技术面非常广，在实际应用中常常是多种技术混合使用，多管齐下来保障网络安全。主要的网络安全技术如下：防火墙技术、访问控制列表、网络地址转换、认证技术、加密技术及入侵检测技术等，这些都是网络安全的重要防线。

1. 防火墙技术

防火墙是由软件、硬件设备组合而成的系统，是一种特殊编程的路由器，用来在内网和外网之间或者专用网和公共网之间实施接入控制策略，构造的保护屏障，防火墙是一种获取安全性方法的形象说法。防火墙主要由服务访问规则、验证工具、包过滤和应用网关4个部分组成，就是一个位于计算机和它所连接的网络之间的软件或硬件，该计算机流入/流出的所有网络通信和数据包均要经过此防火墙。防火墙按照一定的安全策略对网络之间传输的数据包实施检查，以裁决网络之间的通信是否应该被允许，并监视网络运行状态。防火墙使 Internet 与 Intranet 之间建立起一个安全网关（Security Gateway），从而保护内部网免受非法用户的侵入。

由于它透明度高且简单实用，目前被广泛应用。据统计，近五年防火墙需求的年增长率为 174%。目前，市面上防火墙种类很多，有些厂商甚至把防火墙植入其硬件产品中。可以断定，防火墙技术将得到进一步发展。但是，防火墙也并非想象的那样安全。统计显示，曾被黑客入侵的网络用户有33%是有防火墙的，所以还必须有其他安全措施保证网络信息，诸如对数据的加密处理。而且防火墙无法保护对企业内部网络的安全，只能针对外部网络的侵扰。

2. 访问控制列表

访问控制是网络安全防范和保护的主要策略，它的主要任务是保证网络资源不被非法使用和访问。它是保证网络安全最重要的核心策略之一。访问控制列表（Access Control Lists，ACL）是应用在路由器接口的指令列表。这些指令列表用来告诉路由器哪些数据包可以收、哪些数据包需要拒绝。至于数据包是被接收还是拒绝，可以由类似于源地址、目的地址、端口号等的特定指示条件来决定。

访问控制列表不但可以起到控制网络流量、流向的作用，而且在很大程度上起到保护网络设备、服务器的关键作用。作为外网进入企业内网的第一道关卡，路由器上的访问控制列表成为保护内网安全的有效手段。

3. 网络地址转换

网络地址转换（Network Address Translation，NAT）是一种将私有（保留）地址转化为合法 IP 地址的转换技术，它被广泛应用于各种类型 Internet 接入方式和各种类型的网络中。

NAT 将网络划分为内部网络和外部网络两个部分，局域网主机利用 NAT 访问网络时，是将局域网内部的 IP 地址转换成外网地址后转发数据包；NAT 不仅完美解决了 IP 地址不足的问题，而且还能够有效地避免来自网络外部攻击，隐藏并保护内部网络的计算机。因此，NAT 技术在很多时候也被认为是一种安全技术。

4. 认证技术

认证技术是网络安全技术的重要组成部分之一。认证指的是证实被认证对象是否属实和是否有效的一个过程。其基本思想是通过验证被认证对象的属性来达到确认被认证对象是否真实有效的目的。被认证对象的属性可以是口令、数字签名或者像指纹、声音、视网膜这样的生理特征。认证常常被用于通信双方相互确认身份，以保证通信的安全。

认证一般可以分为两种：身份认证和消息认证。身份认证用于鉴别用户身份。消息认证用于保证信息的完整性和抗否认性；在很多情况下，用户要确认网上信息是不是假的，信息是否被第三方修改或伪造，这就需要消息认证。认证技术在实际网络中得到广泛应用，AAA（认证；授权；收费）技术框架的重要部分就是认证，用来确认远程访问用户是合法的。

5. 加密技术

加密技术是对数据信息重新编码，从而隐匿信息内容，让非法和未授权用户无法得知信息本身内容的手段。信息系统及数据的安全性和保密性主要手段之一就是数据加密。

数据加密的种类有数据传输、数据完整性鉴别、数据存储以及密钥管理四种。数据传输加密的目的是对传输中的数据流加密，常用的有线路加密和端口加密两种；数据完整性鉴别的目的是对介入信息传送、存取、处理人的身份和相关数据内容进行验证，达到保密的要求，系统通过对比验证对象输入的特征值是否符合预先设定的参数，实现对数据的安全保护；数据存储加密是以防止在存储环节上的数据失密为目的，可分为密文存储和存取控制两种。数据加密技术现多表现为密钥的应用，密钥管理实际上是为了数据使用方便。密钥管理技术包括密钥的产生、分配保存、更换与销毁等各环节上的保密措施。另外，数字加密也广泛地被应用于数字签名、信息鉴别等技术中，这对系统的信息处理安全起到尤为重要的作用。

6. 虚拟专用网络

虚拟专用网络（Virtual Private Network，VPN）是目前解决信息安全问题的一个最新、最成功的技术课题之一，所谓虚拟专用网络是在公用网络上建立一个临时的专用网络，使数据通过安全的"加密管道"在公共网络中传输。VPN属于远程访问技术，简单地说就是利用公用网络架设专用网络。VPN网关通过对数据包的加密和数据包目标地址的转换实现远程访问。

例如某公司员工出差到外地，他想访问企业内网的服务器资源，这种访问就是远程访问。让外地员工访问到内网资源，利用VPN的解决方法就是在内网中架设一台VPN服务器。外地员工在当地连上互联网后，通过互联网连接VPN服务器，然后通过VPN服务器进入企业内网。为了保证数据安全，VPN服务器和客户机之间的通信数据都进行了加密处理。有了数据加密，就可以认为数据是在一条专用的数据链路上进行安全传输，就如同专门架设了一个专用网络一样，但实际上VPN使用的是互联网上的公用链路，因此VPN称为虚拟专用网络，其实质上就是利用加密技术在公网上封装出一个数据通信隧道。有了VPN技术，用户无论是在外地出差还是在家中办公，只要能上互联网就能利用VPN访问内网资源，这就是VPN在企业中应用得如此广泛的原因。

总之，网络安全是一个系统的工程，需要仔细考虑系统的安全需求，并将各种安全技术结合在一起，才能生成一个高效、通用、安全的网络系统。网络安全是一个综合性的课题，涉及技术、管理、使用等许多方面，既包括信息系统本身的安全问题，也有物理的和逻辑的技术措施，一种技术只能解决一方面的问题，而不是万能的。因此只有严格的保密政策、明晰的安全策略以及高素质的网络管理人才才能完好、实时地保证信息的完整性和确证性，为网络提供强大的安全服务。

7.2　访问控制列表

7.2.1　访问控制列表概念

访问控制列表（Access Control Lists，ACL）是应用在路由器接口的指令列表。ACL使用包过滤技术，在路由器上读取第三层及第四层报头中的信息（如源地址、目的地址、协议号、端口号等），根据预先定义好的指令列表规则对包进行过滤，告诉路由器哪些数据包可以收、哪些数据包需要拒绝。ACL 的处理流程如图 7-1 所示。打个比方，ACL 其实是一种报文过滤器，ACL 规则就是过滤器的滤芯。安装什么样的滤芯（即根据报文特征配置相应的 ACL 规则），ACL 就能过滤出什么样的报文了。

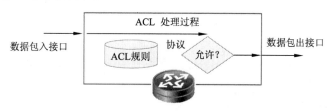

图 7-1　ACL 处理流程

网络中的结点分为资源结点和用户结点两大类，其中资源结点提供服务或数据，而用户结点访问资源结点所提供的服务与数据。ACL 的主要功能就是一方面保护资源结点，阻止非法用户对资源结点的访问；另一方面限制特定的用户结点对资源结点的访问权限。访问控制是网络安全防范和保护的主要策略，它的主要任务是保证网络资源不被非法使用和访问。它是保证网络安全最重要的核心策略之一。

功能访问控制列表从概念上来讲并不复杂，复杂的是对它的配置和使用，许多初学者往往在使用访问控制列表时出现错误。

7.2.2　访问控制列表功能

访问控制列表不但可以起到控制网络流量、流向的作用，还能提高网络性能；而且在很大程度上起到保护网络设备、服务器的关键作用。访问控制列表的主要功能归纳如下。

（1）限制网络流量、提高网络性能。例如，ACL 可以根据数据包的协议，指定这种类型的数据包具有更高的优先级，同等情况下可预先被网络设备处理。

（2）提供对通信流量的控制手段。

（3）提供网络访问的基本安全手段。

（4）在网络设备接口处，决定哪种类型的通信流量被转发、哪种类型的通信流量被阻塞。

作为外网进入企业内网的第一道关卡，路由器上的访问控制列表成为保护内网安全的有效手段。访问控制涉及的技术也比较广，包括入网访问控制、网络权限控制、目录级控制以及属性控制等多种手段。此外，在路由器的许多其他配置任务中都需要使用访问控制列表，如网络地址转换（Network Address Translation，NAT）、按需拨号路由（Dial on Demand Routing，DDR）、路由重分布（Routing Redistribution）、策略路由（Policy-Based Routing，PBR）等很多场合都需要访问控制列表。

7.2.3　访问控制列表的原理

1. 访问控制列表分类

访问控制列表可以分为标准访问控制列表和扩展访问控制列表。标准访问控制列表，也称为基本 ACL，是根据数据包的源 IP 地址来允许或拒绝数据包。扩展访问控制列表根据数据包的源 IP 地址、目的 IP 地址、指定协议、端口和标志来允许或拒绝数据包，华为设备又把

扩展访问列表细分为高级 ACL、二层 ACL、用户自定义 ACL 和用户 ACL 等。每种类型 ACL 对应的编号范围是不同的。华为设备的访问控制列表分类如表 7-1 所示。

表 7-1　ACL 分类列表（华为设备）

ACL 类型	编号范围	规则制订依据
基本 ACL	2000 ~ 2999	报文的源 IP 地址
高级 ACL	3000 ~ 3999	报文的源 IP 地址、目的 IP 地址、报文优先级、IP 承载的协议类型及特性等三、四层信息
二层 ACL	4000 ~ 4999	报文的源 MAC 地址、目的 MAC 地址、802.1p 优先级、链路层协议类型等二层信息
用户自定义 ACL	5000 ~ 5999	用户自定义报文的偏移位置和偏移量、从报文中提取出相关内容等信息
用户 ACL	6000 ~ 6999	既可使用 IPv4 报文的源 IP 地址或源 UCL（User Control List）组，也可使用目的地址或目的 UCL 组、IP 协议类型、ICMP 类型、TCP 源端口/目的端口、UDP 源端口/目的端口号等来定义规则

2. 访问控制列表的匹配顺序

ACL 在匹配报文时遵循"一旦命中即停止匹配"的原则，因此 ACL 中规则的优先级尤为重要。ACL 是多条规则的集合，在将一个数据包和访问控制列表的规则进行匹配的时候，由规则的匹配顺序决定规则的优先级。

华为设备支持两种匹配顺序：

（1）配置顺序（Config）：即系统按照用户配置 ACL 规则编号从小到大的顺序进行报文匹配，规则编号越小越容易被匹配。即是后插入的规则，如果指定的规则编号更小，那么这条规则可能会被先匹配上。配置顺序为华为系统默认配置。

（2）自动排序（Auto）：是指系统使用"深度优先"的原则，将规则按照精确度从高到低进行排序，系统按照精确度从高到低的顺序进行报文匹配。规则中定义的匹配项（如协议类型、源和目的 IP 地址范围等）限制越严格，规则的精确度就越高，即优先级越高，那么系统越先匹配。例如，有一条规则的目的 IP 地址匹配项是一台主机地址 2.2.2.2/32，而另一条规则的目的 IP 地址匹配项是一个网段 2.2.2.0/24，前一条规则指定的地址范围更小，所以其精确度更高，系统会优先将报文与前一条规则进行匹配。需要注意的是，ACL 规则的生效前提，是要在业务模块中应用 ACL。当 ACL 被业务模块引用时，用户可以随时修改 ACL 规则，但规则修改后是否立即生效与具体的业务模块相关。

不同类别 ACL 的深度优先的顺序判断原则如下。

基本 ACL 的"深度优先"顺序判断原则如下：

（1）规则中是否带 VPN 实例，带 VPN 实例的规则优先。

（2）比较源 IP 地址范围，源 IP 地址范围小（即通配符掩码中"0"位的数量多）的规则优先。

（3）先配置的规则优先。

高级 ACL 的"深度优先"顺序判断原则如下：

（1）规则中是否带 VPN 实例，带 VPN 实例的规则优先。

（2）比较协议范围，指定了 IP 协议承载的协议类型的规则优先；

（3）比较源 IP 地址范围，源 IP 地址范围小（即通配符掩码中"0"位的数量多）的规则优先。

（4）比较目的 IP 地址范围，目的 IP 地址范围小（即通配符掩码中"0"位的数量多）的规则优先。

（5）比较四层端口号（TCP/UDP 端口号）范围，四层端口号范围小的规则优先。

（6）先配置的规则优先。

二层 ACL 的"深度优先"顺序判断原则如下：

（1）比较源 MAC 地址范围，源 MAC 地址范围小（即掩码中"1"位的数量多）的规则优先。

（2）比较目的 MAC 地址范围，目的 MAC 地址范围小（即掩码中"1"位的数量多）的规则优先。

（3）先配置的规则优先。

补充一句，如果没有 ACL 语句匹配的话，我们会丢弃数据包。

3. ACL 的步长

ACL 的规则列表中，每条规则都拥有自己的规则编号，如 5、10、4294967294。这些编号，可以自行配置，也可以由系统自动分配。那么系统是怎样自动分配规则编号的？

ACL 中有一个非常重要的概念，步长。步长是指系统自动为 ACL 规则分配编号时，每个相邻规则编号之间的差值。也就是说，系统是根据步长值自动为 ACL 规则分配编号的。

在华为设备中 ACL 的默认步长值是 5。通过 display acl acl-number 命令，可以查看 ACL 规则、步长等配置信息。通过 step step-value 命令，可以修改 ACL 步长值。

实际上，设置步长的目的，是为了方便大家在 ACL 规则之间插入新的规则。假设，一条 ACL 中，已包含了下面三条规则 5、10、15。如果你希望源 IP 地址为 1.1.1.3 的报文也被禁止通过，该如何处理呢？

rule 5 deny source 1.1.1.1 0 //表示禁止源 IP 地址为 1.1.1.1 的报文通过

rule 10 deny source 1.1.1.2 0//表示禁止源 IP 地址为 1.1.1.2 的报文通过

rule 15 permit source 1.1.1.0 0.0.0.255 //表示允许源 IP 地址为 1.1.1.0 网段的报文通过

我们来分析一下。由于 ACL 匹配报文时遵循"一旦命中即停止匹配"的原则，所以源 IP 地址为 1.1.1.1 和 1.1.1.2 的报文，会在匹配上编号较小的 rule 5 和 rule 10 后停止匹配，从而被系统禁止通过；而源 IP 地址为 1.1.1.3 的报文，则只会命中 rule 15，从而得到系统允许通过。要想让源 IP 地址为 1.1.1.3 的报文也被禁止通过，我们必须为该报文配置一条新的 deny 规则。

rule 5 deny source 1.1.1.1 0 //表示禁止源 IP 地址为 1.1.1.1 的报文通过

rule 10 deny source 1.1.1.2 0//表示禁止源 IP 地址为 1.1.1.2 的报文通过

rule 11 deny source 1.1.1.3 0//表示禁止源 IP 地址为 1.1.1.3 的报文通过

rule 15 permit source 1.1.1.0 0.0.0.255 //表示允许源 IP 地址为 1.1.1.0 网段的报文通过

在 rule 10 和 rule 15 之间插入 rule 11 后，源 IP 地址为 1.1.1.3 的报文，就可以先命中 rule 11 而停止继续往下匹配，所以该报文将会被系统禁止通过。

试想一下，如果这条 ACL 规则之间间隔不是 5，而是 1（rule 1、rule 2、rule 3…），这时再想插入新的规则，该怎么办呢？只能先删除已有的规则，然后再配置新规则，最后将之前删除的规则重新配置回来。如果这样做，付出的代价较大。

所以，通过设置 ACL 步长，使得规则之间留下一定的空间，后续用户可以在规则之间根

第 7 章 网络安全

据需要插入新的规则，方便控制规则的匹配顺序。

4. ACL 的创建

ACL 是由 permit 或 deny 语句组成的规则列表，一个 ACL 组可以由多条包含 permit 或 deny 关键字的 ACL 规则组成。以华为设备为例，可以在系统视图下使用下面的命令来创建 ACL：

acl [number] acl-number [vpn-instancevpn-instance vpn-instance-name]

acl-number：表示 ACL 编号，其中，数字在 2000～2999 的范围内是基本 ACL；3000～ 3999 的范围内是高级 ACL，5000～5499 的范围内是防火墙 ACL。

vpn-instance：表示创建虚拟防火墙的 ACL 规则。如果不使用此参数，则表示为物理防火墙创建 ACL 规则（对于此类 ACL，本文不作详细叙述）。

使用前面的命令进入基本 ACL 视图下，可以使用如下命令创建基本 ACL 规则：

[Huawei-acl-adv-acl-number] rule [rule-id] { permit | deny } [source { sour-address sour-wildcard | any }] [time-range time-name]

rule-id：ACL 规则编号，为可选参数。定义某编号的 ACL 规则时，如果与该编号对应的 ACL 规则已经存在，则新定义的规则会覆盖旧的定义，相当于编辑这个已经存在的 ACL 规则。如果与编号对应的 ACL 规则不存在，则按照该编号创建一个新的规则。如果定义规则时不指定编号，则表示增加一个新规则，此时系统会自动为这个 ACL 规则分配一个编号。

permit 和 deny：表明匹配发生时要实现的动作。permit 将允许对符合条件的数据包进行 NAT 或转发。deny 恰好相反，拒绝对符合条件的数据包进行 NAT 或转发。

source { sour-address sour-wildcard | any }：指定 ACL 规则的源地址信息。

time-range time-name：指定 ACL 的生效时间。

使用前面的命令进入高级 ACL 视图下，可以使用如下命令创建高级 ACL 规则：

rule [rule-id] { permit | deny } protocol [source { sour-address sour-wildcard | any }] [destination { dest-address dest-mask | any }] [source-port operator port1 [port2]][destination-port operator port1 [port2]] [icmp-type { icmp-type icmp-code | icmp-message }] [precedence precedence][tos tos] [time-range time-name]

高级 ACL 与基本 ACL 规则相同的关键字或参数，其用法也完全一致。

protocol：用名字或数字表示的 IP 承载的协议类型。高级 ACL 可以过滤多种不同的协议，如 TCP、UDP、ICMP、IP 等等。这里需要注意的是 IP 报文用于传输 TCP 和 UDP 等，如果 protocol 字段选择的是过滤 IP 协议，则表示允许或拒绝所有基于 IP 传输的协议，如 ICMP 消息、TCP 消息或 UDP 消息等；如果打算仅丢弃某个特定协议的报文，而允许其他协议的报文通过，则必须指定该特定协议。

destination { dest-address dest－wildcard | any }：指定 ACL 规则的目的地址信息。

icmp-type：指定 ICMP 报文的类型和消息码信息，仅在报文协议类型是 ICMP 时有效。如果不配置，表示任何 ICMP 类型的报文都匹配。

source-port：指定源端口信息，仅仅在规则指定的协议号是 TCP 或 UDP 时有效。如果不指定，表示 TCP/UDP 报文的任何源端口信息都匹配。

destination-port：指定目的端口信息，仅仅在规则指定的协议号是 TCP 或 UDP 时有效。如果不指定，表示 TCP/UDP 报文的任何目的端口信息都匹配。

precedence：可选参数，数据包可以依据优先级字段进行过滤。取值为 0~7 的数字，或名字。

tos：可选参数，数据包可以依据服务类型字段进行过滤。取值为 0~15 的数字，或名称。

7.2.4　ACL 的应用

ACL 是由 permit 或 deny 语句组成的一系列有顺序的规则，这些规则针对数据包的源地址、目的地址、端口号、上层协议或其他信息来描述。由于 ACL 定义的报文匹配规则，可以被其他需要对流量进行区别的场合应用。

ACL 可以应用于以下业务：

1）包过滤

包过滤作为一种网络安全保护机制，用于在两个不同安全级别的网络之间，控制流入和流出网络的数据。防火墙转发数据包时，先检查包头信息（如包的源地址/目的地址、源端口/目的端口和上层协议等），然后与设定的规则进行比较，根据比较的结果决定对该数据包进行转发还是丢弃处理。为了实现数据包过滤，需要配置一系列的过滤规则。采用 ACL 定义过滤规则，然后将 ACL 应用于防火墙不同区域之间，从而实现包过滤。

2）网络地址转换

网络地址转换（Network Address Translation，NAT）是将数据报报头中的 IP 地址转换为另一个 IP 地址的过程，主要用于实现内部网络（私有 IP 地址）访问外部网络（公有 IP 地址）的功能。在实际应用中，我们可能仅希望某些内部主机（私有 IP 地址）具有访问 Internet（外部网络）的权利，而其他内部主机则不允许。这是通过将 ACL 和 NAT 地址池进行关联来实现的，即只有满足 ACL 条件的数据报文才可以进行地址转换，从而有效地控制地址转换的使用范围。

除此以外，ACL 还可以应用于 IPSec（根据 ACL 决定哪些数据需要保护）、Qos（采用 ACL 进行流分类）、路由策略（根据 ACL 对路由进行过滤）等方面，在此不做赘述。

7.3　网络地址转换

7.3.1　网络地址转换 NAT 的概念和作用

网络地址转换（Network Address Translation，NAT）是将 IP 数据报报头中的 IP 地址转换为另一个 IP 地址的过程。

随着因特网的快速发展，它所面临的两个最迫切的问题就是 IP 地址的匮乏和路由规模的扩大。在互联网上，公有地址就是从 Internet 地址分配组织得到的合法 IP 地址，对于用户来说，一般该地址都是从 ISP 申请的。公网的 IP 地址是有限的，随着互联网的飞速发展，IPv4 技术的 IP 地址容量远远不能满足每个互联网结点都分配一个公网 IP 的需求。可用的互联网的公有 IP 地址的数量越来越少，每个企业都申请公网 IP 地址来应用是不现实的，对应的解决方案是在企业内部使用私有 IP 地址，在对外接口上申请少量的公有 IP 地址。Internet 地址分配组织规定以下的三个网络地址保留用作私有地址：

10.0.0.0 – 10.255.255.255

172.16.0.0 –172.31.255.255

192.168.0.0~192.168.255.255

也就是说这三个网络的地址不会在 Internet 上被分配，但可以在一个企业（局域网）内部使用。各个企业根据在可预见的将来主机数量的多少，来选择一个合适的网络地址。不同的企业，他们的内部网络地址可以相同。如果一个公司选择其他的网段作为内部网络地址，则有可能会引起路由表的混乱，因此构建自己的内部局域网的时候，都应该选择上面这三个网段的私有地址作为自己的 IP 地址。

而私有地址不可以在 Internet 上出现，如果私有地址用户需要访问 Internet，必须要进行相应的地址转换（即 NAT），当企业用户访问公网时，所有的私有 IP 地址将进行 NAT 转换，即将私有地址转换成公有 IP 地址进行访问，转换时，可以使用少量的公有地址代表多数的私有地址，这样就达到节省公有 IP 地址的作用。在 IPv6 技术还未完全取代现有的 IPv4 网络的情况下，短期解决方案——NAT 技术对于缓解目前的地址缺乏问题显得尤为重要。

在实际应用中，NAT 主要用于实现内部私有网络访问外部网络的功能。如图 7-2 所示，当内网私有 IP 结点 10.1.1.1 访问外网时，通过 NAT 边界路由器把私有 IP 地址转换成公网 IP 地址 199.188.2.2 进行访问。

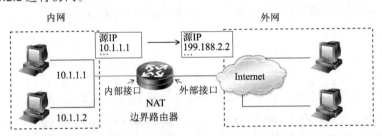

图 7-2　NAT 应用实例

另外，从 Internet 上对政府、企业网络的攻击日益频繁。采用 NAT 可以有效地将内部网络地址对外隐藏，在 NAT 出口路由器上实施安全措施的机制将减小网络安全配置工作的难度。

其次，某种情况下，两个企业的内部网络（A 网和 B 网）需要合并成一个网络。如果存在地址重叠，就需要重新规划 IP 地址。但是这个工作在短时间内难以实施。这时，可以采用在两个内部网络的出口路由器上都配置 NAT。在 A 网出口的路由器上，将 B 网的主机 IP 地址的映射提供给 A 网的主机。那么，A 网的主机访问这个映射即可通过 NAT 路由器转换目的 IP 地址、源 IP 地址到达 B 网络，反之亦然。

NAT 的作用概括如下：

（1）有效节约公网 IP 地址，缓解地址空间枯竭的速度，使得所有的内部主机使用有限的合法地址都可以连接到 Internet 网络，减少和消除地址冲突发生的可能性。

（2）地址转换技术可以有效地隐藏内部局域网中的主机，对外界隐藏内部网络的结构，维持局域网的私密性，因此也是一种有效的网络安全保护技术。

（3）地址转换可以在内部网络按照用户的需求设定内部的 WWW、FTP、TELNET 等服务提供给外部网络使用。

（4）便于内部网络的合并，无需重新规划 IP 地址。

但是使用 NAT 也有潜在的缺点：使用 NAT 必然要引入额外的延迟；丧失端到端的 IP 跟

踪能力；一些特定应用可能无法正常工作，如地址转换对于报文内容中含有有用的地址信息的情况很难处理；另外使用 NAT 不能处理 IP 报头加密的情况；并且地址转换由于隐藏了内部主机地址，有时候会使网络调试变得复杂。

7.3.2　NAT 工作原理

1. NAT 涉及的概念

（1）地址池：地址池是由一些外部地址组合而成，我们称这样的一个地址集合为地址池。在内部网络的数据包通过地址转换到达外部网络时，将会选择地址池中的某个地址作为转换后的源地址，这样可以有效利用用户的外部地址，提高内部网络访问外部网络的能力。

（2）访问控制列表：访问控制列表是依据 IP 数据包报头以及它承载的上层协议数据包头的格式定义的规则，可以表示允许或者是禁止具有某些特征的数据包，地址转换按照这样的规则判定哪些包是被允许转换或者是禁止转换，这样可以禁止一些内部的主机访问外部网络，提高网络的安全性。

（3）转换关联：转换关联就是将一个地址池和一个访问列表关联起来，这种关联指定了"具有某些特征的 IP 报文"是使用"这样的地址池中的地址"。当一个内部网络的数据包报文发往外部网络时，首先根据访问控制列表判定是否是允许的数据包，然后根据转换关联找到与之对应的地址池，从而完成地址转换。

（4）内部服务器映射表：内部服务器映射表是由 NAT Server 命令配置的，允许用户依照自己的需要提供内部服务。在转换时，根据用户的配置查找外部数据包的目的地址，如果是访问内部的服务器，则转换成相应的内部服务器的目的地址和端口，达到访问内部服务器的目的。

2. NAT 工作过程

在连接内部网络与外部公网的路由器上，NAT 将内部网络中主机的内部局部地址转换为合法的可以出现在外部公网上的内部全局地址来响应外部世界寻址。

内部或外部：它反映了报文的来源。内部局部地址和内部全局地址表明报文是来自于内部网络。

局部或全局：它表明地址的可见范围。局部地址是在内部网络中可见，全局地址则在外部网络上可见。因此，一个内部局部地址来自内部网络，且只在内部网络中可见，不需经过 NAT 进行转换；内部全局地址来自内部网络，但却在外部网络可见，需要经过 NAT 转换。

1）NAT 地址转换基本过程

NAT 的基本工作原理是，当私有网主机和公共网主机通信的 IP 包经过 NAT Server 时，将 IP 包中的源 IP 或目的 IP 在私有 IP 和 NAT 的公共 IP 之间进行转换。基本的 NAT 地址转换在出方向上转换 IP 报文头中的源 IP 地址，而不对端口进行转换，实现比较简单。

以图 7–3 所示的例子来简单介绍一下 NAT 的基本转换过程。NAT Server 位于内网和外网的连接处，内网结点和外网结点之间的交互报文都是通过 NAT Server，NAT Server 实现内部地址和外网地址的转换。NAT Server 有 2 个网络接口，其中外部公共网络接口的 IP 地址是统一分配的公网 IP，为 199.166.10.1；内部私有网络接口的 IP 地址是私有地址，图中发起通信的 A 结点的私有 IP 为 10.1.1.3。

内网中的主机 10.1.1.3 向公共网中的主机 199.188.10.2 发送了 1 个 IP 包（源=10.1.1.3，

目的=199.188.10.2）。当 IP 包经过 NAT Server 时，NAT 会将 IP 包的源 IP 转换为 NAT 的公共 IP 并转发到公共网，此时 IP 包（源=199.166.10.1，目的=199.188.10.2）中已经不含任何私有 网 IP 的信息。由于 IP 包的源 IP 已经被转换成 NAT 的公共 IP,响应的 IP 包(源=199.188.10.2，目的=199.166.10.1）将被发送到 NAT Server。这时，NAT 会将 IP 包的目的 IP 转换成私有网 中主机的 IP，然后将 IP 包（源=199.188.10.2，目的=10.1.1.3）转发到私有网。对于通信双方 而言，这种地址的转换过程是完全透明的。

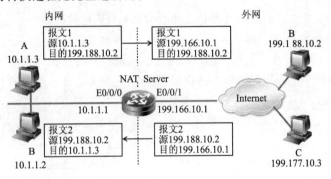

图 7-3　NAT 基本转换过程

静态 NAT：NAT 内外网之间的 IP 转换如果是不变的、一对一的，某个私有 IP 只能转换 为某个公网 IP，这种 NAT 成为静态 NAT，可以实现外网对内网中某个特定设备的访问。

动态 NAT：如果在将内部 IP 转换为外部公网 IP 时，IP 地址是不确定的、随机的，所有 被授权访问外网的私有 IP 可随机转换成任何指定的合法 IP 地址。也就是说，只要指定哪些 内部地址可以进行转换，以及哪些合法地址可以作为外部地址时，就可以随机转换，这种 NAT 称为动态 NAT。动态 NAT 可以使用多个合法外部地址集。当 ISP 提供的合法 IP 地址少于内 部网络的结点数量时，可以采用动态 NAT 方式。

2）网络地址端口转换 NAPT

由于 NAT 实现是私有 IP 和 NAT 的公共 IP 之间的转换，那么，私有网中同时与公共网进 行通信的主机数量就受到 NAT 的公网合法 IP 地址数量的限制。为了克服这种限制，NAT 被 进一步扩展到在进行 IP 地址转换的同时进行 Port 的转换，这就是网络地址端口转换（Network Address Port Translation，NAPT）技术。在现实中使用更多的是采用 NAPT 模式。

NAPT 与基本 NAT 的区别在于，NAPT 不仅转换 IP 包中的 IP 地址，还对 IP 包中 TCP 和 UDP 的 Port 进行转换。在 NAPT 的处理过程中，可能有多台私网主机访问外网，数据包的源 地址不同，但源端口可能相同；当数据包经过 NAT Server 时，NAPT 将这些数据包的源地址 转换成同一个源地址（公网地址），而源端口也会被替换成不同的端口号。NAT Server 会记录 下地址转换的映射关系，当公网数据包返回时，按照记录的映射关系将地址和端口转换回私 有地址和端口。这使得多台私有网主机利用 1 个 NAT 公共 IP 就可以同时和公共网进行通信。

举例，私有网主机 192.168.1.2 要访问公共网中的 http 服务器 166.111.80.200。首先，要 建立 TCP 连接，假设分配的 TCP Port 是 1010，发送了 1 个 IP 包（源=192.168.1.2:1010，目的 =166.111.80.200:80），当 IP 包经过 NAT Server 时，NAT 会将 IP 包的源 IP 转换为 NAT 的公共 IP，同时将源 Port 转换为 NAT 动态分配的 1 个 Port。然后，转发到公共网，此时 IP 包（源 =202.204.65.2:2010，目的=166.111.80.200:80）已经不含任何私有网 IP 和 Port 的信息。由于

IP 包的源 IP 和 Port 已经被转换成 NAT 的公共 IP 和 Port，响应的 IP 包（源=166.111.80.200:80，目的=202.204.65.2:2010）将被发送到 NAT Server。这时 NAT 会将 IP 包的目的 IP 转换成私有网主机的 IP，同时将目的 Port 转换为私有网主机的 Port，然后将 IP 包（源=166.111.80.200:80，目的=192.168.1.2:1010）转发到私网。对于通信双方而言，这种 IP 地址和 Port 的转换也是完全透明的。

NAPT 普遍应用于接入设备中，它可以将中小型的网络隐藏在一个合法的 IP 地址后面。NAPT 与动态地址 NAT 不同，它将内部连接映射到外部网络中的一个单独的 IP 地址上，同时在该地址上加上一个由 NAT 设备选定的端口号。

NAPT 的主要优势在于，能够使用一个全球有效 IP 地址获得通用性。主要缺点在于其通信仅限于 TCP 或 UDP。只要所有通信都采用 TCP 或 UDP，NAPT 就允许一台内部计算机访问多台外部计算机，并允许多台内部主机访问同一台外部计算机，相互之间不会发生冲突。

3）NAT 应用层网关

NAT 和 NAPT 实现了对 UDP 或 TCP 报文头中的 IP 地址及端口转换功能，但对应用层数据载荷中的字段无能为力，在许多应用层协议中，比如多媒体协议（H.323、SIP 等）、FTP、SQLNET 等，这些内容不能被 NAT 进行有效的转换，就可能导致问题。而 NAT 应用层网关（Application Level Gateway，ALG）技术能对多通道协议进行应用层报文信息的解析和地址转换，将载荷中需要进行地址转换的 IP 地址和端口或者需特殊处理的字段进行相应的转换和处理，从而保证应用层通信的正确性。

例如，FTP 应用就由数据连接和控制连接共同完成，而且数据连接的建立动态地由控制连接中的载荷字段信息决定，这就需要 ALG 来完成载荷字段信息的转换，以保证后续数据连接的正确建立。

目前很多路由器和防火墙都提供了 NAT ALG 机制，使得 NAT 可以支持各种特殊的应用协议，如 DNS、Radius、L2tp、PPTP、CMC、H.323、SMTP、FTP 等，具有良好的扩展性。ALG 统一对各应用层协议报文进行解析处理，避免其他模块对同一类报文应用层协议的重复解析，可以有效提高报文转发效率。

7.4 防火墙技术

7.4.1 防火墙定义

防火墙是由软件、硬件构成的系统，是一种特殊编程的路由器，用来在两个网络之间实施接入控制策略。接入控制策略是由使用防火墙的单位自行制订的，为的是可以最适合本单位的需要。防火墙是指设置在不同网络或网络安全域之间信息的唯一出入口，能根据网络的安全政策控制（允许拒绝监测）出入网络的信息流，且本身具有较强的抗攻击能力。它是提供信息安全服务，实现网络和信息安全的基础设施。

防火墙内的网络称为"可信的网络"（Trusted Network），而将外部的因特网称为"不可信的网络"（Untrusted Network）。防火墙可用来解决内联网和外联网的安全问题。通常内部网络与 Internet 连接时，为了避免内部网络受到非法访问的威胁，通常会设置防火墙。典型的防火墙体系网络结构如图 7-4 所示。从图中可以看出，防火墙的一端连接内部的局域网，而另一端则连接着互联网。所有的内、外部网络之间的通信都要经过防火墙。

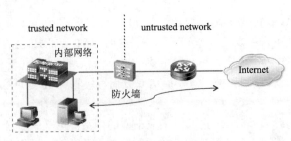

trusted network　untrusted network

内部网络

防火墙　Internet

图 7-4　防火墙的位置

Internet 防火墙是一个或一组系统，它能增强机构内部网络的安全性，用于加强网络间的访问控制，防止外部用户非法使用内部网的资源，保护内部网络的设备不被破坏，防止内部网络的敏感数据被窃取，防火墙系统还决定了哪些内部服务可以被外界访问，外界的哪些人可以访问内部的服务，以及哪些外部服务何时可以被内部人员访问。要使一个防火墙有效，所有来自和去往 Internet 的信息都必须经过防火墙并接受检查。防火墙必须只允许授权的数据通过，并且防火墙本身也必须能够免于渗透。但是，防火墙系统一旦被攻击突破或迂回绕过，就不能提供任何保护了。

7.4.2　防火墙功能

防火墙有两大基本功能：一个是阻止，另一个是允许。"阻止"就是阻止某种类型的通信量通过防火墙（从外部网络到内部网络，或相反方向）。"允许"的功能与"阻止"恰好相反。

防火墙必须能够识别通信量的各种类型。不过在大多数情况下防火墙的主要功能是"阻止"。但是，和绝对防止信息泄漏一样，绝对阻止所不希望的通信也是很难做到的。而简单地购买一个商用的防火墙往往不能得到所需要的保护，正确地使用防火墙才能将风险降低到可接受的水平。

由于内部网络和外部网络之间的所有网络数据流都必须经过防火墙，通过防火墙的阻止和允许两大基本功能，可以极大地提高内部网络的安全性，主要表现在如下几个方面。

1）有效隔离内外网，只有符合安全策略的数据流才能通过防火墙。通过防火墙的过滤规则，可以对内外网之间的通信进行有效的访问控制，消除和减少非法访问；而且防火墙能够用来隔开网络中一个网段与另一个网段，能够防止影响一个网段的问题通过整个网络传播到其他网段。

2）监控网络存取和访问，有效地记录 Internet 上的活动。所有的访问都经过防火墙，那么，防火墙就能记录下这些访问并作出日志记录，同时也能提供网络使用情况的统计数据。可以很方便地监视网络的安全性，当发生可疑动作时，防火墙能进行适当的报警，并提供网络是否受到监测和攻击的详细信息。

3）防火墙是审计和记录 Internet 使用费用的一个最佳地点。网络管理员可以在此向管理部门提供 Internet 连接的费用情况，查出潜在的带宽瓶颈位置，并能够依据本机构的核算模式提供部门级的计费。

4）防止内部信息的外泄。通过利用防火墙对内部网络的划分，可实现内部网重点网段的隔离，从而限制了局部重点或敏感网络安全问题对全局网络造成的影响。再者，隐私是内部网络非常关心的问题，一个内部网络中不引人注意的细节可能包含了有关安全的线索而引起外部攻击者的兴趣，甚至因此而暴露了内部网络的某些安全漏洞。使用防火墙就可以隐蔽内部细节。

5）防火墙还可以作为部署 NAT 的地点，利用 NAT 技术，将有限的 IP 地址动态或静态地与内部的 IP 地址对应起来，用来缓解地址空间短缺的问题。

防火墙作为控制点，能极大地提高一个内部网络的安全性，并通过过滤不安全的服务而降低风险。由于只有经过精心选择的应用协议才能通过防火墙，所以网络环境变得更安全。

7.4.3　防火墙技术分类

尽管防火墙技术的发展经过了几代，防火墙分类方法很多，按照保护对象可以分为应用级防火墙和网络防火墙，按照形态分可以分为硬件防火墙和软件防火墙。目前最主流的分类方法是按照防火墙对内外来往数据的处理方法来划分。大致可以将防火墙分为两大体系：包过滤防火墙和代理防火墙（应用层网关防火墙）。

1. 包过滤防火墙

包过滤型防火墙（Packet Filter Firewall）通常建立在路由器上，在服务器或计算机上也可以安装包过滤防火墙软件。

普通的路由器只检查数据包的目标地址，并选择一个达到目的地址的最佳路径。它处理数据包是以目标地址为基础的，存在着两种可能性：若路由器可以找到一个路径到达目标地址则发送出去；若路由器不知道如何发送数据包则通知数据包的发送者"数据包不可达"。

数据包过滤一般使用过滤路由器来实现，这种路由器与普通的路由器有所不同。包过滤型防火墙工作在网络层，基于单个 IP 包实施网络控制，利用定义的特定规则过滤数据包。过滤路由器会更加仔细地检查数据包，除了决定是否有到达目标地址的路径外，还要决定是否应该发送数据包。"应该与否"是由路由器的访问规则决定并强行执行的。包过滤技术的重点是访问规则的制定，系统管理员就是按照 IP 数据包的特点来定义的，可以充分利用数据包中的各参数（源目的 IP 地址、源目的端口、协议号等）来制定访问控制表，列出可接受的、或必须进行阻拦的目的站和源站，以及其他的一些通过防火墙的规则。

它对所收到的 IP 数据包的源地址、目的地址、TCP 数据分组或 UDP 报文的源端口号及目的端口号、包出入接口、协议类型和数据包中的各种标志位等参数，与网络管理员预先设定的访问规则控制表进行比较，确定是否符合预定义好的安全策略并决定数据包的放行或阻止，如图 7-5 所示。

我们知道，TCP 的端口号指出了在 TCP 上面的应用层服务。例如，端口号 23 是 TELNET，端口号 119 是 USENET，等等。如果在因特网进入防火墙的分组过滤路由器中所有目的端口号为 23 的分组都进行阻拦，那么所有外单位用户就不能使用 TELNET 登录到本单位的主机。同理，如果某公司不愿意其雇员在上班时间花费大量的时间去看因特网的 USENET 新闻，就可将目的端口号为 119 的分组阻拦住，使其无法发送到因特网。

阻拦向外发送的数据包很复杂，因为有时它们不使用标准的端口号。例如 FTP 常常是动态地分配端口号。阻拦 UDP 更困难，因为事先不容易知道 UDP 想做什么。许多分组过滤路由器干脆将所有的 UDP 全部阻拦。

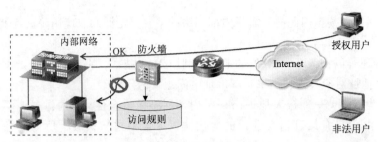

图 7-5　包过滤防火墙

从以上分析可以看出，包过滤防火墙的优点是简单、方便、速度快、透明性好，对网络性能影响不大，可以用于禁止外部不合法用户对企业内部网的访问，也可以用来禁止访问某些服务类型。

包过滤防火墙技术虽然能确保一定的安全保护，且也有许多优点，但是包过滤毕竟是第一代防火墙技术，本身存在较多缺陷：不能完全识别 IP 欺骗，不能防止 DNS 欺骗；不能识别内容有危险的信息包；无法实施对应用级协议的数据包过滤，不能抵御应用层的攻击。在实际应用中，现在很少把包过滤技术当作单独的安全解决方案，而是把它与其他防火墙技术一起使用。

2. 代理防火墙

代理防火墙是利用代理服务器主机将外部网络和内部网络分开。从内部发出的数据包经过这样的防火墙处理后，就好像是源于防火墙外部的网卡一样，从而可以达到隐藏内部网络结构的作用。内部网络的主机，无需设置防火墙为网关，只需直接将需要服务的 IP 地址指向代理服务器主机，就可以获取 Internet 资源。

代理防火墙主要在应用层实现，所以，代理服务器有时也称作应用层网关。当代理服务器收到一个客户的连接请求时，先核实该请求，然后将处理后的请求转发给真实服务器，在接收真实服务器应答并做进一步处理后，再将回复交给发出请求的客户。代理服务器在外部网络和内部网络之间，发挥了中间转接的作用，如图 7-6 所示。

代理服务器可对网络上任一层的数据包进行检查并经过身份认证，让符合安全规则的包通过，并丢弃其余的包。它允许通过的数据包由网关复制并传递，防止在受信任服务器和客户机与不受信任的主机间直接建立联系。例如，一个邮件网关在检查每一个邮件时，要根据邮件的首部或报文的大小，甚至报文内容来确定该邮件能否通过防火墙。

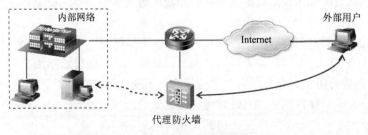

图 7-6　代理防火墙的应用

这种技术使得外部网络与内部网络之间需要建立的连接必须通过代理服务器的中间转换，彻底分隔外部与内部网络，大大提高了网络的安全性；并可以实现用户认证、详细日志、审计跟踪和数据加密等功能，实现协议及应用的过滤及会话过程的控制，具有很好的灵活性；

也为改进现有软件的安全性提供了可能。

但是，所有内部网络的主机均需通过代理服务器主机才能获得 Internet 上的资源，因此会造成使用上的不便，而且代理服务器很有可能会成为系统的"瓶颈"，降低网络性能。

3. 复合型防火墙

复合型防火墙就是把包过滤、代理服务和许多其他的网络安全防护功能结合起来，形成新的网络安全平台，以提高防火墙的灵活性和安全性。

7.5　VPN

7.5.1　VPN 概念

对于广域网连接，传承的组网方式是通过专线或者电路交换连接来实现的。在传统的企业网络配置中，要进行异地局域网之间的互连，传统的方法是租用 DDN（数字数据网）专线或帧中继。这样的通信方案必然导致高昂的网络通信/维护费用。对于移动用户（移动办公人员）与远端个人用户而言，一般通过拨号线路（Internet）进入企业的局域网，而这样必然带来安全上的隐患。

虚拟专用网 VPN 的提出就是来解决这些问题的。

VPN 的英文全称是"Virtual Private Network"，即虚拟专用网。虚拟专用网络指的是在公用网络上建立专用网络的技术。其之所以称为虚拟网，主要是因为整个 VPN 网络的任意两个结点之间的连接并没有传统专网所需的端到端的物理链路，而是在公用网络服务商所提供的网络平台，通常是在 Internet 网络上建立一个临时的、安全的连接的逻辑链路，是一条穿过混乱的公用网络的安全、稳定隧道，用户数据在逻辑链路（隧道）中传输。VPN 隧道如图 7-7 所示。

VPN 是利用服务提供商所提供的公共网络来建设虚拟的隧道，在远端用户、驻外机构、合作伙伴、供应商与公司总部之间建立广域连接，减轻了企业的远程访问费用负担，节省电话费用开支，并且提供了端到端的数据通信，在保证连通性的同时也可以保证安全性。

图 7-7　VPN 隧道

虚拟专用网的优点如下：

1）使用 VPN 可降低成本：通过公用网来建立 VPN，就可以节省大量的通信费用，而不必投入大量的人力和物力去安装和维护 WAN 设备和远程访问设备。

2）传输数据安全可靠：虚拟专用网产品均采用加密及身份验证等安全技术，保证连接用户的可靠性及传输数据的安全和保密性。

3）连接方便灵活：用户如果想与合作伙伴联网，如果没有虚拟专用网，双方的信息技术部门就必须协商如何在双方之间建立租用线路或帧中继线路，有了虚拟专用网之后，只需双方配置安全连接信息即可。

4）完全控制：虚拟专用网使用户可以利用 ISP 的设施和服务，同时又完全掌握着自己网络的控制权。用户只利用 ISP 提供的网络资源，对于其他的安全设置、网络管理变化可由自己管理。在企业内部也可以自己建立虚拟专用网。

7.5.2　VPN 关键技术

用以在公共通信网络上构建 VPN 有两种主流的机制，这两种机制为路由过滤技术和隧道技术。目前 VPN 主要采用了如下四项技术来保障安全：隧道技术（Tunneling）、加解密技术（Encryption & Decryption）、密匙管理技术（Key Management）和使用者与设备身份认证技术（Authentication）。其中几种流行的隧道技术分别为 PPTP、L2TP 和 Ipsec。VPN 隧道机制应能支持不同层次的安全服务，这些安全服务包括不同强度的源鉴别、数据加密和数据完整性服务等。

1. 隧道技术

隧道技术（Tunneling）是 VPN 的底层支撑技术，所谓隧道，实际上是一种封装，就是将一种协议（协议 X）封装在另一种协议（协议 Y）中传输，从而实现协议 X 对公用网络的透明性。这里协议 X 被称为被封装协议，协议 Y 被称为封装协议，封装时一般还要加上特定的隧道控制信息，因此隧道协议的一般形式为（（协议 Y）隧道头（协议 X））。在公用网络（一般指因特网）上传输过程中，只有 VPN 端口或网关的 IP 地址暴露在外边。

隧道解决了专网与公网的兼容问题，其优点是能够隐藏发送者、接收者的 IP 地址以及其他协议信息。VPN 采用隧道技术向用户提供了无缝的、安全的、端到端的连接服务，以确保信息资源的安全。

隧道是由隧道协议形成的。隧道协议分为第二、第三层隧道协议，第二层隧道协议如 L2TP、PPTP、L2F 等，它们工作在 OSI 体系结构的第二层（即数据链路层）；第三层隧道协议如 IPSec，GRE 等，工作在 OSI 体系结构的第三层（即网络层）。第二层隧道和第三层隧道的本质区别在于：用户的 IP 数据包被封装在不同的数据包中在隧道中传输。

第二层隧道协议是建立在点对点协议 PPP 的基础上，充分利用 PPP 协议支持多协议的特点，先把各种网络协议（如 IP、IPX 等）封装到 PPP 帧中，再把整个数据包装入隧道协议。PPTP 和 L2TP 协议主要用于远程访问虚拟专用网。

第三层隧道协议是把各种网络协议直接装入隧道协议中，形成的数据包依靠网络层协议进行传输。无论从可扩充性，还是安全性、可靠性方面，第三层隧道协议均优于第二层隧道协议。IPSec 即 IP 安全协议是目前实现 VPN 功能的最佳选择。

2. 加解密认证技术

加解密技术是 VPN 的另一核心技术。为了保证数据在传输过程中的安全性，不被非法的用户窃取或篡改，一般都在传输之前进行加密，在接收方再对其进行解密。

密码技术是保证数据安全传输的关键技术，以密钥为标准，可将密码系统分为单钥密码（又称为对称密码或私钥密码）和双钥密码（又称为非对称密码或公钥密码）。单钥密码的特点是加密和解密都使用同一个密钥，因此，单钥密码体制的安全性就是密钥的安全。其优点是加解密速度快。最有影响的单钥密码是美国国家标准局颁布的 DES 算法（56 比特密钥）。而 3DES（112 比特密钥）被认为是目前不可破译的。双钥密码体制下，加密密钥与解密密钥不同，加密密钥公开，而解密密钥保密，相比单钥体制，其算法复杂且加密速度慢。所以现在的 VPN 大都采用单钥的 DES 和 3DES 作为加解密的主要技术，而以公钥和单钥的混合加密体制（即加解密采用单钥密码，而密钥传送采用双钥密码）来进行网络上密钥交换和管理，不但可以提高传输速度，还具有良好的保密功能。认证技术可以防止来自第三方的主动攻击。一般用户和设备双方在交换数据之前，先核对证书，如果准确无误，双方才开始交换数据。用户身份认证最常用的技术是用户名和密码方式。而设备认证则需要依赖由 CA 所颁发的电子证书。

目前主要有的认证方式有：简单口令如质询握手验证协议 CHAP 和密码身份验证协议 PAP 等；动态口令如动态令牌和 X.509 数字证书等。简单口令认证方式的优点是实施简单、技术成熟、互操作性好，且支持动态地加载 VPN 设备，可扩展性强。

3. 密钥管理技术

密钥管理的主要任务就是保证在开放的网络环境中安全地传递密钥，而不被窃取。目前密钥管理的协议包括 ISAKMP、SKIP、MKMP 等。Internet 密钥交换协议 IKE 是 Internet 安全关联和密钥管理协议 ISAKMP 语言来定义密钥的交换，综合了 Oakley 和 SKEME 的密钥交换方案，通过协商安全策略，形成各自的验证加密参数。IKE 交换的最终目的是提供一个通过验证的密钥以及建立在双方同意基础上的安全服务。SKIP 主要是利用 Diffie-Hellman 的演算法则，在网络上传输密钥。

IKE 协议是目前首选的密钥管理标准，较 SKIP 而言，其主要优势在于定义更灵活，能适应不同的加密密钥。IKE 协议的缺点是它虽然提供了强大的主机级身份认证，但同时却只能支持有限的用户级身份认证，并且不支持非对称的用户认证。

4. 身份认证技术

加入 VPN 的用户均需通过身份认证，一般采用用户名和密码，或通过智能卡来实现。当前使用最广的身份认证协议是 RADIUS，即远程认证拨号用户服务，其是一种 IP 标准协议，可以为分布式拨号网络的用户提供集中的 IP 服务管理、认证以及计费。

RADIUS 包括服务器与客户两部分，简单地说，是 RADIUS 客户通过网络与主机上的 RADIUS 服务器进行通信，即 RADIUS 是基于客户/服务器模式工作的，该模式的优点在于其允许将所有的安全信息都集中保存在一个中央数据库中，可以避免数据的分散性，以提高数据传递的安全。

7.5.3 隧道技术的实现过程

隧道技术是 VPN 的核心技术，下面通过如图 7-8 所示的实例来介绍隧道技术的实现过程。

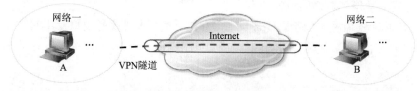

图 7-8 VPN 隧道实例

通常情况下，VPN 网关采取双网卡结构，外网卡使用公网 IP 接入 Internet。

1）网络一（假定为公网 internet）的终端 A 访问网络二（假定为公司内网）的终端 B，

其发出的访问数据包的目标地址为终端 B 的内部 IP 地址。

2）网络一的 VPN 网关在接收到终端 A 发出的访问数据包时对其目标地址进行检查，如果目标地址属于网络二的地址，则将该数据包进行封装，封装的方式根据所采用的 VPN 技术不同而不同，同时 VPN 网关会构造一个新 VPN 数据包，并将封装后的原数据包作为 VPN 数据包的负载，VPN 数据包的目标地址为网络二的 VPN 网关的外部地址。

3）网络一的 VPN 网关将 VPN 数据包发送到 Internet，由于 VPN 数据包的目标地址是网络二的 VPN 网关的外部地址，所以该数据包将被 Internet 中的路由正确地发送到网络二的 VPN 网关。

4）网络二的 VPN 网关对接收到的数据包进行检查，如果发现该数据包是从网络一的 VPN 网关发出的，即可判定该数据包为 VPN 数据包，并对该数据包进行解包处理。解包的过程主要是先将 VPN 数据包的包头剥离，再将数据包反向处理还原成原始的数据包。

5）网络二的 VPN 网关将还原后的原始数据包发送至目标终端 B，由于原始数据包的目标地址是终端 B 的 IP，所以该数据包能够被正确地发送到终端 B。在终端 B 看来，它收到的数据包就和从终端 A 直接发过来的一样。

6）从终端 B 返回终端 A 的数据包处理过程和上述过程一样，这样两个网络内的终端就可以相互通信了。

通过上述说明可以发现，在 VPN 网关对数据包进行处理时，有两个参数对于 VPN 通信十分重要：原始数据包的目标地址（VPN 目标地址）和远程 VPN 网关地址。根据 VPN 目标地址，VPN 网关能够判断对哪些数据包进行 VPN 处理，对于不需要处理的数据包通常情况下可直接转发到上级路由；远程 VPN 网关地址则指定了处理后的 VPN 数据包发送的目标地址，即 VPN 隧道的另一端 VPN 网关地址。由于网络通信是双向的，在进行 VPN 通信时，隧道两端的 VPN 网关都必须知道 VPN 目标地址和与此对应的远端 VPN 网关地址。

7.5.4　常见 VPN

以隧道协议分类是最主流的 VPN 分类方法，隧道协议分为工作在第二层（即数据链路层）、第三层（即网络层）的隧道协议，第二层隧道协议如 L2TP、PPTP、L2F 等，第三层隧道协议如 IPSec，GRE 等。下面介绍常见的 VPN。

1. PPTP VPN

点对点隧道协议（PPTP）是由包括微软和 3Com 等公司组成的 PPTP 论坛开发的一种点对点隧道协议，基于拨号使用的 PPP 协议使用 PAP 或 CHAP 之类的加密算法，或者使用 Microsoft 的点对点加密算法 MPPE。其通过跨越基于 TCP/IP 的数据网络创建 VPN 实现了从远程客户端到专用企业服务器之间数据的安全传输。

PPTP 支持通过公共网络（例如 Internet）建立按需的、多协议的虚拟专用网络。PPTP 允许加密 IP 通信，然后在要跨越公司 IP 网络或公共 IP 网络（如 Internet）发送的 IP 头中对其进行封装。

2. L2TP VPN

第 2 层隧道协议（L2TP）是 IETF 基于 L2F（Cisco 的第二层转发协议）开发的 PPTP 的后续版本。是一种工业标准 Internet 隧道协议，其可以为跨越面向数据包的媒体发送点到点协议（PPP）框架提供封装。

PPTP 和 L2TP 都使用 PPP 协议对数据进行封装，然后添加附加包头用于数据在互联网络上的传输。PPTP 只能在两端点间建立单一隧道。

L2TP 支持在两端点间使用多隧道，用户可以针对不同的服务质量创建不同的隧道。L2TP 可以提供隧道验证，而 PPTP 则不支持隧道验证。但是当 L2TP 或 PPTP 与 IPSEC 共同使用时，可以由 IPSEC 提供隧道验证，不需要在第 2 层协议上使用 L2TP 验证隧道。

PPTP 要求互联网络为 IP 网络。L2TP 只要求隧道媒介提供面向数据包的点对点的连接，L2TP 可以在 IP（使用注册端口 UDP 1701），帧中继永久虚拟电路（PVCs），X.25 虚拟电路（VCs）或 ATM VCs 网络上使用。

3. GRE VPN

GRE（Generic Routing Encapsulation）即通用路由封装协议，是对某些网络层协议（如 IP 和 IPX）的数据报进行封装，使这些被封装的数据报能够在另一个网络层协议（如 IP）中传输。GRE 是第三层隧道协议，使用 GRE 技术构建的 VPN 就是 GRE VPN。

GRE 隧道与 IPSec VPN 隧道都可以保留原始 IP 数据流情况下进行封装，并异地传输。GRE 能够在 IP 隧道中封装各种网络层协议的分组，从而创建虚拟点到点链路，相当于异地直连关系（可以建立邻居关系），从而能传输动态协议等数据流。GRE 隧道并不提供加密服务，默认情况下以明文方式传输，GRE 通常通过 IPsec VPN 隧道传输动态路由协议数据流，达到支持所有数据传输格式，并保证数据安全。

4. IPSec VPN

IPSec VPN 是基于 IPSec 协议的 VPN 技术，由 IPSec 协议提供隧道安全保障。IPSec 全称为 Internet Protocol Security，是由 IETF 定义的安全标准框架，用以提供公用和专用网络的端对端通信的加密和验证服务。它为 Internet 上传输的数据提供了高质量的、可互操作的、基于密码学的安全保证。

IPSec 协议通过包封装技术，能够利用 Internet 可路由的地址，封装内部网络的 IP 地址，实现异地网络的互通。原来的 TCP/IP 体系中间，没有包括基于安全的设计，任何人，只要能够搭入线路，即可分析所有的通信数据。IPSEC 引进了完整的安全机制，包括加密、认证和数据防篡改功能。

IPSec 协议不是一个单独的协议，它给出了应用于 IP 层上网络数据安全的一整套体系结构，包括网络认证协议 AH（Authentication Header，认证头）、ESP（Encapsulating Security Payload，封装安全载荷）、IKE（Internet Key Exchange，因特网密钥交换）和用于网络认证及加密的一些算法等。

简单说，IPSec 提供了两种安全机制：认证和加密。认证机制使 IP 通信的数据接收方能够确认数据发送方的真实身份以及数据在传输过程中是否遭篡改。加密机制通过对数据进行加密运算来保证数据的机密性，以防数据在传输过程中被窃听。IPSec 协议中的 AH 协议定义了认证的应用方法，提供数据源认证和完整性保证；ESP 协议定义了加密和可选认证的应用方法，提供数据可靠性保证；而 IKE 协议用于密钥交换。

使用 IPSec 隧道模式主要是为了与其他不支持 IPSec 上的 L2TP 或 PPTP VPN 隧道技术的路由器、网关或终端系统之间的相互操作，以提高 VPN 安全性。

第 7 章 网络安全

5. SSL VPN

SSL VPN 是以 HTTPS（Secure HTTP，安全的 HTTP，即支持 SSL 的 HTTP 协议）为基础的 VPN 技术，工作在传输层和应用层之间。SSL VPN 充分利用了 SSL 协议提供的基于证书的身份认证、数据加密和消息完整性验证机制，可以为应用层之间的通信建立安全连接。SSL VPN 广泛应用于基于 Web 的远程安全接入，为用户远程访问公司内部网络提供了安全保证。

相对于传统的 IPSec VPN，SSL 能让公司实现更多远程用户在不同地点接入，实现更多网络资源访问，且对客户端设备要求低，因而降低了配置和运行支撑成本。很多企业用户采纳 SSL VPN 作为远程安全接入技术，主要看重的是其接入控制功能。

SSL VPN 提供增强的远程安全接入功能。IPSec VPN 通过在两站点间创建隧道提供直接（非代理方式）接入，实现对整个网络的透明访问；一旦隧道创建，用户 PC 就如同物理地处于企业 LAN 中。这带来很多安全风险，尤其是在接入用户权限过大的情况下。SSL VPN 提供安全、可代理连接，只有经认证的用户才能对资源进行访问，这就安全多了。SSL VPN 能对加密隧道进行细分，从而使得终端用户能够同时接入 Internet 和访问内部企业网资源，也就是说它具备可控功能。另外，SSL VPN 还能细化接入控制功能，易于将不同访问权限赋予不同用户，实现伸缩性访问；这种精确的接入控制功能对远程接入 IPSec VPN 来说几乎是不可能实现的。

SSL VPN 基本上不受接入位置限制，可以从众多 Internet 接入设备、任何远程位置访问网络资源。SSL VPN 通信基于标准 TCP/UDP 协议传输，因而能遍历所有 NAT 设备、基于代理的防火墙和状态检测防火墙。这使得用户能够从任何地方接入，无论是处于其他公司网络中基于代理的防火墙之后，或是宽带连接中。IPSec VPN 在稍复杂的网络结构中难于实现，因为它很难实现防火墙和 NAT 遍历，无力解决 IP 地址冲突。另外，SSL VPN 能实现从可管理企业设备或非管理设备接入，如家用 PC 或公共 Internet 接入场所，而 IPSec VPN 客户端只能从可管理或固定设备接入。随着远程接入需求的不断增长，远程接入 IPSec VPN 在访问控制方面受到极大挑战，而且管理和运行支撑成本较高，它是实现点对点连接的最佳解决方案，但要实现任意位置的远程安全接入，SSL VPN 要理想得多。

SSL VPN 不需要复杂的客户端支撑，这就易于安装和配置，明显降低成本。IPSec VPN 需要在远程终端用户一方安装特定设备，以建立安全隧道，而且很多情况下在外部（或非企业控制）设备中建立隧道相当困难。另外，这类复杂的客户端难于升级，对新用户来说面临的麻烦可能更多，如系统运行支撑问题、时间开销问题、管理问题等。IPSec 解决方案初始成本较低，但运行支撑成本高。如今，已有 SSL/TLS 开发商能提供网络层支持，进行网络应用访问，就如同远程机器处于 LAN 中一样；同时提供应用层接入，进行 Web 应用和许多客户端/服务器应用访问。

6. MPLS VPN

MPLS VPN 是一种基于 MPLS 技术的 IP VPN，是在网络路由和交换设备上应用 MPLS（Multiprotocol Label Switching，多协议标记交换）技术，简化核心路由器的路由选择方式，利用结合传统路由技术的标记交换实现的 IP 虚拟专用网络（IP VPN）。MPLS 优势在于将二层交换和三层路由技术结合起来，在解决 VPN、服务分类和流量工程这些 IP 网络的重大问题时具有很优异的表现。

因此，MPLS VPN 在解决企业互连、提供各种新业务方面也越来越被运营商看好，成为在 IP 网络上运营商提供增值业务的重要手段。MPLS VPN 又可分为二层 MPLS VPN（即 MPLS L2 VPN）和三层 MPLS VPN（即 MPLS L3 VPN）。

VPN 作为一种新型的网络技术，建立在传统数据网络服务和安全质量的基础之上，其发展象征着 Internet 未来发展的趋势。通过在公共网络中应用 VPN，可以建立虚拟的连接，并通过加密、认证来传递专用数据，以保证数据传递过程中的安全性，另外可以有效降低用户网络建设的成本，简而言之，具有安全性和经济性双重属性。

思考与练习

1. 简答题

（1）什么是网络安全？网络安全有哪些要素？

（2）威胁网络安全的因素有哪些？常用的网络安全技术有哪些？

（3）AAA 中每个 A 的含义是什么？

（4）什么是访问控制列表 ACL？以华为设备为例，ACL 的分类有哪些？

（5）什么是 ACL 的步长？设置步长的作用是什么？

（6）NAT 的中文名称是什么？NAT 有什么用途？请举例说明。

（7）简单描述基本网络地址转换的过程？可举例说明。

（8）什么是防火墙？常见的防火墙有那几类型？

（9）请对包过滤防火墙和代理防火墙做简单的比较。

（10）什么是 VPN？常见 VPN 有哪些？

2. 选择题

（1）下面 ACL 语句中，准备表达"禁止主机 10.1.7.66 访问 10.1.7.0/26 网段"的是（　　）。

A. rule 101 permit ip source 10.1.7.66 0

B. rule 101 permit ip source 10.1.7.66 0 destination 10.1.7.0 0.0.0.63

C. rule 101 deny ip destination 10.1.7.0 0.0.0.63

D. rule 101 deny ip source 10.1.7.66 0 destination 10.1.7.0 0.0.0.63

（2）下面不属于访问控制策略的是（　　）。

A. 加口令　　　　　B. 设置访问权限　　　　　C. 加密/解密设置　　　　　D. 角色认证

（3）基本的 NAT 地址转换在出方向上转换 IP 报文头中的（　　）地址。

A. 源 IP 地址　　　　　　　　　　　　B. 目的 IP 地址

C. 源 MAC 地址　　　　　　　　　　　D. 目的 MAC 地址

（4）以下关于包过滤防火墙和代理服务防火墙的叙述中，正确的是（　　）。（多选）

A. 包过滤成本技术实现成本较高，所以安全性能高

B. 包过滤技术对应用和用户是透明的

C. 代理服务技术安全性较高，可以提高网络整体性能

D. 代理服务技术只能配置成用户认证后才建立连接

（5）包过滤防火墙工作在 OSI 参考模型的（　　）。

A. 网络层　　　　　B. 数据链路层　　　　　C. 应用层　　　　　D. 传输层